合作博弈前沿

大联盟稳定化策略

刘林冬／著

科学出版社

北京

内 容 简 介

合则两利，斗则俱伤。然而现实中，各方目的、实力、处境的迥异却使得合作极其脆弱。本书研究合作博弈中的大联盟稳定化策略及其实际应用，即研究可以通过何种方式促进合作的长期稳定。本书主要包括合作博弈基本知识、平衡博弈的稳定分摊、非平衡博弈的大联盟稳定化策略以及大联盟稳定化策略的应用四个部分。本书内容属于合作博弈（非平衡博弈）研究领域的学术前沿，理论性强，兼具模型量化与算法开发思维。

本书适合管理学、经济学研究生及以上学历的人阅读，同时可供管理科学等相关专业的高年级本科生阅读参考。

图书在版编目（CIP）数据

合作博弈前沿：大联盟稳定化策略 / 刘林冬著. —北京：科学出版社，2024.11

ISBN 978-7-03-076431-7

Ⅰ. ①合… Ⅱ. ①刘… Ⅲ. ①博弈论-研究 Ⅳ. ①O225

中国国家版本馆 CIP 数据核字（2024）第 184671 号

责任编辑：李　嘉 / 责任校对：张亚丹
责任印制：张　伟 / 封面设计：有道设计

科学出版社出版
北京东黄城根北街 16 号
邮政编码：100717
http://www.sciencep.com
北京中石油彩色印刷有限责任公司印刷
科学出版社发行　各地新华书店经销
*
2024 年 11 月第　一　版　开本：720 × 1000　1/16
2024 年 11 月第一次印刷　印张：10 1/2
字数：208 000

定价：116.00 元

前 言

2011 年我从南京大学毕业，前往香港科技大学攻读博士学位，开启了合作博弈领域的科学研究之旅。经过 12 年的学习、思考和探索，我将这些年来的心得体会写成了这本书，希望能够引起同行对合作博弈的兴趣和思考。

合作博弈是现实生活中一种普遍存在的情形，参与者通过合作来实现共同的利益和目标，从而达到最优解决方案。合作博弈反映了人类社会中的基本现象：在许多情况下，通过合作和团结而不是独自行动，我们更有可能取得成功。它在商业、政治、科学等各个领域都扮演着重要的角色。然而，实现合作博弈并非总是容易的，参与者可能面临各种挑战和困境。为了建立长久稳定的合作关系，他们需要灵活的分配策略和有效的沟通机制，以互相信任和理解为基础。

在这个信息发达的时代，合作博弈的重要性更加凸显。全球性挑战，如气候变化、传染病暴发和经济不平等等问题，需要各国和各领域共同合作来解决。通过合作博弈，我们可以充分发挥各方的优势，共同应对挑战，创造更加美好和可持续的未来。

在此，我要衷心感谢众多给予我帮助与支持的人。感谢我的博士导师齐向彤、访学导师陈新、合作导师徐宙，过去十多年我跟随他们在合作博弈领域进行了深入的探讨和研究，这些交流是本书的思想源泉。感谢汪寿阳老师，他鼓励我“合作是当前世界发展的重要推力，但也受诸多不利因素的阻挠。既然你从事这个领域的科学研究，应当把自己对合作博弈理论的一些思考记录下来，引起更多的关注，启发更多的思考”。这个激励是本书的写作动机。感谢余玉刚、叶强、吴杰等老师，他们鼓励年轻人多听、多看、多想、多写，激励年轻人面向世界科技前沿、面向国家重大需求，做顶天立地的研究。他们的鼓舞是本书写作的主要动力。衷心感谢我的学生（陈龙、郭秋炜、李振东、廖祥斌、刘许成、欧阳志凤、孙钰清、谭政、汪艋航、吴子翔、于成成、赵俊喆等），他们在资料收集、专著整理、最终校稿等方面付出了大量的努力，为本书的完稿提供了重要的支撑。

本书得到了国家自然科学基金优秀青年科学基金项目（编号：72022018）、中国科学院青年创新促进会会员项目（编号：2021454）和国家自然科学基金委员会重大项目、面上项目（编号：72091210、72471216）的资助。

作 者

2024 年 5 月于安徽合肥

目　录

第 1 章　合作博弈基本知识 ······ 1

1.1　合作博弈引论 ······ 1

1.2　平衡博弈与非平衡博弈 ······ 6

第 2 章　平衡博弈的稳定分摊 ······ 20

2.1　单向成本分摊凸博弈 ······ 21

2.2　博弈平衡性分析 ······ 28

第 3 章　非平衡博弈的大联盟稳定化策略 ······ 34

3.1　拉格朗日成本分解法 ······ 35

3.2　赏罚并举法 ······ 46

3.3　逆优化成本调整法 ······ 65

第 4 章　大联盟稳定化策略的应用 ······ 86

4.1　河流污水治理问题 ······ 86

4.2　灾后运输网络修复问题 ······ 100

4.3　并行机调度问题 ······ 115

4.4　设施选址问题 ······ 136

参考文献 ······ 156

第1章　合作博弈基本知识

1.1　合作博弈引论

1.1.1　合作博弈的诞生与发展

合作博弈理论（cooperative game theory）是博弈论（game theory）中的一个重要研究领域，和非合作博弈理论（non-cooperative game theory）具有同等重要的地位。在博弈论的框架下，合作博弈是研究多人决策问题的理论，是运用现代的数学模型来分析参与者动态交互行为的理论，应用场景十分广阔。

谈及博弈论，人们往往将其与非合作博弈理论画上等号。这一定程度上与1994年诺贝尔经济学奖的三位鼎鼎大名的得主约翰·纳什（John Nash）、莱茵哈德·泽尔腾（Reinhard Selten）和约翰·豪尔绍尼（John Harsanyi）有关，他们奠定了非合作博弈理论的基础。并且，非合作博弈强调的个体理性假设与经济学的基础假设相符，这使得经济学的快速发展大幅地提高了非合作博弈的知名度。实际上，合作博弈理论早于非合作博弈理论。合作博弈理论同样受到主流经济学的高度认可。例如，2005年诺贝尔经济学奖颁发给了罗伯特·奥曼（Robert Aumann）与托马斯·谢林（Thomas Schelling），2012年的诺贝尔经济学奖颁发给了埃尔文·罗斯（Alvin Roth）和罗伊德·沙普利（Lloyd Shapley），以表彰他们为合作博弈做出的巨大贡献。

合作博弈与非合作博弈的区别并非在于字面意义上的“合作与否”，而是参与者的动态交互行为能否达成一个有约束力的合作协议（binding cooperative agreement）。非合作博弈是以参与者的个体利益为中心，每个参与者在竞争或有利益冲突的情况下做出最大化自己利益的决策。这些参与者可以在决策之前进行沟通，并制定协议，不过这些协议中的威胁或承诺并不能有效地限制他们最终的策略。即使在某些情况下达成了合作结果，这种合作也是自利的结果，而不是合作协议的约束结果。合作博弈中并不关注参与者具体合作的过程，而是关注合作所能带来的结果以及最终结果的分配方式，即合作博弈的解。如果参与者都对合作协议中制订的分配方案表示满意，那么合作一定会形成，参与者将形成联盟并严格按照协议进行联盟成果的分配。此时，每个参与者具体的策略选择就不再是必要的研究问题，因为他们总会选择使联盟成果最优的策略组合。相应地，合作博弈的侧重点也不再是参与者具体交互行为的细节，如决策顺序等，而是最终分配的效率性、公平性。

追溯合作博弈思想的起源，在我国合作博弈2000多年前其实就已有所萌芽，如春秋战国时期的“合纵”“连横”、三国时期的“隆中对”、军事著作《六韬》以及被西方经典博弈论著作大量引用的《孙子兵法》等，不过这些论述中并没有严密和深入的理论性论述。作为一门理论学科，合作博弈理论思想较早出现在1881年埃奇沃思（Edgeworth）的《数学心理学：数学在道德科学中的应用》一书中，其中提出了契约曲线来描述存在重订契约的结果。Edgeworth通过一个联盟博弈（coalitional game）来描述参与人之间的交易行为。每个参与人都有一定的初始禀赋（endowment），并受到一个预算约束的限制。参与人之间可以通过形成联盟，在预算约束下重新配置资源。其中，契约曲线就是包含所有帕累托最优的可行资源分配的集合。

但是合作博弈这一概念的正式提出是在20世纪初。1944年约翰·冯·诺伊曼（John von Neumann）和奥斯卡·摩根斯顿（Oskar Morgenstern）共著的划时代巨著《博弈论与经济行为》的出版，奠定了博弈论的基础和理论体系。在书中他们将二人博弈推广到了多人博弈，并在经济领域中对其进行了应用。合作博弈这一概念也正式在书中被提出，并且约翰·冯·诺伊曼和摩根斯顿系统性地引入了特征函数（characteristic function），将其作为合作博弈的基本分析工具。

在约翰·冯·诺伊曼和摩根斯顿的理论基础上，艾伯特·塔克（Albert Tucker）提出了著名的博弈论问题——囚徒困境（prisoner's dilemma），并且他的两个学生纳什和沙普利更是在合作博弈领域做出了巨大的贡献。在1951年，纳什在开创性论文《非合作博弈》中提出了纳什均衡（Nash equilibrium）的概念，并在这个概念的基础上研究了参与者之间的合作。纳什认为，合作是参与者之间某种讨价还价的结果，并于1953年建立了纳什讨价还价模型，给出了纳什讨价还价解。

在1951年，合作博弈理论的鼻祖沙普利根据多人博弈的模型基础，提出了著名的沙普利值（Shapley value），给出了多人合作博弈问题的数学解决方法。沙普利值综合考虑了公平性，是具有唯一性和确定性的分配方案，在合作博弈理论中具有里程碑式的意义，并且是被使用最多的分配方案之一。

接下来，到了20世纪六七十年代，这一时期是合作博弈理论的成熟期，学界研究者纷纷展开了关于合作博弈联盟成本分摊方式的研究。在1967年，埃齐奥·马尔基（Ezio Marchi）对合作博弈中最大最小定理进行了扩展研究，并且对多人博弈的稳定性进行了分析。在1969年，大卫·施迈德勒（David Schmeidler）从最小化联盟中参与者对分配的不满意方面入手，提出了另外一个合作博弈中重要的解——核仁（nucleolus）。罗伯特·奥曼和迈克尔·马施勒（Michael Maschler）在1964年到1979年提出了多种著名的合作博弈的解，如稳定集（stable set）、联盟核（coalition core）以及谈判集（bargaining set）等。吉列尔莫 • 欧文（Guillermo Owen）在沙普利值的基础上，综合考虑了联盟间分配对联盟结构的影响，并提出了欧文值（Owen value）。迈克尔 • 崔（Michael Chwe）提出了最大一致集（largest consistent set），将其作为合作博弈的解。这些分配方法在以后的合作博弈研究中被广泛引用，它们在公平性、集体理性、参与者间竞争关系等方面都有着各自的优势。不过，这些方法也存在着需要更多信息、计算更复杂等问题。

除了在解方面的研究之外，合作博弈还发展出了很多其他的子研究模型，例如，在 1962 年，大卫 • 盖尔（David Gale）提出匹配博弈，并将其应用于大学录取和稳定婚姻问题中。在 1960 年，罗伯特 • 奥曼提出了不可转移效用博弈，将约翰 • 冯 • 诺伊曼和摩根斯顿的博弈模型拓展到了一般的合作博弈问题。在 1973 年，梅纳德 • 史密斯（Maynard Smith）提出了进化博弈，在生物进化中通过合作博弈理论讨论了合作的进化问题。如今，合作博弈理论仍在不断地丰富和发展，并在很多领域中产生了重大的影响。在供应链研究、成本分配、信息通信网络以及社会组织决策等方面，我国也出版了一系列的合作博弈理论专著，如董保民等著作的《合作博弈论》、施锡铨编著的《合作博弈引论》、刘小冬和刘九强翻译的《合作博弈理论模型》等。

当今世界国与国之间、地区与地区之间不断涌现着冲突和矛盾。许多历史遗留问题带来了无数潜在的危机，这些问题长期存在，不断浮现。在经济学、政治学、军事学、人类社会学、信息学等社会科学和自然科学中，合作与冲突的研究逐渐成为一大主题旋律，构建智能决策者之间长久稳定的合作模式对于实现群体最优策略的长期稳定尤为重要。在未来，随着全球化发展越来越快，合作博弈理论拥有着更广阔的发展空间，不论是对于个体还是团体组织来说，参与者都更多希望通过合作来提高效率，实现非合作情况下无法实现的均衡结果，打破囚徒困境中不信任或无效力协议带来的弊端，形成稳定的大联盟，最大限度促进整体的快速发展。

1.1.2　合作博弈的应用前景

作为一个数学分析工具，早期的合作博弈理论完全被认为是应用数学的一个分支，纳什和沙普利开创性的论文都是数学手稿。但随着现代经济学的发展，合作博弈逐渐被赋予更多的经济学意义，在经济管理领域体现出广阔的应用潜力。合作博弈的大部分应用场景是在运筹管理方面，探索如何促使整体利益实现最大化。我们以一个囚徒困境的例子来介绍合作博弈的应用。

例 1.1　在一个闯关节目中，有 A 和 B 两个选手完成闯关。闯关成功可以获得十万元的奖金。但是两个选手需要同时进行一个选择：“平分”还是“独享”。

如果两个选手都选择“平分”，则他们每人都可以得到五万元的奖金。如果一人选择“平分”，而另一人选择“独享”，则选择独享的可以拿走全部的奖金。但是如果两个人都选择“独享”，则作为惩罚，他们两个谁都拿不走这笔奖金（图 1.1）。

		选手B 平分	选手B 独享
选手A	平分	5, 5	0, 10
	独享	10, 0	0, 0

图 1.1　无协议时选手收益矩阵

两个选手都希望自己能够尽可能多地占有这笔奖金。不管选手 A 做出什么选择，选手 B 选择“独享”所获得的奖金都不低于他选择“平分”所获得的奖金，反之亦然。经过分析可以发现，当两人同时做出决策时，两个人都会贪婪地选择独享奖金。不过这样的结果导致两人的收益都为 0。但是如果制定一个有约束力的协议，规定两名选手只能选择“平分”，否则选择“独享”的选手就要支付给对方六万元。这种情况下，两名选手将通过合作来实现同时选择“平分”的决策，并且他们都会对最终的每人五万元的分配结果感到满意（图 1.2）。

		选手B 平分	选手B 独享
选手A	平分	5, 5	6, 4
	独享	4, 6	0, 0

图 1.2　有协议时选手收益矩阵

类似于例 1.1 的囚徒困境在现实中十分常见，因为这类问题研究的就是如何有效地配置稀缺的资源。在很多情况下，每个参与者追逐自身利益的最大化会影响整体的最大收益，在例 1.1 中，两名选手在单独决策时整体的收益为 0。在其他的一些问题中，如旅行商问题、水资源分配问题、机器调度问题等，个体或小团体单独的决策会产生整体的内耗以及无意义的竞争，从而严重影响整体的利益。因此，找到一个能够使得所有个体都参与其中的一个有效的合作方式，进而使得整体形成一个稳定的大联盟，在未来的社会和经济发展中相当重要。

本书主要探讨合作博弈理论中的大联盟稳定化策略，即从中央机构的角度出发，通过制定一个有效的分配机制，提升区域内部个体或组织的合作意愿，从而促成区域性经济体大联盟的形成。这样的理论策略在现实应用中有如下的意义。

首先，有利于区域全局经济发展战略实施。建立一个稳定的区域性经济体大联盟，一方面，可以更方便且高效地整合区域资源，在各自区域优势的基础上进行产业互补和资源共享，实现效率提高和成本降低，从而最大化区域经济发展；另一方面，可以进行集中决策，统筹规划，解决信息孤岛产生的弊端，以便于从更宏观的角度制定发展战略。

其次，有利于区域均衡发展。通过中央机构对资源进行整合，可以在一定程度上减轻大规模企业对小规模企业的侵占，避免龙头企业通过独家合作协议侵占其他市场竞争者的资源，从而导致行业垄断。在社会发展方面，中央机构的最终分配策略可以保障社会福利，对弱势经济地区的发展进行保护，避免中等或落后地区资源的不断流出，实现区域的共同发展，实现共同富裕。

最后，有利于创造良性可持续发展的生态环境。通过中央机构的公信力保障最终的分配策略，可以吸引更多的社会个体加入区域性经济体大联盟，从而促进区域的多样化发展。不同社会个体之间进行优势互补，在合作中强化互相之间的信任关系，并形成更紧密的联系，提升区域的凝聚力，并且最终更进一步地提高中央机构的公信力，实现良性的可持续发展生态。

1.1.3　合作博弈研究中的难点

虽然合作博弈理论发展至今已经形成了一个完整体系，但是在具体问题以及现实应用中还需要克服诸多的困难。

首先是理论研究上的难点。合作博弈的研究需要基于一个确定的优化问题，在多重的约束条件下实现群体收益的最大化或者成本的最小化。其中就涉及多个难点，如模型的建立、大规模优化问题的求解、整数变量的限制、不确定性参数的影响、多目标的问题等。这些问题从数学的角度上来讲即使是获得近似最优值也十分困难，甚至一些问题还是 NP 难的研究问题①，更不用说求解其精确的最优值。为得到大联盟稳定策略，中央机构需要得到参与者在形成不同联盟时相对应的利益（成本），才能去计算最终分配结果。与此同时，即使得到了每个联盟对应的利益（成本），稳定化策略的求解也非常困难。在参与者的数量达到 64 个时，所形成的可能的联盟的数量就已经超过了 10^{19}，这在计算上是几乎无法实现的。不仅如此，在合作博弈研究中还存在着参与者由完全理性到有限理性、由静态合作到动态合作、由确定性联盟到模糊联盟、由完全信息到信息不完全等问题，这些都会极大地增加稳定化策略的求解难度。

①NP（non-deterministic polynomial，非确定型多项式）难的研究问题指具有非确定型多项式复杂度困难的研究问题。

其次是现实应用中的难点。理论层面的结果毕竟只是基于一些基本的假设，在实际应用中，对社会制度、文化等典型的因素仍然需要进行对应的分析和构建。即使已经得到了一个大联盟稳定化策略，但是同样的结论在不同文化环境下的实际应用中会大相径庭。在进行行为选择时，过分注重情感因素可能会导致目标不够明确，利益区分度降低。人们的平均主义或集体主义并不利于大联盟稳定化策略的实施。平均主义会使得大家在合作时相互推诿责任，这时还需要额外地加入激励或惩罚机制。还有消极安全文化包含的回避冲突的思想，也不利于博弈的分析以及策略的调整，人们心中的矛盾不会直接地被表达出来，最终会导致大联盟稳定化策略的效率低下。

合作博弈理论的吸引力在于，尽管在研究中存在许多难点，但这些难点激发了各个领域学者的兴趣，他们正试图使用这一理论来分析和研究各种问题。需要理解的是，合作博弈理论作为一种分析工具，并不是一种终极理论，无法完美地解决现实中的决策问题，大联盟稳定化策略也只是现实决策的抽象和近似形式。我们应该将合作博弈理解为一种现实决策的理论基础和一种思维方法，它可以帮助决策者避免尽可能多的错误选择，或者降低选择错误决策的概率。

1.2　平衡博弈与非平衡博弈

1.2.1　引例

合作博弈关注的问题是如何以合意（desirable）的方式分配联盟产生的利益或成本。在本书中，我们将从成本分摊的角度来分析大联盟稳定化策略。我们先了解一个合作博弈成本分摊的例子。

例 1.2　假设有 4 个企业 A、B、C、D 进行生产活动，令参与人集合为 $V=\{A,B,C,D\}$。$S=2^V\setminus\varnothing$ 表示参与者非空子联盟的集合，对于每一个子联盟 $s\in S$，使用特征函数 $c(s)$ 表示该子联盟中的成员共同生产时所需要支付的最低总成本，相关取值如表 1.1 所示。

表 1.1　成本分摊引例

s	$c(s)$	s	$c(s)$
$\varnothing$	0	$\{A,B\}$	18
$\{A\}$	10	$\{A,C\}$	19
$\{B\}$	10	$\{A,D\}$	14
$\{C\}$	10	$\{B,C\}$	18
$\{D\}$	10	$\{B,D\}$	17

续表

s	$c(s)$	s	$c(s)$
$\{C, D\}$	17	$\{A, C, D\}$	27
$\{A, B, C\}$	25	$\{B, C, D\}$	23
$\{A, B, D\}$	24	$\{A, B, C, D\}$	30

如表 1.1 中数据所示，企业合作可以有效地降低总成本。我们关注的问题是如何将 30 单位的总成本合理地分摊给四个企业。若采取平均分配的方法，即给每个企业分配 7.5 单位的成本，虽然这种分配看上去较为合理，但需要注意到参与人 A 和参与人 D 可能会脱离大联盟单独组建小联盟 $\{A,D\}$。在这种情况下，A 和 D 只需要共同分摊 14 单位的成本，而这比他们在大联盟 $\{A,B,C,D\}$ 中需要承担的 15 单位成本要少，因此他们将选择退出大联盟。但是对于参与人 B 和参与人 C 而言，他们组成的小联盟 $\{B,C\}$ 需要承担 18 单位的成本，大于其在大联盟 $\{A,B,C,D\}$ 中承担的成本，因此参与人 B、C 希望能与参与人 A、D 合作组成大联盟，为此愿意承担大于 15 单位的成本。为了使参与人 A、D 不离开大联盟，假设此时参与人 B、C 各自分摊了 8.5 单位的成本，参与人 A、D 各自分摊了 6.5 单位的成本，那么由于参与人 B、C、D 共同承担了 23.5 单位的成本，他们会选择离开大联盟组成仅需要承担 23 单位成本的子联盟 $\{B,C,D\}$。从这个例子我们可以看出，合理分摊合作后的成本并不是一个简单的问题。

1.2.2 经典概念

令 $V=\{1,2,\cdots,v\}$ 为所有的局中人（player）集合，其中，v 表示局中人的数量。$s\subseteq V$ 表示局中人形成的不同联盟，$S=2^V\setminus\varnothing$ 表示局中人组成的非空子联盟的集合，集合函数 $c(\cdot)$ 表示合作博弈的特征函数，$c(s)$ 表示子联盟 s 中的局中人相互合作所需分摊的成本，也可以被称为联盟值（coalition value）。

定义 1.1 合作博弈的特征函数形式可表示为一个有序数对 $(V,c)\in G^V$，其中 V 表示所有的局中人集合，$c:2^V=\{s\mid s\subseteq V\}\to\mathbb{R}$ 表示博弈的特征函数，且有 $c(\varnothing)=0$，G^V 表示局中人集合为 V 的所有合作博弈组成的集合。

特征函数形式的合作博弈 (V,c) 通常是可转移效用（transferable utility，TU）博弈。在可转移效用博弈中，每个联盟 s 的联盟值 $c(s)$ 都可以用一个实数表示，并且可以分摊给联盟内部不同局中人。一般来说，没有局中人的联盟，不会产生可分摊的成本，即 $c(\varnothing)=0$。特征函数作为集合到实值的一个映射，其一些特殊的性质通常用于表示相对应的合作博弈的性质。

定义 1.2　如果对于任意的子联盟 $s_1, s_2 \in 2^V$，并且 $s_1 \cap s_2 = \varnothing$，有 $c(s_1) + c(s_2) \leqslant c(s_1 \cup s_2)$，则合作博弈 (V, c) 是超可加（superadditive）的。类似地，如果有 $c(s_1) + c(s_2) \geqslant c(s_1 \cup s_2)$，则合作博弈 (V, c) 是次可加（subadditive）的；如果有 $c(s_1) + c(s_2) = c(s_1 \cup s_2)$，则合作博弈 (V, c) 是可加（additive）的。

对于成本分摊来说，次可加性意味着“合并带来的成本小于部分成本之和”，即不相交的联盟的组合能够实现某种剩余，使得总成本不高于合作之前的成本之和。次可加博弈是现实生活中很普遍的一类博弈，也是局中人合作得以实现的基础。在此基础上，特征函数还有更强的性质。

定义 1.3　如果对于任意的 $s_1, s_2 \in 2^V$，都有

$$c(s_1) + c(s_2) \geqslant c(s_1 \cup s_2) + c(s_1 \cap s_2) \tag{1.1}$$

即两个联盟中所有局中人组成的联盟所需支付的成本加上这两个联盟的交集组成的联盟所需支付的成本，不大于原先的两个联盟的成本之和，那么合作博弈 (V, c) 是凹博弈（concave game），也称成本分摊凸博弈。

从经济学分析的角度，凹博弈可以解释为局中人对某个联盟的边际贡献随着联盟规模的扩大而降低。在凹博弈中，合作是规模成本递减的，这也是最理想的一类合作博弈。

对于由 v 个局中人组成的大联盟，若某个局中人或子联盟对其需要分摊的成本感到不满，便有可能会离开大联盟。因此，如何在局中人之间分摊大联盟所产生的成本便成为合作博弈中最基本的问题之一。人们往往希望分配是公平且稳定的，这样的分配规则被称为合作博弈的解概念（solution concept）。令大联盟分配给每个局中人的成本分摊向量为 $\alpha = (\alpha_i)_{i \in V} \in \mathbb{R}^v$，即局中人 $i \in V$ 分摊的成本为 α_i。公平合理的成本分摊需要满足一定的条件，如预算平衡约束、集体理性约束等。

定义 1.4　如果对于 $\alpha \in \mathbb{R}^v$，存在 $\sum_{i \in V} \alpha_i = c(V)$，那么博弈的成本分摊向量 $\alpha \in \mathbb{R}^v$ 是有效的（efficient）（预算平衡约束）。

也就是说，如果分配给所有局中人的成本之和恰好等于所有局中人合作所需分摊的成本，那么这个分配方案是有效的。包含博弈 (V, c) 中所有有效的分配向量的集合称为预分配（pre-imputation）集合 $\mathrm{PI}(V, c)$，即 $\mathrm{PI}(V, c) = \left\{ \alpha \in \mathbb{R}^v \,\middle|\, \sum_{i \in V} \alpha_i = c(V) \right\}$。

合作博弈的解还需要满足个体理性，即对于一个理性局中人，若离开联盟单干所花费的成本小于在联盟中所需分摊的成本，那么他便会离开联盟。

定义 1.5　在合作博弈 $(V, c) \in G^V$ 中，如果对于 $\alpha \in \mathbb{R}^v$，$\forall i \in V$，都存在 $\alpha_i \leqslant c(\{i\})$，那么成本分摊向量 α 是满足个体理性的。

若存在成本分摊向量 $\alpha \in \mathbb{R}^v$ 同时满足有效性和个体理性，则称其为合作博弈 $(V,c) \in G^V$ 的一个分配。包含合作博弈 $(V,c) \in G^V$ 中所有分配的集合称为分配（imputation）集合 $I(V,c)$，即 $I(V,c)=\left\{\alpha \in \mathbb{R}^v \middle| \sum_{i\in V}\alpha_i = c(V), \alpha_i \leqslant c(\{i\}), \forall i \in V\right\}$。

定理 1.1　分配集合 $I(V,c)$ 为空集的充分必要条件是 $c(V) > \sum_{i\in V} c(\{i\})$，即局中人组成联盟合作所需的成本大于局中人单干的成本之和。

证明　充分性证明：若 $\sum_{i\in V} c(\{i\}) < c(V)$，由个体理性条件可得 $\sum_{i\in V}\alpha_i \leqslant \sum_{i\in V} c(\{i\}) < c(V)$，而由有效性可知需要满足条件 $\sum_{i\in V}\alpha_i = c(V)$，故此时不可能存在同时满足有效性和个体理性的分配向量，分配集合 $I(V,c)$ 为空集。

必要性证明：采用反证法。假设有 $\sum_{i\in V} c(i) \geqslant c(V)$，即可构造一个分配向量 $\alpha^* = \left(c(i) - \left(\sum_{i\in V} c(\{i\}) - c(V) \right) \Big/ v \right)_{i\in V}$，由于 $\sum_{i\in V}\alpha_i^* = \sum_{i\in V} c(\{i\}) - \sum_{i\in V} c(\{i\}) + c(V) = c(V)$，且 $\alpha_i^* = c(i) - \left(\sum_{i\in V} c(\{i\}) - c(V) \right) \Big/ v < c(\{i\})$，故 α^* 满足有效性和个体理性。因此若分配集合 $I(V,c)$ 为空集，则有 $\sum_{i\in V} c(\{i\}) < c(V)$。

特别地，当 $c(V) = \sum_{i\in V} c(\{i\})$ 时，分配集合 $I(V,c)$ 中只有唯一解 $\alpha = (c(1), c(2), \cdots, c(v))$ 能同时满足有效性和个体理性，证明完毕。

分配集合 $I(V,c)$ 是基于单个局中人的个体理性来定义的，只考虑了单个局中人脱离联盟单干的可能。但也可能存在联盟中的多个局中人离开大联盟，从而支付的成本更少的情况。考虑到这种情况，大联盟的稳定需要具有内聚力，即对每一个联盟 $s \subseteq V$ 来说，分摊给该联盟中所有局中人的成本之和都不得多于该联盟单独所需的成本。

定义 1.6　在合作博弈 $(V,c) \in G^V$ 中，如果对于每个联盟 $s \subseteq V$，成本分摊向量 $\alpha \in \mathbb{R}^v$ 都满足 $\sum_{i\in s}\alpha_i \leqslant c(s)$，那么成本分摊向量 α 是满足集体理性的。

在 20 世纪 50 年代，沙普利和马丁·舒比克（Martin Shubik）将“核”（core）的概念引入合作博弈理论，使其成为合作博弈中最重要的解之一。核指的是不被任何局中人和子联盟所打破的所有可行盈利（或成本）分配的集合。可以定义合作博弈 $(V,c) \in G^V$ 的核 $\mathrm{core}(V,c)$ 为 $I(V,c)$ 中具有有效性和集体理性的分配集合，即不会使任何子联盟 s 脱离大联盟的分配方案集合。

定义 1.7 合作博弈 $(V,c)\in G^V$ 的核 $\text{core}(V,c)$ 定义为

$$\text{core}(V,c)=\left\{\alpha\in\mathbb{R}^v\left|\sum_{i\in V}\alpha_i=c(V),\sum_{i\in s}\alpha_i\leqslant c(s),\forall s\subset V\right.\right\}\tag{1.2}$$

合作博弈的核是所有有效且稳定的成本分摊方案。若核非空，则可以形成稳定的大联盟。不难得到，对于每一种大联盟的划分 $(s_1,s_2,\cdots,s_k,\cdots,s_K)$，都需要有 $c(s_1)+c(s_2)+\cdots+c(s_K)\geqslant c(V)$，否则会出现 $\sum_{i\in V}\alpha_i\leqslant c(s_1)+c(s_2)+\cdots+c(s_K)<c(V)$，不满足核的预算平衡约束，核为空集。

为了验证合作博弈核的非空性，奥尔加·邦达尔瓦（Olga Bondareva）和沙普利在 1963 年的文章中基于线性规划（linear programming based，LPB）及其对偶方法提出了邦达尔瓦-沙普利（Bondareva-Shapley，B-S）定理，作为判断核是否非空的充要条件。

定义 1.8 设 B 是由 V 的若干个非空子集组成的集合，若 $\forall s\in B$，总存在 $\lambda_s\in[0,1]$，对每个 $i\in V$，有 $\sum_{s\in B:i\in s}\lambda_s=1$，那么 B 是一个平衡集合（balanced collection），λ_s 为平衡权。

定义 1.9 在合作博弈 $(V,c)\in G^V$ 中，如果对于所有的平衡集合 B 和平衡权 λ_s，都存在 $\sum_{s\in B}\lambda_s c(s)\geqslant c(V)$，则博弈 (V,c) 是平衡博弈（balanced game）。如果其子博弈 (s,c) 对任意联盟 $s\subset V$ 都是平衡的，那么博弈 (V,c) 是完全平衡的（totally balanced）。

定理 1.2 B-S 定理：对于合作博弈 $(V,c)\in G^V$，核 $\text{core}(V,c)$ 非空的充分必要条件是博弈 (V,c) 是平衡博弈。

证明 对于核 $\text{core}(V,c)$，其非空意味着线性规划

$$\begin{aligned}&\max_{\alpha\in\mathbb{R}^v}\sum_{i\in V}\alpha_i\\&\text{s.t.}\sum_{i\in s}\alpha_i\leqslant c(s),\quad\forall s\subset V\end{aligned}$$

的最优值不能低于大联盟需要的成本 $c(V)$。上述线性规划的对偶问题如下：

$$\begin{aligned}&\min_{\lambda\in[0,1]^{|V|}}\sum_{s\in 2^V\backslash\varnothing}\lambda_s c(s)\\&\text{s.t.}\sum_{i\in s,s\subset V}\lambda_s=1,\quad\forall i\in V\end{aligned}$$

核非空意味着对偶问题的目标函数最优值同样不能低于大联盟成本 $c(V)$，即

对所有满足 $\sum_{i\in s,s\subset V}\lambda_s=1,\forall i\in V$ 的 $(\lambda_s)_{s\in 2^V\setminus\varnothing}$ 都有 $\sum_{s\in 2^V\setminus\varnothing}\lambda_s c(s)\geqslant c(V)$，即博弈 (V,c) 是平衡博弈与博弈 (V,c) 的核非空等价，证明完毕。

B-S 定理是根据线性规划（linear programming，LP）中的对偶定理得到的，λ_s 可以理解为局中人在联盟 s 中的参与度，在这些联盟中，局中人分摊的成本按照其参与度分配，而大联盟所应承担的成本一定要小于或等于每个局中人参与各个子联盟的成本之和，这也是核联盟稳定性约束的体现。

B-S 定理成功地将平衡博弈和核非空两个概念进行关联。由于平衡权的寻找并不容易，故而很难通过 B-S 定理证明核非空。另外，B-S 定理提供了一种证明博弈是平衡博弈的方法，即确定博弈存在一个可行的核分配。

1.2.3　平衡博弈中的经典研究

由于在平衡博弈中一定可以找到满足集体理性的核分配，即可以确保形成稳定的大联盟，因此，找到能够保证一个博弈是平衡博弈的充分条件十分重要。如果博弈的特征函数满足这些充分条件，那么对于大联盟来说，就有足够的理由来确保局中人之间形成稳定的合作关系，以便于最大限度地降低集体所需要的成本。下面将介绍几种平衡博弈中重要的研究成果。

1. 成本分摊凸博弈

成本分摊凸博弈，是一类非常经典的平衡博弈，其特征函数的性质如定义 1.3 所示。式（1.1）可能并不能直观地表现出集合函数的“凹性”，我们可以从数学分析的角度来理解集合“凹”函数的规模成本递减这一特性。

对于一个可转移效用合作博弈 $(V,c)\in G^V$，令 Δ_R 表示集合 $R\subseteq V$ 的差分算子（difference operator），则对于特征函数 c，一阶差分可以表示为

$$[\Delta_R c](s)=c(s\cup R)-c(s),\quad \forall s\in 2^V$$

类似地，有二阶差分 $\Delta_{QR}=\Delta_Q(\Delta_R c)$，其中 Q 和 R 均为集合。凹函数意味着其二阶差分处处非正，即

$$[\Delta_{QR} c](s)\leqslant 0,\quad \forall Q,R,s\in 2^V$$

实数函数中，凹函数具有二阶导数，这可以类比到实数中凹函数具有二阶导数非正的特性。

从经济学的角度来理解，正如我们前面提到的，特征函数的“凹”性，可以表示为边际成本规模递减。通俗地讲，对于成本分摊凸博弈，一个局中人加入规

模越大的联盟所产生的额外成本会越低。下面我们用公理化的语言来证明成本分摊凸博弈的核非空性。

定义 1.10 博弈(V,c)的边际向量（marginal vector）或边际贡献向量（marginal contribution vector）表示为

$$\psi_i^{\pi}(c)=c(P^{\pi}(i)\cup\{i\})-c(P^{\pi}(i)),\quad \forall i\in V$$

其中，$P^{\pi}(i)=\{j\in V:\pi(j)<\pi(i)\}$，表示在排列$\pi$下，编号小于局中人$i$的局中人的集合；$\pi$表示大联盟$V$的一个排列。

对于一个成本分摊凸博弈(V,c)，将大联盟V中的局中人按照$\{\pi(i_1)=1,\pi(i_2)=2,\cdots,\pi(i_v)=v\}$的顺序进行排列，则我们可以得到排列$\pi$下的边际贡献向量为

$$\psi_{i_k}^{\pi}(c)=c(i_1,i_2,\cdots,i_k)-c(i_1,i_2,\cdots,i_{k-1}),\quad \forall k\in\{1,2,\cdots,v\}$$

很显然$\sum\limits_{i\in V}\psi_i^{\pi}=c(V)$，即满足预算平衡约束。

考虑任意的子联盟$s\subset V$，对于联盟稳定性约束，我们有

$$\sum_{i\in s}\psi_i^{\pi}(c)=\sum_{i\in s}\left(c(P^{\pi}(i)\cup\{i\})-c(P^{\pi}(i))\right)$$

因为特征函数c是凹函数，因此对于每个$i\in s$，都有

$$c(P^{\pi}(i)\cup\{i\})-c(P^{\pi}(i))\leqslant c(\{j\in s:\pi(j)\leqslant\pi(i)\})-c(\{j\in s:\pi(j)<\pi(i)\})$$

即可得$\sum\limits_{i\in s}\psi_i^{\pi}(c)\leqslant c(s)$，满足联盟稳定性约束。

因此，边际贡献向量$\left(\psi_i^{\pi}(c)\right)_{i\in V}$是博弈$(V,c)$的一个核分配，并且同时可以得到结论：对于每种排列方式，其相对应的边际贡献向量都可以作为博弈的一个核分配，也就是说成本分摊凸博弈是平衡博弈。

2. 线性规划博弈

线性规划博弈是指由线性优化问题形成的博弈，是一类平衡博弈。在线性规划博弈中，每个参与者都有初始的资源，并且通过这些资源在一些线性约束下进行生产，联盟值是联盟生产时所需的最小成本值。在线性规划博弈中，所有的参与者都具有由线性规划问题定义的效用函数。

在对应的线性优化问题中，每个参与者$j\in V$具有的初始资源由向量$b^j=\left\{b_1^j,b_2^j,\cdots,b_m^j\right\}$表示，令$B=(b_{ij})$为一个$m\times v$的矩阵，其中第$j$列表示参与者$j$的资源向量$b^j$。向量$b(s)=Bt^s$表示联盟$s$可用的资源总量，其中$t^s\in\mathbb{R}^v$是 0-1 向量，表示局中人是否在联盟$s$中，相应地，单位向量$e=(1,1,\cdots,1)\in\mathbb{R}^v$可以表示大

联盟V。令A为一个$m\times p$的矩阵，且$c\in\mathbb{R}^p$，y为变量，B为矩阵。对于每一个$t\in\mathbb{R}^v$，考虑如下的线性规划：

$$P(t):F(t)=\min cy \tag{1.3}$$

$$\text{s.t. } Ay\geqslant Bt \tag{1.4}$$

其中，$F(t)$表示目标函数；$P(t)$表示一个优化模型。

当$P(t)$无解时，意味着局中人的资源使用的线性约束产生了冲突。因此考虑对于每一个联盟s，$P(t^s)$都有解且有界，则此时可以得到所有联盟的最优目标值。令线性规划博弈的特征函数$c_p(s)=P(t^s)$，即$c_p(s)$表示耗费资源需要承担的成本，则可用(V,c_p)来表示线性规划博弈。

通过$P(t)$的对偶问题，可以得到博弈的核分配。令$u=(u_1,u_2,\cdots,u_m)$表示线性规划$P(e)$的任意对偶最优解，v维向量$\alpha=uB$表示对偶成本向量，可视为每个局中人所需承担的与耗费资源相关的成本，D_p表示对偶成本向量的集合，即$D_p=\{\alpha\in\mathbb{R}^V\mid\alpha=uB\}$。$D_p$中所有成本分摊向量$\alpha$满足$\alpha e=F(e)$和$\alpha t\leqslant F(t)$。对于每一个联盟$s\in S$和成本分摊向量$\alpha$，都有$\alpha t^s\leqslant F(t^s)=c(s)$，因此$D_p$为核分配集，线性规划博弈为平衡博弈。

3. PMAS

对于平衡博弈和完全平衡博弈，根据定义和概念都可以很直观地得出，完全平衡博弈是平衡博弈中的一类特殊的博弈。在完全平衡博弈中，存在一类博弈，其核分配满足特殊的性质，即这类博弈具有人口单调分配机制（population monotonic allocation scheme，PMAS）。PMAS 是完全平衡博弈中一类重要的研究，其表示局中人分摊的成本随他所在的联盟的规模增大而减少（或非增）的一种成本分摊机制，反映了联盟的规模优势。

定义 1.11　对于合作博弈$(V,c)\in G^V$，若某个成本分摊方案$\alpha=(\alpha_i(s))_{i\in s,s\in S}$满足如下条件，则该成本分摊方案属于 PMAS。

（1）对于所有的子联盟$s\in S$，满足$\sum\limits_{i\in s}\alpha_i(s)=c(s)$。

（2）对于所有的子联盟$s,t\in S$，若有$s\subset t$，则有$\alpha_i(s)\geqslant\alpha_i(t)$。

第一个条件是子联盟的预算平衡约束，体现了分配方案的有效性；第二个条件体现了分配方案对于联盟规模的单调性，对于每个局中人而言，在较大规模的联盟中承担的成本不多于规模较小的联盟，反映了联盟的规模优势，这种分配策略也鼓励了较大规模联盟的形成。

该机制的提出是基于以下现实问题。在现实生活中，即使合作博弈是超可加的，组成大联盟是最优策略，但由于种种外界因素，大联盟往往难以形成，而规模较小的联盟往往容易形成。因此，在构建合理分配大联盟成本 $c(V)$ 的分配方案的基础上，也需要考虑如何分配子联盟成本 $c(s)$ 的问题。

由于局中人任意子联盟 $s \subset V$ 中需要分摊的成本不少于在大联盟中分摊的成本，因此没有局中人会为了承担更少的成本而脱离大联盟，符合联盟稳定性的要求，这说明具有满足 PMAS 的博弈是核非空的博弈，即平衡博弈。从定义 1.11 易得，一个博弈具有满足 PMAS 的必要条件是这个博弈是完全平衡的，然而，对于一个完全平衡博弈，并不能保证 PMAS 的存在。

例 1.3 令 $V=\{1,2,3,4\}$，博弈 (V,c) 满足 $c(\{1\})=c(\{2\})=c(\{3\})=c(\{4\})=1$，$c(\{1,2\})=c(\{3,4\})=1$，$c(\{1,3\})=c(\{2,3\})=c(\{2,4\})=c(\{3,4\})=2$，对所有局中人数量为 3 的联盟有 $c(s)=2$，以及大联盟的成本 $c(V)=3$。

经过计算后不难发现，该博弈的所有子博弈均为平衡博弈，即每个子博弈都存在核分配。但是，其中对于子博弈 $(\{1,2,3\},c)$，有 $\alpha_3(\{1,2,3\}) \geqslant c(\{1,2,3\})-c(\{1,2\})=1$，以及对于子博弈 $(\{1,2,4\},c),(\{1,3,4\},c),(\{2,3,4\},c)$，分别有 $\alpha_3(\{1,2,4\}) \geqslant 1, \alpha_2(\{1,3,4\}) \geqslant 1, \alpha_1(\{2,3,4\}) \geqslant 1$。因此，无法找到一个分配同时满足 $\alpha_1(V)+\alpha_2(V)+\alpha_3(V)+\alpha_4(V)=3$ 和对于 $i=1,2,3,4$，$\alpha_i(V) \geqslant \alpha_i(V/\{i\}) \geqslant 1$。

可以看出，例 1.3 中的博弈 (V,c) 为完全平衡博弈，但不具有满足 PMAS 的核分配。

1.2.4 非平衡博弈中的经典研究

众所周知，并不是每个可转移效用博弈都有非空的核，大部分优化问题的博弈都是非平衡博弈，即核为空的博弈。从每个局中人的视角看，此时形成大联盟是无利可图的，但出于对社会整体福利的考虑，有时仍有必要促进大联盟的合作。下面介绍几种求解非平衡博弈成本分摊的主要方法。

1. OCAP

最优成本分摊问题（optimal cost allocation problem，OCAP）的目标是在联盟稳定性约束的条件下最大化分配给参与者的总成本，尽可能地覆盖大联盟的成本 $c(V)$。OCAP 的具体定义如下：

$$\max_{\alpha} \sum_{k \in V} \alpha_k \tag{1.5}$$

$$\text{s.t.} \sum_{k \in s} \alpha_k \leqslant c(s), \quad \forall s \in S \tag{1.6}$$

第三方可能是政府机构，参与者可能是私人企业，或者第三方可能是一家大公司的总部，参与者可能是不同的分公司。在这种情况下，OCAP 的目标相当于最大限度地缩小分配给所有参与者的总成本与大联盟产生的成本之间的差距，这个差距将由第三方补贴。

粗略来看，找到 OCAP 的解有两个难点。首先，普通线性规划公式所需要的约束是参与者数量 v 的指数倍，即 2^v 个约束。其次，对于一个给定的成本分摊，仅仅去验证一个线性规划约束是否被满足，经常就涉及求解一个 NP 难的优化问题。因此，直接通过线性规划问题求解 OCAP 一般是非常困难的。

在线性规划博弈的基础上，考虑一类有着特殊优化问题的博弈——IM（integer minimization，整体最小化）博弈。IM 博弈是指一类仅能使用整数线性规划（integer linear programming，ILP）来定义特征函数的博弈，其包括很多著名的非平衡博弈，如机器调度博弈、设施选址博弈、旅行商博弈等。

IM 博弈定义为存在满足如下条件的特征函数：①正整数 e 和 t；②一个左手边（left hand side，LHS）矩阵 $A \in \mathbb{Z}^{e \times v}$；③一个右手边（right hand side，RHS）矩阵 $B \in \mathbb{Z}^{e \times v}$；④一个 RHS 向量 $D \in \mathbb{Z}^{e}$；⑤一个目标函数向量 $C \in \mathbb{Z}^{t}$；⑥对每个联盟 $s \in S$，有一个示性向量 $y^s \in \{0,1\}^v$，其中，如果 $k \in s$，则 $y_k^s = 1$，否则 $y_k^s = 0$。这些条件使得联盟成本 $c(s)$ 等于如下整数线性规划的最优目标值，则合作博弈 (V,c) 是 IM 博弈。γ 是示性向量。

$$c(s) = \min_x \left\{ Cx : Ax \geqslant B\gamma^s + D, x \in \mathbb{Z}_+^e \right\} \quad (1.7)$$

对于这个问题，Caprara 和 Letchford（2010）设计了一个算法来找到一个稳定的成本分摊，并解释了如何使用列生成、行生成或两者兼用来求解 IM 博弈所对应的 OCAP。具体的算法与其他性质读者可以参考 Caprara 和 Letchford（2010）的研究。

2. 最小核、ϵ 近似核、γ-核

最小核（the least core）由 Shapley 和 Shubik（1966）提出，并随后由 Maschler 等（1979）命名。最小核是通过松弛联盟稳定性约束产生的。在最小核的概念中，分摊给每个联盟的成本不超过该联盟所需要的最低成本与一个常数值之和。合作博弈 (V,c) 的最小核可以由下面的线性规划求解得到，z 是一个需要被最小化的参数，求解得到的 z^* 为最小核值（the least core value）。不难证明，无论核是否为空，最小核一定是非空的，它是使得下述线性规划最优的一组成本分摊方案。

$$z^* = \min z \quad (1.8)$$

$$\text{s.t.} \begin{cases} c(s) + z \geqslant \sum_{i \in s} \alpha_i, & \forall s \in S \\ \sum_{i \in V} \alpha_i = c(V) \end{cases} \quad (1.9)$$

上面的线性规划也可以写成：

$$z^* = \min_{\alpha:\sum_{i\in V}\alpha_i = c(V)} \max_{s\in S} e(\alpha,s) \tag{1.10}$$

其中，$e(\alpha,s)=\sum_{i\in s}\alpha_i - c(s)$，$e(\alpha,s)$ 表示联盟 s 在成本分摊方案为 $\alpha=(\alpha_i)_{i\in V}$ 时支付的额外成本，可以看作联盟 s 在成本分摊方案 α 下的不满意程度。如果合作博弈的核是非空的，那么在核分配下任何联盟的不满意程度 $e(\alpha,s)$ 都是非正的，代表联盟 s 在成本分摊方案 α 下的剩余。在这种情况下，最小核包含在核中，包括所有稳定的、有效的、最大化每个联盟的最小剩余的成本分配。

在核为空的情况下，最小核对应的成本分摊是尽最大可能减少每个联盟的最大不满意程度的成本分摊，因此最小核是"最不令人反感"的成本分摊。此时，最小核值 z^* 可以看作为了保持大联盟的有效性和稳定性，对一个想要脱离大联盟的子联盟施加的最低惩罚。

与最小核类似的一个概念是 ϵ 近似核。其同样在满足预算平衡约束的情况下松弛了联盟稳定性约束，使得分摊给每个联盟的总成本不超过该联盟产生的最低成本的 $(1+\epsilon)$ 倍。在 ϵ 近似核下，每个联盟 s 可以接受以 $(1+\epsilon)c(s)$ 为界的成本分配，ϵ 为需要最小化的参数。

$$\epsilon^* = \min \epsilon \tag{1.11}$$

$$\text{s.t.}\begin{cases}(1+\epsilon)c(s) \geqslant \sum_{i\in s}\alpha_i, & \forall s\in S\\ \sum_{i\in V}\alpha_i = c(V)\end{cases} \tag{1.12}$$

ϵ 值也可以被视为我们需要对一个独立行动的联盟施加的最低惩罚。

除此之外，还有一个重要的概念——γ-核（γ-core）（Faigle and Kern，1993）。将预算平衡约束替换为 γ 预算平衡约束。其要求分摊给所有参与者的总成本不低于 γ 倍的大联盟最低成本，其中，$0<\gamma\leqslant 1$。一般来说，研究 γ-核和 ϵ 近似核的重点在于寻找给定博弈中 γ 和 ϵ 的常数界。

$$\gamma^* = \max \gamma \tag{1.13}$$

$$\text{s.t.}\begin{cases}c(s) \geqslant \sum_{i\in s}\alpha_i, & \forall s\in S\\ \sum_{i\in V}\alpha_i \geqslant \gamma c(V), & 0<\gamma\leqslant 1\end{cases} \tag{1.14}$$

3. 惩罚机制与补贴机制

为了使大联盟稳定，目前有两种被广泛应用的机制——惩罚机制和补贴机制。

上述这些概念与在非平衡合作博弈中应用惩罚机制与补贴机制以稳定大联盟密切相关。

应用惩罚机制时，中央机构可以处罚那些离开大联盟的局中人。现有的关于惩罚机制的研究主要基于最小核的概念，中央机构可以将最小核值作为罚金，或者采用γ-核的概念，对一个非空γ-核，中央机构可以采用联盟成本的$(1/\gamma-1)$倍作为罚金。

通过补贴机制，中央机构可以补贴那些留在大联盟中的局中人。根据核的第一个约束条件，核为空的原因是，在结盟形成大联盟后，参与者需要承担的成本太高，不能吸引所有人进行合作，从而使得核为空。因此，在实践中可以采取补贴的方式，即向大联盟提供外部补贴鼓励所有局中人不要偏离。补贴工具在数学上等价于γ-核的概念，其中分配的总成本可以放宽到$\gamma(0<\gamma<1)$与大联盟的成本的乘积，剩下的费用就是要补贴的部分，即联盟成本的$(1-\gamma)$倍。从第三方角度看，补贴越多，社会机会成本越高。因此补贴机制研究的重点，是通过提供最少的外部补贴来实现大联盟的稳定。

值得注意的是，使用这两种机制中的哪个都会不可避免地产生一些弊端。惩罚机制会引起局中人的不满，而补贴机制则需要投入外部的资源。接下来通过介绍超模成本合作博弈（Schulz and Uhan，2010）来对基于最小核的惩罚措施进行阐述。

如果对于所有的$j,k\in V$，$j\neq k$，$s\subseteq V\setminus\{j,k\}$，都满足式（1.15），即边际成本递减，则称特征函数$c:2^V\to\mathbb{R}$是次模的。

$$c(s\cup\{j\})-c(s)\geqslant c(s\cup\{j,k\})-c(s\cup\{k\}) \tag{1.15}$$

这样的博弈称为次模成本合作博弈（submodular cost cooperative game）。次模成本合作博弈具有一些非常良好的性质，如核永远非空，这是因为随着联盟规模的扩大，与添加联盟成员相关的边际成本降低，从而增加合作的吸引力。

相反地，如果对于所有的$j,k\in V$，$j\neq k$，$s\subseteq V\setminus\{j,k\}$，都满足式（1.16），即边际成本递增，则称特征函数$c:2^V\to\mathbb{R}$是超模的。

$$c(s\cup\{j\})-c(s)\leqslant c(s\cup\{j,k\})-c(s\cup\{k\}) \tag{1.16}$$

这样的博弈称为超模成本合作博弈（supermodular cost cooperative game）。

只要成本不是模数的（modular），即当$c(s\cup\{j\})-c(s)<c(s\cup\{j,k\})-c(s\cup\{k\})$时，超模成本合作博弈的核为空，这是因为随着联盟规模的扩大，与添加联盟成员相关的边际成本增加，从而降低合作的可能性。

超模成本合作博弈在实践中并不罕见，一些设施选址问题、调度问题和网络设计问题都拥有超模成本。

为了使得超模成本合作博弈中的所有局中人进行合作，可以采取惩罚措施，即计算超模成本合作博弈的最小核值，以此作为罚金。但即使最小核中的一个成本分摊是已知的，计算超模成本合作博弈的最小核值仍是强 NP 难的（Schulz and Uhan，2010）。为了解决这个问题，Schulz 和 Uhan（2013）提出了在多项式时间内计算最小核值的近似值的方法，并在机器调度博弈问题中进行了应用。

对于任意的$\rho \geqslant 1$，可以将满足式（1.17）和式（1.18）的成本分摊方案α定义为ρ-近似的最小核，

$$c(s)+\rho z^{*} \geqslant \sum_{i\in s}\alpha_i,\quad \forall s\in S \tag{1.17}$$

$$\sum_{i\in V}\alpha_i = c(V) \tag{1.18}$$

或者可以将上式写为如下形式：

$$\sum_{i\in V}\alpha_i = c(V),\quad \max_{s\in S} e(\alpha,s) \leqslant \rho z^{*} \tag{1.19}$$

需要注意的是，计算最小核的成本分摊方案和计算最小核值的算法及其难度可能不同。下面简要介绍通过固定一个成本分配求最小核近似值的方法。

首先，我们定义博弈(c,V)的α-最大不满意问题，该问题描述如下。

确定一个成本分摊方案α满足有效性约束$\sum_{i\in V}\alpha_i = c(V)$，随后确定最小的$z$值使其满足最小核约束条件，即需要在满足有效性约束的条件下，找到不满意程度最大的子联盟s^*

$$e(\alpha,s^*)=\max_{s\in S} e(\alpha,s)=\max_{s\in S}\sum_{i\in s}\alpha_i - c(s) \tag{1.20}$$

我们希望找到一个大于$e(\alpha,s^*)$且尽量靠近$e(\alpha,s^*)$的z值。可以发现，当$z \geqslant e(\alpha,s^*)$时，$(\alpha,z)$符合最小核约束；当$z < e(\alpha,s^*)$时，$(\alpha,z)$不符合最小核约束中的$c(s^*)+z \geqslant \sum_{i\in s^*}\alpha_i$。

其次，为了确保我们确定的成本分摊方案在最小核附近，需定义一个多面体B_c

$$B_c=\left\{\alpha\in\mathbb{R}^V : \sum_{i\in V}\alpha_i = c(V), \sum_{i\in s}\alpha_i \geqslant c(s), \forall s\in S\right\} \tag{1.21}$$

当博弈(V,c)为超模成本合作博弈时，B_c的顶点可以在多项式时间内计算得到。可以证明B_c中的成本分摊方案均在博弈(V,c)的 2-近似最小核中。

设有成本分摊方案$\alpha\in B_c$，(α^*,z^*)为最小核线性规划模型的最优解，则对于$\forall s\in S$，都满足$c(s)+z^* \geqslant \sum_{i\in s}\alpha_i^*, c(V\setminus s)+z^* \geqslant \sum_{i\in V\setminus s}\alpha_i^*, \sum_{i\in V}\alpha_i^* = c(V)$。

故有$2z^* \geqslant c(V)-c(s)-c(V\setminus s)$。由于$\alpha\in B_c$，可以得

$$2z^* \geqslant c(V) - c(s) - c(V \setminus s) = \sum_{i \in V} \alpha_i - c(s) - c(V \setminus s)$$
$$= \sum_{i \in s} \alpha_i + \sum_{i \in V \setminus s} \alpha_i - c(s) - c(V \setminus s) \geqslant e(\alpha, s)$$

故有 $2z^* \geqslant e(\alpha, s^*)$，成本分摊方案 α 在博弈 (V,c) 的 2-近似最小核中。

最后，根据 B_c 中的成本分摊方案，结合 α-最大不满意问题求得合作博弈的 2-近似最小核值。

1.2.5　小结

本章首先介绍了在合作博弈中的一些经典概念，如可转移效用、核、B-S 定理等，便于入门读者对合作博弈的框架有基本的认识，以及更好地理解本书中后续介绍的各种理论内容。其次，根据核是否非空，本书中主要讨论的可转移效用博弈可以分为平衡博弈与非平衡博弈两大类。其中，成本分摊凸博弈、线性规划博弈、PMAS 作为平衡博弈中的重要研究，是最理想的合作博弈类型，因为满足其性质的特征函数可以确保大联盟的稳定。OCAP、最小核、γ-核、惩罚机制与补贴机制作为非平衡博弈中的重要研究，提供了一个大联盟稳定的策略方向，即通过第三方机构的一些强制措施来保证参与者之间稳定的合作。在这些理论的基础上，我们将进一步讨论平衡博弈的稳定分摊和非平衡博弈的大联盟稳定化策略，这些内容将在第 2 章和第 3 章进行更具体的介绍，并且在第 4 章中，我们会给出这些分摊方式在不同优化问题下的应用，来体现本书中讨论的大联盟稳定化策略的实用性与正确性。

第 2 章　平衡博弈的稳定分摊

在跨辖区联合项目中，稳定合作关系的成本分摊方式是许多管理科学研究所追求的目标。因为在跨辖区联合项目中，通常无法设立一个强有力的中央机构来对不同辖区进行统一的安排，所以为了达到集中成本以更好地实现目标或者获得更大的收益，就需要通过设计一个稳定的成本分摊方式，来促使参与者自发地联合起来。跨辖区联合项目的参与者一般有着共同的目标，并且他们拥有一些私有“可转移资源”，如固定资产（设备或机器等）、人员、时间、金钱等，并且需要参与者自行决策在项目中资源的投入量。考虑到参与者的决策会相互产生影响，对于这样的项目，我们可以将其视为一种可转移效用博弈，如果该合作博弈同时是平衡博弈，那我们就有足够的理由支撑这些项目参与者进行合作。在第 1 章我们已经证明了对于可转移效用博弈，其特征函数的“平衡性”与博弈的“核非空”性质互为充分必要条件。这也同样赋予了平衡博弈很强的现实意义，因为其代表着跨辖区联合项目中所有的参与者可以自发地组成一个稳定的大联盟。要实现这一目标，则需要通过找到一个稳定的成本分摊，即核分配方式，来保障每个局中人能够在大联盟中承担比他脱离大联盟之后更低的成本，从而达到使大联盟稳定的目的。

虽然平衡博弈核空间中的所有解都能够作为维持大联盟稳定的成本分摊解，但是寻找这些解却并不容易。核空间的结构与可转移效用博弈的特征函数性质有关，但在大多数情况下，求解核成本分摊的计算问题难以实现。合作博弈的成本分摊已经有了很多经典的、被证实的方法，如著名的奥曼-沙普利（Aumann-Shapley）方法和沙普利-舒比克（Shapley-Shubik）方法等，读者可以参考 Aumann 和 Shapley（1974）及 Ambec 和 Sprumont（2002）的研究。然而，这些成本分摊方式更注重公平性（fairness）而非稳定性（stability）。换句话说，它们对所有参与者“一视同仁”，但是公平性并不能保证所有的参与者能够在没有外界干预的情况下自发地合作以形成大联盟，一旦脱离大联盟是“有利可图”的，那么稳定性就无法保证。需要注意的是，在一些特殊的合作博弈形式中——如成本分摊凸博弈，这些成本分摊方式能够在保证公平性的情况下，同时兼顾成本分摊的大联盟稳定性。不过，平衡博弈是难以得到的，而成本分摊凸博弈则是更稀少的。我们希望在更一般的合作博弈中找到一种稳定的成本分摊方式，能在多项式时间内求解得到，从管理角度来说这更具意义。

在本章，我们将介绍一个相较成本分摊凸博弈更为宽泛的合作博弈结构，其被命名为单向成本分摊凸博弈（或单向凹博弈）。这种新的博弈形式能够用来描述一些具有特殊联盟结构的合作。在此基础上，我们从稳定性和公平性的角度，给出了单向成本分摊凸博弈的核中的成本分摊方式。

2.1　单向成本分摊凸博弈

2.1.1　引例

在介绍有关单向成本分摊凸博弈的特征以及核空间之前，我们需要再回顾一遍成本分摊凸博弈的性质。在平衡博弈中，成本分摊凸博弈是一类非常特殊且要求严格的博弈。在第 1 章中我们已经给出了其定义以及特征函数具有的性质，并且，从经济学的角度，我们可以将不等式 $c(s_1)+c(s_2)\geqslant c(s_1\cup s_2)+c(s_1\cap s_2)$ 解释为局中人加入联盟所带来的联盟边际成本增量与联盟规模的大小是非正相关关系。即局中人加入一个联盟所产生的边际成本不会低于他加入一个更大的联盟所产生的边际成本。这意味着联盟越大对联盟外的局中人越有吸引力，因为他们能通过与联盟内部局中人的合作来承担更少的成本。

但是实际上关于“凹性”特征函数的设定过于理想化，而且在大部分的集中优化问题中，最优目标值随着联盟规模增加而边际递减是一个通常难以满足的条件。因为在博弈中，局中人之间合作的形成并不能无约束地进行。实际上，联盟的成本还受到各种外部条件的限制，如局中人自身的生产能力、所拥有的私人资源、所在的地理位置等。下面我们通过一个简单的跨区域联合生产的例子，来分析其合作博弈特征函数的性质，并由此引出本章要介绍的主要内容。

例 2.1　一片区域有五个零件加工工厂，分别为 A,B,C,D,E，即局中人，且这五个工厂所在的位置如图 2.1 所示，只有四条路径可以联通它们。这五个工厂都有 100 个零件的加工需求。已知在这五个工厂零件的单位加工成本如下。

（1）在 A,D 的单位加工成本：10 元。

（2）在 B,C,E 的单位加工成本：80 元。

同时，零件在 AC,BC,CD,CE 这四条路径上的单位运输成本分别为 20 元，10 元，15 元，10 元。

在这个问题中，因为工厂 A,D 的零件单位加工成本远低于 B,C,E 的单位加工成本，我们暂且粗略地认为零件在不同的工厂中加工只有单位加工成本的不同，所以 B,C,E 愿意将零件运送到 A,D 进行加工并且承担路径上的运输成本。我们可

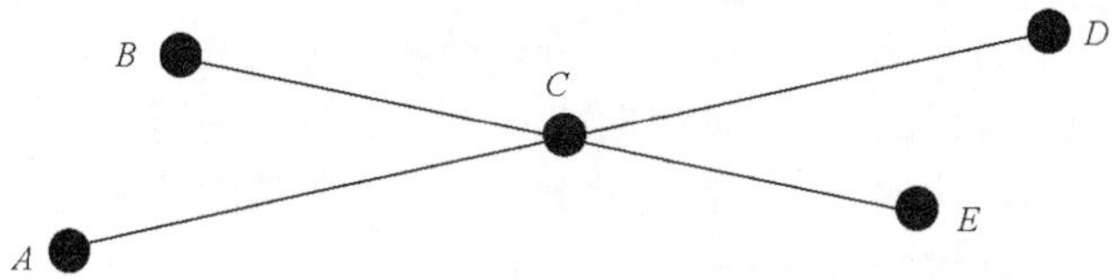

图 2.1　五个局中人合作博弈

以得到这个博弈是平衡博弈且核成本分摊不唯一，其中一个核成本分摊为 $\alpha_A=\alpha_D=1000,\alpha_B=\alpha_E=6000,\alpha_C=4000$。这个核成本分摊可以理解为 D 仅仅只提供加工的设备等，而 B,C,E 完全承担零件在 D 的单位加工成本和运输成本。

通过对特征函数的检验不难发现，这个合作博弈并不是一个成本分摊凸博弈。我们可以找到一个违反凹性的联盟成本关系：在不考虑工厂零件加工数量上限的情况下，对于 B,C,E 来说，将零件运输到 D 处加工能够得到比在 A 处加工更低的单位成本。因此工厂 A 在联盟 $\{A,B,D,E\}$ 中并没有与其他三个工厂产生实质性的合作。在联盟 $\{A,B,E\}$ 中，B,E 无法与 D 进行合作，只能通过 A 来减少零件的单位加工成本。这导致了特征函数的凹性并不成立，即

$$c(\{A,B,D,E\})-c(\{B,D,E\})=c(\{A\})>c(\{A,B,E\})-c(\{B,E\}) \tag{2.1}$$

另外，可以得到这个博弈的特征函数的次模性对 B,C,E 依然成立。假设 s、t 是两个联盟，且有 $s\subset t\subseteq\{A,C,D,E\}$，则我们可以得到不等式 $c(s\cup\{B\})-c(s)\geqslant c(t\cup\{B\})-c(t)$ 成立。类似地，我们可以得到相似的性质：$c(s\cup\{C\})-c(s)\geqslant c(t\cup\{C\})-c(t)$ 对 $s\subset t\subseteq\{A,B,D,E\}$ 成立，$c(s\cup\{E\})-c(s)\geqslant c(t\cup\{E\})-c(t)$ 对 $s\subset t\subseteq\{A,B,C,D\}$ 成立。

读者可以自行枚举验证。式（2.1）体现了更大的联盟对 B,C,E 更有吸引力，而对 A,D 则不一定。

虽然例 2.1 描述的并不是一个细致的问题，但是其反映了很多联合项目中合作的特点。参与者的生产能力不同会影响联盟对他们的影响力。具备更高生产效率、能够更有效地降低成本的参与者更倾向于加入更大的联盟。在很多的运筹优化问题中，这样的情况比比皆是，如一些运输问题或河流沿岸的企业用水或污水治理问题。我们想要描述一种比成本分摊凸博弈的适用范围更广阔的平衡博弈，或者说具有比凹性更松弛的特征函数，即“单向成本分摊凸博弈”。该博弈与成本分摊凸博弈最大的不同之处在于，局中人加入联盟的顺序将会影响到联盟的稳定性，或者说，该博弈的特征函数具有不完全的次模性。在单向成本分摊凸博弈中，核中的解能够稳定分摊合作产生的成本，并且该方法可以应用于更多的现实集中优化问题，使得在没有外部干

涉的情况下局中人能够自发地合作并组成一个大联盟。为了读者能够更好地理解，在第 4 章中，我们将介绍成本分摊凸博弈在线性河流上企业污水治理优化问题上的应用。

2.1.2　基本特征

在例 2.1 中我们介绍了一个简单的合作博弈例子，接下来我们需要将“单向成本分摊凸博弈”这个概念公理化并给出其相关的性质。为了能够一般化（generalize）这种合作博弈的结构，我们在本章并不过多地考虑局中人相关的生产特性或其所拥有的私有资源的多少。

假设有一个联合项目，其中涉及 v 个参与者，他们之间可以相互交换资源来进行合作以减少成本。我们将这 v 个参与者按照在合作中对成本降低的“贡献度”进行增序编号，并形成大联盟 $V=\{1,2,\cdots,v\}$。参考例 2.1 零件加工问题，我们可以按照这种规则将 A,B,C,D,E 五个工厂分别编号为 $1,3,4,2,5$。在这样的排序下，可以发现联盟成本在编号增大的方向上具有“凹”性质。从联盟形成的角度解释，这样的排序可以理解为参与者按照 A—D—B—C—E 的顺序加入大联盟。如果对这五个工厂的排序为 $4,1,5,3,2$，即大联盟的形成顺序为 B—E—D—A—C，则这种情况下，正如式（2.1）所体现的，D 在 B,E 之前加入会减弱联盟对 A 的吸引力。

在此，我们给出关于“单向凹函数”和“单向成本分摊凸博弈”这两个概念公理化的定义。

定义 2.1　一个函数 $f(\cdot):2^V\to\mathbb{R}$ 被称为单向凹（directional concave）函数，当且仅当对所有的满足 $\min\{i:i\in t\setminus s\}>\max\{i:i\in s\cap t\}$ 以及 $\min\{i:i\in s\setminus t\}>\min\{i:i\in s\cap t\}$ 的集合 $s,t\subseteq V$ 时，不等式

$$f(s)+f(t)\geqslant f(s\cup t)+f(s\cap t) \tag{2.2}$$

成立。其中，$f(\varnothing)=0,\min\{\varnothing\}=\max\{\varnothing\}=0$。

定义 2.2　对于一个局中人集合，$V=\{1,2,\cdots,v\}$ 是局中人集合的一种排序方式。如果其特征函数在 V 上是单向凹的，则我们称可转移效用博弈 (V,c) 为单向成本分摊凸博弈或单向凹博弈（directional concave game）。

从定义 2.1 中可以看出，单向凹性对函数的定义域要求比凹性更严格，凹性约束不再对任意的集合成立。这也使得单向凹函数成为判断凹函数的充分条件，从而能够用于描述更广泛的合作博弈特征函数。作为凹性的必要条件，凹函数的一些性质也可以推广到单向凹函数中。类似于成本分摊凸博弈的相关性质，我们

接下来将单向成本分摊凸博弈特征函数的性质与次模性关联起来。其中定理 2.1 的性质（2）和（3）体现了当个体或群体沿着某个特定的方向加入较大的联盟时，会带来更低的边际成本。

定理 2.1 对于可转移效用博弈 (V,c)，下面三个性质是等价的。

（1）博弈 (V,c) 为单向成本分摊凸博弈。

（2）对 $s_1,s_2,L\subset V$，其中 $s_1\subseteq s_2$，$\min\{i:i\in s_1\}<\min\{i:i\in L\}$，$\max\{i:i\in s_1\}<\min\{i:i\in s_2\setminus s_1\}$，且 $L\cap s_2=\varnothing$。特征函数 $c(\cdot)$ 满足：

$$c(s_1\cup L)-c(s_1)\geqslant c(s_2\cup L)-c(s_2) \tag{2.3}$$

（3）对 $s_1\subseteq s_2\subset V$ 和 $l\in V$，$\max\{i:i\in s_1\}<l$，$\max\{i:i\in s_1\}<\min\{i:i\in s_2\setminus s_1\}$，且 $l\notin s_2$。特征函数 $c(\cdot)$ 满足：

$$c(s_1\cup\{l\})-c(s_1)\geqslant c(s_2\cup\{l\})-c(s_2) \tag{2.4}$$

证明 下面我们按照（1）⇒（2），（2）⇒（3），（3）⇒（1）的顺序来证明。

首先，假定博弈 (V,c) 是一个单向成本分摊凸博弈。考虑三个联盟 $s,L,R\subset V$，$L\cap(s\cup R)=\varnothing$，并且满足 $\max\{i:i\in s\}<\min\{i:i\in R\}$，$\min\{i:i\in s\}<\min\{i:i\in L\}$。我们可以得到 $s\cup L,s\cup R$ 分别满足定义 2.1 中 s 和 t 的要求，由式（2.2），我们可以得到 $c(s\cup L)+c(s\cup R)\geqslant c(s\cup R\cup L)+c(s)$。令 $s_1=s$，$s_2=s\cup R$，则式（2.3）成立。因此，（1）为（2）的充分条件。

其次，当 $L=\{l\}$ 时，显然（2）⇒（3）成立。

最后，假设性质（3）成立，令 $s_1^{(1)}:=s_1\cup\{l\}$，可以找到 $l_1\in V$，$l_1>\min\{i:i\in s_1\}$ 且 $l_1\notin s_2$。此时 $c\left(s_1^{(1)}\cup\{l_1\}\right)-c\left(s_1^{(1)}\right)\geqslant c(s_2\cup\{l,l_1\})-c(s_2)$ 仍然成立。继续用 $s_1^{(2)}$ 代替 $s_1^{(1)}\cup\{l_1\}$，以此类推。可以得到在第 n 次迭代中，n 可以为任意的迭代次数，都有 $c\left(s_1^{(n)}\right)+c(s_2)\geqslant c\left(s_2\cup s_1^{(n)}\right)+c(s_1)$。因此，（3）⇒（1）成立，证明完成。

在式（2.3）中，不难发现 s_1 可以为空集。这表明弱凹性同样可以保证特征函数的次可加性，也是可转移效用博弈为平衡博弈的必要条件之一。在第 1 章中，我们已经介绍了如何判断一个博弈 (V,c) 是否为平衡博弈，即 B-S 定理。我们先考虑当 $v=3$ 时，具有单向凹性质的博弈是否是平衡博弈。假设存在一个向量 $(\lambda_s)_{s\subseteq\{1,2,3\}}$，对所有 $s\subseteq\{1,2,3\}$ 满足 $0\leqslant\lambda_s\leqslant 1$，且对所有 $i\in\{1,2,3\}$ 满足 $\sum_{s\subseteq\{1,2,3\}:i\in s}\lambda_s=1$。由于 $c(\cdot)$ 的单向凹性，可以得到如下的不等关系：

$$
\begin{aligned}
&\lambda_{\{1,2,3\}}c(\{1,2,3\})+\lambda_{\{1,3\}}c(\{1,3\})+\lambda_{\{2,3\}}c\left(\{2,3\}\right)+\lambda_{\{3\}}c(\{3\})+\lambda_{\{1,2\}}c(\{1,2\})+\lambda_{\{2\}}c(\{2\})\\
&=\lambda_{\{1,2,3\}}c(\{1,2,3\})+(\lambda_{\{1,3\}}-\min\{\lambda_{\{1,2\}},\lambda_{\{1,3\}}\})c(\{1,3\})+(\lambda_{\{1,2\}}-\min\{\lambda_{\{1,2\}},\lambda_{\{1,3\}}\})c(\{1,2\})\\
&\quad+\min\{\lambda_{\{1,2\}},\lambda_{\{1,3\}}\}(c(\{1,2\})+c(\{1,3\}))+\lambda_{\{2,3\}}c(\{2,3\})+\lambda_{\{3\}}c(\{3\})+\lambda_{\{2\}}c(\{2\})\\
&\geqslant(\lambda_{\{1,2,3\}}+\min\{\lambda_{\{1,2\}},\lambda_{\{1,3\}}\})c(\{1,2,3\})+(\lambda_{\{1,3\}}-\min\{\lambda_{\{1,2\}},\lambda_{\{1,3\}}\})(c(\{1,3\})+c(\{2\}))\\
&\quad+\lambda_{\{2,3\}}c(\{2,3\})+\min\{\lambda_{\{1,2\}},\lambda_{\{1,3\}}\}c(\{1\})+(\lambda_{\{1,2\}}-\min\{\lambda_{\{1,2\}},\lambda_{\{1,3\}}\})(c(\{1,2\})+c(\{3\}))\\
&\quad+(\lambda_{\{3\}}+\min\{\lambda_{\{1,2\}},\lambda_{\{1,3\}}\}-\lambda_{\{1,2\}})c(\{3\})+(\lambda_{\{2\}}+\min\{\lambda_{\{1,2\}},\lambda_{\{1,3\}}\}-\lambda_{\{1,3\}})c(\{2\})\\
&=\$\backslash\text{Lambda}\$=\Lambda_1
\end{aligned}
\tag{2.5}
$$

将式（2.5）不等号右边的值表示为Λ_1，因为$\lambda_{\{1,2\}}+\lambda_{\{2\}}=\lambda_{\{1,3\}}+\lambda_{\{3\}}$，所以可以得到在式（2.5）不等号右侧表达式$c(\{2\})$和$c(\{3\})$的系数是相等的。同时，不论是$\lambda_{\{1,2\}}<\lambda_{\{1,3\}}$还是$\lambda_{\{1,2\}}>\lambda_{\{1,3\}}$，$c(\{2\})$和$c(\{3\})$的系数都为非负数。由于弱凹性同时保证了特征函数的次可加性，可以继续得到式（2.6）

$$
\begin{aligned}
\Lambda_1&\geqslant(\lambda_{\{1,2,3\}}+\lambda_{\{1,2\}}+\lambda_{\{1,3\}}-\min\{\lambda_{\{1,2\}},\lambda_{\{1,3\}}\})c(\{1,2,3\})+\min\{\lambda_{\{1,2\}},\lambda_{\{1,3\}}\}c(\{1\})\\
&\quad+(\lambda_{\{2,3\}}+\lambda_{\{3\}}+\min\{\lambda_{\{1,2\}},\lambda_{\{1,3\}}\}-\lambda_{\{1,2\}})c(\{2,3\})\\
&\geqslant(\lambda_{\{1,2,3\}}+\lambda_{\{1,2\}}+\lambda_{\{1,3\}})c(\{1,2,3\})+(\lambda_{\{2,3\}}+\lambda_{\{3\}}-\lambda_{\{1,2\}})c(\{2,3\})=\Lambda_2
\end{aligned}
\tag{2.6}
$$

将$\lambda_{\{1\}}c(\{1\})$加入式（2.6）不等号右侧表达式中，因为$\lambda_{\{2,3\}}+\lambda_{\{3\}}=\lambda_{\{1,2\}}+\lambda_{\{1\}}$，我们可以得

$$\Lambda_2+\lambda_{\{1\}}c(\{1\})\geqslant(\lambda_{\{1,2,3\}}+\lambda_{\{1,2\}}+\lambda_{\{1,3\}}+\lambda_{\{1\}})c(\{1,2,3\})=c(\{1,2,3\})$$

综上所述，对所有满足要求的向量$(\lambda_s)_{s\subseteq\{1,2,3\}}$，都一定存在$\sum_{s\subseteq\{1,2,3\}}\lambda_s c(s)\geqslant c(\{1,2,3\})$，满足 B-S 定理。这表明所有$v=3$的单向成本分摊凸博弈，都是平衡博弈。沿着这个思路，我们拓展到具有任意数量局中人的单向成本分摊凸博弈，可以得到定理 2.2。

定理 2.2　所有单向成本分摊凸博弈都是平衡博弈。

证明　对任意的单向成本分摊凸博弈(V,c)，令$\mathcal{V}=2^V\setminus\varnothing$表示联盟$V$的幂集，$\mathcal{V}_i=\{s\in\mathcal{V}:i\in s,i\in V\}$表示所有包含局中人$i$的联盟的集合，$v=|V|$表示大联盟中局中人的数量。类似地，我们令$\mathcal{V}^{(m)}=2^{\{1,2,\cdots,v-m\}}\setminus\varnothing$表示联盟$\{1,2,\cdots,v-m\}$的幂集，令$\mathcal{V}_i^{(m)}=\{s\in\mathcal{V}^{(m)}:i\in s,i\in\{1,2,\cdots,v-m\}\}$，其中，$m\in\{1,2,\cdots,v-1\}$。对于任意向量

$(\lambda_s)_{s\in\mathcal{V}}$，其满足$(0\leqslant\lambda_s\leqslant 1)_{s\in\mathcal{V}}$以及对所有$i\in V$满足$\sum_{s\in\mathcal{V}_i}\lambda_s=1$，我们先将所有的联盟分为包含局中人$v$的联盟和不包含$v$的联盟：

$$\sum_{s\in\mathcal{V}}\lambda_s c(s)=\sum_{s\in\mathcal{V}_v}\lambda_s c(s)+\sum_{m=1}^{v-1}\sum_{s\in\mathcal{V}_{v-m}^{(m)}}\lambda_s c(s) \tag{2.7}$$

令$\mathcal{I}$表示一个表达式，其初始值为$\sum_{s\in\mathcal{V}_v}\lambda_s c(s)$。接下来我们要按照$m$从1到$v-1$的顺序依次将$\sum_{s\in\mathcal{V}_{v-m}^{(m)}}\lambda_s c(s)$加入$\mathcal{I}$并判断它与$c(V)$的大小关系。每加入一次我们视为对$\mathcal{I}$中的系数$(\lambda_s)_{s\in\mathcal{V}_v}$进行了一次迭代，并将第$m$次迭代前$(c(s))_{s\in\mathcal{V}_v}$的系数表示为$\left(\lambda_s^{(m-1)}\right)_{s\in\mathcal{V}_v}$，不难得出$\left(\lambda_s^{(0)}=\lambda_s\right)_{s\in\mathcal{V}_v}$。每一次的迭代可以被视为一个配对问题，例如，对于两个联盟$s_1\in\mathcal{V}_v$和$s_2\in\mathcal{V}_{v-1}^{(1)}$，满足$\min\{i:i\in s_1\}=\min\{i:i\in s_2\}$以及$\max\{i:i\in s_1\cap s_2\}<\max\{\min\{i:i\in s_1\setminus(s_1\cap s_2)\},\min\{i:i\in s_2\setminus(s_1\cap s_2)\}\}$，则这两个联盟符合弱凹的集合要求，可以将项$c(s_1)$和项$c(s_2)$进行配对。根据$c(s_1)+c(s_2)\geqslant c(s_1\cap s_2)+c(s_1\cup s_2)$和次可加性，在第一次迭代之后将$\mathcal{I}$中项$(c(s))_{s\in\mathcal{V}_v:v-1\notin s}$的系数全部变为0。接下来需要证明每次迭代时加入的联盟成本的系数都可以完全分配。在第t次迭代后，$t\in\{1,2,\cdots,v-2\}$，可以得

$$\begin{aligned}
&\sum_{\substack{s\in\mathcal{V}_v\\ v-j-1\notin s}}\lambda_s^{(j)}-\sum_{s\in\mathcal{V}_{v-j-1}^{(j+1)}}\lambda_s\\
=&\sum_{\substack{s\in\mathcal{V}_v\\ v-j-1\notin s}}\lambda_s^{(j)}+\sum_{s\in\mathcal{V}_v\cap\mathcal{V}_{v-j-1}}\lambda_s^{(j)}-\sum_{s\in\mathcal{V}_v\cap\mathcal{V}_{v-j-1}}\lambda_s^{(j)}-\sum_{s\in\mathcal{V}_{v-j-1}^{(j+1)}}\lambda_s\\
=&\sum_{\substack{s\in\mathcal{V}_v\\ \min\{i:i\in s\}<v-j+1}}\lambda_s^{(j)}-\sum_{i=0}^{j}\sum_{\substack{s\in\mathcal{V}_{v-i}^{(i)}\\ v-j-1\notin s}}\lambda_s-\sum_{s\in\mathcal{V}_{v-j-1}^{(j+1)}}\lambda_s\\
=&\sum_{s\in\mathcal{V}_v}\lambda_s-\sum_{s\in\mathcal{V}_{v-j-1}}\lambda_s=0
\end{aligned} \tag{2.8}$$

在式（2.8）中，第二个和第三个相等关系可以解释为对所有的系数 $\left(\lambda_s^{(j)}\right)_{v\in s}$ 和 $\left(\lambda_s^{(j)}\right)_{v-j-1\in s}$，它们分别是由 $(\lambda_s)_{s\in\mathcal{V}_v}$ 和 $(\lambda_s)_{s\in\bigcap_{i=0}^{j}\mathcal{V}_{v-i}^{(i)}:v-j-1\in s}$ 拆分后重新组合得来的。式（2.8）等于 0 意味着在第 j 次迭代中，新加入的 $\mathcal{I}$ 中包含 $v-j$ 的联盟的数量和 $\mathcal{I}$ 中不包含 $v-j$ 的联盟的数量相同。换言之，在第 j 次迭代之后，$\mathcal{I}$ 中只存在项 $(c(s))_{s\in\bigcap_{i=v-j}^{v}\mathcal{V}_i}$。

因此，在第 $v-2$ 次迭代之后，只有 $\lambda_{\{1\}}c(\{1\})$ 还没有加入 $\mathcal{I}$，而 $\mathcal{I}$ 中只有 $c(V)$ 和 $c(V\setminus\{1\})$ 这两个项。综上所述，由式（2.7）我们可以递推得

$$
\begin{aligned}
&\sum_{s\in\mathcal{V}_v}\lambda_s c(s)+\sum_{m=1}^{v-1}\sum_{s\in\mathcal{V}_{v-m}^{(m)}}\lambda_s c(s)\\
\geqslant&\sum_{s\in\mathcal{V}_v\cap\mathcal{V}_{v-1}}\lambda_s^{(1)}c(s)+\sum_{m=2}^{v-1}\sum_{s\in\mathcal{V}_{v-m}^{(m)}}\lambda_s c(s)\\
&\vdots\\
\geqslant&\sum_{s\in\bigcap_{i=v-j}^{v}\mathcal{V}_i}\lambda_s^{(j)}c(s)+\sum_{m=j}^{v-1}\sum_{s\in\mathcal{V}_{v-m}^{(m)}}\lambda_s c(s)\\
&\vdots\\
\geqslant&\lambda_V^{(v-2)}c(V)+\lambda_{V\setminus\{1\}}^{(v-2)}c(V\setminus\{1\})+\lambda_{\{1\}}c(\{1\})\\
\geqslant&\lambda_V^{(v-1)}c(V)=\sum_{s\in\mathcal{V}_v}\lambda_s c(V)=c(V)
\end{aligned}
$$

证明完毕，所有的单向成本分摊凸博弈都是平衡博弈。

弱凹函数的平衡性保证了核在单向成本分摊凸博弈中一定存在，接下来就可以根据核空间的性质，结合公平性或其他现实的需要来寻找一个最合适的稳定成本分摊解。我们可以得到可转移效用博弈、平衡博弈、单向成本分摊凸博弈以及成本分摊凸博弈这几类合作博弈之间的包含关系，如图 2.2 所示。

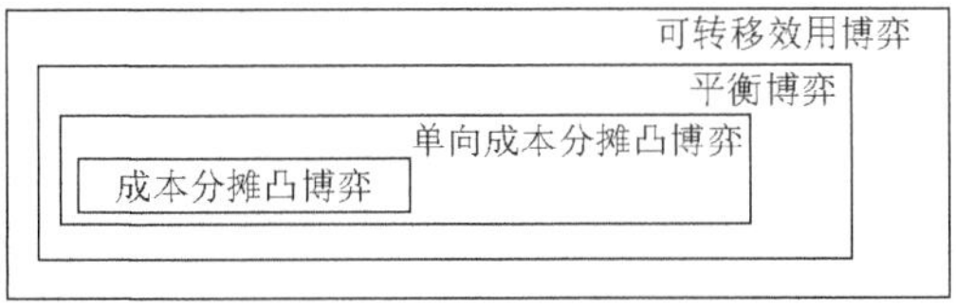

图 2.2　合作博弈关系图

结合定义可以更形象地看出，成本分摊凸博弈具有单向成本分摊凸博弈全部的性质。单向成本分摊凸博弈可以应用于更广泛的运筹优化问题，其中单向凹的"方向"在河流沿岸的优化问题中展现得更具体，读者可以参考 Ambec 和 Sprumont（2002）的河流用水合作博弈问题。此外，核非空的特性为这些优化问题提供了理论基础，使得合作形成稳定大联盟成为可能。

2.2　博弈平衡性分析

2.2.1　成本分摊核空间

平衡博弈中一个具有挑战性且困难的方面是核空间的不确定性，即核空间的结构对具有不同性质的特征函数的博弈是不同的。显而易见，在平衡博弈中找到一个通用的成本分摊方式是不可能也是没有必要的，我们只能根据具体某一类平衡博弈的性质来寻找其核成本分摊。然而，在经济、政治等领域的合作博弈中，形成稳定大联盟并不一定是首选方案，此时选择一种通用的分摊方式可能更为重要。其中，沙普利值就是最为著名的一种分配方式。

定义 2.3　对于一个合作博弈 (V,c)，沙普利值 $(\alpha_i)_{i\in V}\in\mathbb{R}^V$ 定义为

$$\alpha_i=\sum_{s\subseteq V\setminus\{i\}}\frac{|s|!(|V|-|s|-1)!}{|V|!}(c(s\cup\{i\})-c(s)),\quad \forall i\in V$$

其中，$c(\varnothing)=0$。

沙普利值的思想是从公平性的角度出发的，即每个局中人在大联盟中所分摊到的成本等于该局中人参与到每一个子联盟所产生的边际成本的平均值，其中，局中人加入大联盟的顺序一共有 $v!$ 种。在 2.1.2 节我们给出了单向凹性是凹性的必要条件，以及 Shapley（1953）在文章中证明了沙普利值正好是成本分摊凸博弈的核空间的重心。我们可以借助沙普利值的思想来寻找单向成本分摊凸博弈的核空间性质。需要注意的是，沙普利值给定的分配并不一定存在于单向成本分摊凸博弈的核中。

例 2.2　在 A,B,C 三人的生产活动中，他们各自独立生产所需要的成本为 $c(\{A\})=c(\{B\})=c(\{C\})=5$，而合作生产所需要的成本为 $c(\{A,C\})=c(\{B,C\})=5$，$c(\{A,B,C\})=c(\{A,B\})=10$。我们可以求出该成本分摊博弈的沙普利值为 $\left(\frac{25}{6},\frac{25}{6},\frac{5}{3}\right)$。但是沙普利值并不等于核分摊，该博弈的核分摊存在且是唯一的，

为(5,5,0)，读者可以自行验证。这意味着沙普利值下的成本分摊并不能令大联盟 $\{A,B,C\}$ 保持稳定，因为 $\alpha_A+\alpha_C > c(\{A,C\})$，局中人 A 和 C 会对这样的分配不满，并且选择脱离大联盟而自己组成小联盟。对于局中人 C 来说，不论是与 A 形成小联盟还是与 B 形成小联盟，所需要分摊的成本都会小于在沙普利值下所需要分摊的成本。

出现这种情况的原因是沙普利值考虑了所有六种局中人加入联盟的顺序，如果是在成本分摊凸博弈中，不论顺序怎样，越大的联盟都会越有吸引力，这种情况下沙普利值存在于核中。然而例 2.2 并不是一个成本分摊凸博弈，不难发现，其中联盟 $\{C\}$ 比 $\{B,C\}$ 对 A 更有吸引力，即 $c(\{A,B,C\})-c(\{B,C\}) > c(\{A,C\})-c(\{C\})$。除此之外，在例 2.2 中可以发现，$C$ 的加入对成本降低的贡献更大，经过验证可以得到，这个博弈在 A—B—C 的顺序下是单向成本分摊凸博弈。而沙普利值因为过多追求公平性，考虑了 A 加入 $\{B,C\}$ 以及 B 加入 $\{A,C\}$ 这两种不稳定的情况，导致其偏离出了核空间。

下面我们考虑另外一个简单的有三个局中人的例子。对于一个简单的 $|V|=3$ 的成本分摊凸博弈 (V,c)，其核空间如图 2.3 中六边形阴影 $ABCDEF$ 部分所示。其中线段 a_1a_2、b_1b_2、c_1c_2、d_1d_2、e_1e_2、f_1f_2 分别代表超平面 $c(\{1,3\})$、$c(\{1\})$、$c(\{2\})$、$c(\{2,3\})$、$c(\{3\})$、$c(\{1,2\})$ 在空间 $\left\{\sum_{i=1}^{3}\alpha_i=c(V):\alpha_i\geqslant 0\right\}$ 上的投影，A,B,C,D,E,F 是这六个投影的交点。因为特征函数 $c(\cdot)$ 在联盟上是凹函数，可以从空间上体现这些投影之间的关系。例如，将 $c(V)+c(\{1\})\leqslant c(\{1,2\})+c(\{1,3\})$ 体现在图 2.3 中有 $b_1b_2+2\times e_1A\leqslant e_1e_2+b_1F$，这表示 F 一定位于投影 f_1f_2 与 e_1e_2 之间，其他点之间的关系同理。这使得 A,B,C,D,E,F 这六个交点一定存在于核中且是核空间的顶点（vertex）。

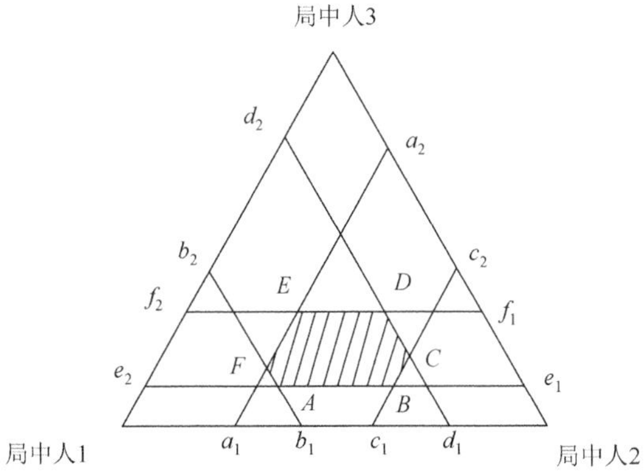

图 2.3　成本分摊凸博弈核空间

但是当(V,c)为单向成本分摊凸博弈时，上述的六个交点就不一定都存在于核中。此时特征函数$c(\cdot)$的弱凹性只能保证$c(V)+c(\{1\})\leqslant c(\{1,2\})+c(\{1,3\})$成立。我们假设有

$$c(V)+c(\{2\})>c(\{1,2\})+c(\{2,3\})$$

$$c(V)+c(\{3\})>c(\{1,3\})+c(\{2,3\})$$

这两个不等式在图 2.4 中体现为B落在线段c_1c_2上，以及D落在线段f_2E上。因此C,B,D,E四个交点都落在了核空间外。此时，只有两个顶点存在于核中，且一定是核的两个顶点。这是因为凹性$c(V)+c(\{1\})\leqslant c(\{1,2\})+c(\{1,3\})$保证了$F$一定在$f_1f_2$和$e_1e_2$之间。结合凹性能够保证特征函数的次可加性，我们能够得到在三个局中人的单向成本分摊凸博弈中，AF一定存在于核中，并且是核的一条边。

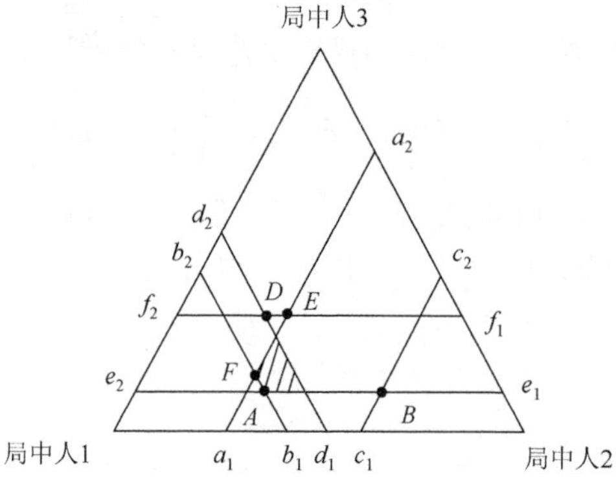

图 2.4 单向成本分摊凸博弈核空间

C点为c_1c_2和d_1d_2的交点，未显示在图中

在所有的单向成本分摊凸博弈中，一定也存在着类似的性质，即我们可以找到核空间的固定的顶点，这些顶点的凸组合也存在于核中。找到这些核分配之后，即可在实际的问题中通过成本分摊来使得在没有外部干扰的情况下激励局中人形成稳定的大联盟。在给出这些核空间顶点之前，我们需要先介绍一下分配机制的概念。

定义 2.4 在一个合作博弈(V,c)中，对任意$s\subseteq V$，当且仅当$(\alpha_i(s))_{i\in s}$满足有效率性$\sum_{i\in s}\alpha_i(s)=c(s)$以及对每个$i\in s$满足个体理性$\alpha_i(s)\leqslant c(\{i\})$时，我们将其称为一种分配方案（allocation scheme）。

分配机制是一种在合作博弈中对大联盟的每个子联盟都通用的成本分摊方式，也可以理解为一个满足集体理性与个体理性的有效的成本分摊方式。在此基础上，斯普鲁蒙特（Sprumont）提出了一种特殊的分配机制，即 PMAS，如定义 1.11 所示。

该分配机制体现出了联盟的“规模优势”，可以促使局中人更愿意加入大联盟而不是选择形成小联盟。与 PMAS 有关的一些必要和充分条件可以参考 Sprumont（1990）的文献。在成本分摊凸博弈中，可以得到沙普利值满足 PMAS，感兴趣的读者可以自行验证。但是在单向成本分摊凸博弈，需要在 PMAS 中考虑到联盟的形成顺序。因此我们将 PMAS 调整为相应的单向人口单调分配机制（directional-population monotonic allocation scheme，d-PMAS）。

定义 2.5　对于合作博弈 (V,c)，一个分配机制 $(\alpha_i(s))_{i\in s:s\subseteq V}$ 被称为 d-PMAS，当且仅当对所有的 $s,R\subseteq V$ 和 $i\in s$，其中 $\max\{j:j\in s\}<\min\{j:j\subset R\}$，满足 $\alpha_i(s)\geqslant\alpha_i(s\cup R)$。

可以看出，d-PMAS 是 PMAS 的必要条件。注意到，不同于 PMAS，d-PMAS 并不能直观地体现出大联盟的稳定性，但是其能够更好地反映出局中人更愿意按照什么样的顺序加入联盟。换而言之，d-PMAS 可以体现对降低成本贡献度越大的局中人，越能够使得那些需要它的局中人形成联盟来欢迎它的加入。

在一个单向成本分摊凸博弈中，对于任意联盟 $s\subseteq V$，我们可以将 s 表示为 $\{s^1,s^2,\cdots,s^{|s|}\}$。对所有 $i\in s$，考虑一个分配机制 $\beta_i(s)=c(\{s^1,s^2,\cdots,s^i\})-c$ $(\{s^1,s^2,\cdots,s^{i-1}\})$。不难发现 $(\beta_i(V))_{i\in V}$ 是一种核分配，并且也是核空间的一个顶点。在 3-局中人博弈中，该分配表示图 2.4 中的 A 点。这种分配方式最早由 Ambec 和 Sprumont（2002）提出，被命名为下游增量分配（downstream incremental distribution），该方法还可以应用于研究解决涉及河流用水博弈问题的稳定利益分配方式。不过除此之外，单向成本分摊凸博弈核空间中还存在着其他的固定顶点，我们也可以用类似的形式将它们表示出来。

定理 2.3　在一个单向成本分摊凸博弈 (V,c) 中，对于联盟 $s\subseteq V$ 以及所有 $i\in s$：

$$\alpha_i^{\psi}(s)=c\left(\{i\}\cup\bigcup_{j:i\notin\hat{s}_j}\hat{s}_j\right)-c\left(\bigcup_{j:i\notin\hat{s}_j}\hat{s}_j\right)$$

是一个 d-PMAS。其中 $\hat{s}_0=\varnothing$，对 $j\in\{1,2,\cdots,|s|-1\}$，$\hat{s}_j=\hat{s}_{j-1}\cup\left\{(s\setminus\hat{s}_{j-1})^{\psi_j}\right\}$，$\hat{s}_{|s|}=s$ 以及 $\psi\in\{1,2\}^v$，$\psi_1=1$，$\psi_v=1$。并且 $\left(\alpha_i^{\psi}(V)\right)_{i\in V}$ 是 (V,c) 的核分配。

证明 首先我们证明$\left(\alpha_i^{\psi}(s)\right)_{i\in s}$是一个 d-PMAS。不难发现$\left(\alpha_i^{\psi}(s)\right)_{i\in s}$满足分配机制的要求，即$\sum_{i\in s}\alpha_i^{\psi}(s)=c(s)$且对所有的$i\in s$满足$\alpha_i^{\psi}(s)\leqslant c(\{i\})$。令$R\subseteq V$满足$\max\{i:i\in s\}<\min\{i:i\in R\}$。将$s\cup R$表示为$t$，我们可以得到在给定的$\psi$有$(\hat{s}_j=\hat{t}_j)_{j\in\{1,2,\cdots,|s|-1\}}$，这表示对所有的$i\in\hat{s}_{|s|-1}$有$\alpha_i^{\psi}(s)=\alpha_i^{\psi}(t)$。那么我们只需要考虑$\psi_{|s|}$的取值。当$\psi_{|s|}=1$时，有$\hat{t}_{|s|}=s$，即在$s$和$t$中的分配相等。当$\psi_{|s|}=2$时，则对$h\in\hat{s}_{|s|}\setminus\hat{s}_{|s|-1}$有

$$\alpha_h^{\psi}(s)=c(s)-c\left(\hat{s}_{|s|-1}\right)$$

$$\alpha_h^{\psi}(t)=c\left(\{h\}\cup\bigcup_{j:h\notin\hat{t}_j}\hat{t}_j\right)-c\left(\bigcup_{j:h\notin\hat{t}_j}\hat{t}_j\right)$$

因为$\max\{i:i\in s\}<\min\left\{i:i\in\bigcup_{j:h\notin\hat{t}_j}\hat{t}_j\setminus s\right\}$，我们可以将$\bigcup_{j:h\notin\hat{t}_j}\hat{t}_j$表示为$\hat{s}_{|s|-1}\cup R_1$。那么有

$$\alpha_h^{\psi}(t)-\alpha_h^{\psi}(s)=c\left(\hat{s}_{|s|-1}\cup R_1\cup h\right)-c\left(\hat{s}_{|s|-1}\cup R_1\right)-\left(c(s)-c\left(\hat{s}_{|s|-1}\right)\right)\leqslant 0$$

可以确定$\left(\alpha_i^{\psi}(s)\right)_{i\in s}$是一个 d-PMAS。

其次证明$\left(\alpha_i^{\psi}(V)\right)_{i\in V}$是$(V,c)$的核分配。对$i\in s\subseteq V$，我们令$\mathcal{P}(i)=\min\left\{j:i\in\hat{V}_j\right\}$，$\mathcal{P}^{+}(i)=\min\{\mathcal{P}(j):\mathcal{P}(j)>\mathcal{P}(i),j\in s\}$，$\mathcal{P}^{-}(i)=\max\{\mathcal{P}(j):\mathcal{P}(j)<\mathcal{P}(i),j\in s\}$以及$i^*=\arg\max\mathcal{P}(i)$。因为对所有$i\in s$都有$\max\left\{j:j\in\hat{V}_{\mathcal{P}^{-}(i)}\right\}<\min\left\{j:j\in\hat{V}_{\mathcal{P}(i^*)-1}\setminus\hat{V}_{\mathcal{P}^{-}(i)}\right\}$，所以可以得到：

$$\begin{aligned}\sum_{i\in s}\alpha_i^{\psi}(V)=&c\left(\hat{V}_{\mathcal{P}(i^*)}\right)-c\left(\hat{V}_{\mathcal{P}(i^*)-1}\right)+c\left(\hat{V}_{\mathcal{P}(s^1)}\right)-c\left(\hat{V}_{\mathcal{P}(s^1)-1}\right)\\&+\sum_{\substack{i\in s\\ i\neq s^1,i^*}}\left(c\left(\hat{V}_{\mathcal{P}(i)}\cup\left(s\setminus\hat{V}_{\mathcal{P}^{+}(i)-1}\right)\right)-c\left(\hat{V}_{\mathcal{P}(i)-1}\right)+c\left(\hat{V}_{\mathcal{P}(i)}\right)-c\left(\hat{V}_{\mathcal{P}(i)}\cup\left(s\setminus\hat{V}_{\mathcal{P}^{+}(i)-1}\right)\right)\right)\end{aligned}$$

$$
\begin{aligned}
&\leqslant c\left(\hat{V}_{\mathcal{P}^-(i^*)}\cup i^*\right)-c\left(\hat{V}_{\mathcal{P}^-(i^*)}\right)+c\left(\hat{V}_{\mathcal{P}(s^1)}\right)-c\left(\hat{V}_{\mathcal{P}(s^1)-1}\right)\\
&\quad+\sum_{\substack{i\in s\\ i\neq s^1,i^*}}\left(c\left(\hat{V}_{\mathcal{P}^-(i)}\cup\left(s\setminus\hat{V}_{\mathcal{P}(i)-1}\right)\right)-c\left(\hat{V}_{\mathcal{P}^-(i)}\right)+c\left(\hat{V}_{\mathcal{P}(i)}\right)-c\left(\hat{V}_{\mathcal{P}(i)}\cup\left(s\setminus\hat{V}_{\mathcal{P}^+(i)-1}\right)\right)\right)\\
&=c(s)
\end{aligned}
$$

我们得到了 $\left(\alpha_i^{\psi}(V)\right)_{i\in V}$ 同时满足核分配的预算平衡约束和联盟稳定约束，所以 $\left(\alpha_i^{\psi}(V)\right)_{i\in V}$ 是 (V,c) 的核分配。

可以发现，下游增量分配是 $\left(\alpha_i^{\psi}(V)\right)_{i\in V}$ 的一种特殊情况，即当 $\psi=\{1\}^{v}$ 时。除此之外，ψ 只有 2^{v-2} 种可能的取值，这表示单向成本分摊凸博弈中联盟稳定的形成顺序比起成本分摊凸博弈的 10.5 种要少很多。在由这 2^{v-2} 个顶点组成的凸空间中，ψ 的取值代表成本分摊时局中人不同的偏好，例如，在下游增量分配中，对降低联盟成本贡献更大的局中人可以享受到更低的成本。但是在实际应用中，需要考虑到不同局中人的不满意程度，可以结合公平性等实际问题所需要的性质，来寻找一个最适合的成本分摊方式以促使大联盟稳定地形成。

2.2.2 小结

在本章中，我们介绍了一种比成本分摊凸博弈更一般的平衡博弈，即单向成本分摊凸博弈。作为成本分摊凸博弈的一个扩展，这种博弈对特征函数并不要求严格是凹的。这种类型的博弈在现实中具有更广泛的应用前景，例如，在可转移资源沿着线性传递的场景下，如河流、生产线等，甚至可以拓展到像疫苗分配这样的现实问题。此时，局中人加入联盟会有不同的贡献度，需要考虑联盟形成的顺序，那些对成本降低有更大贡献度的局中人应该较晚加入联盟，这样才能形成稳定的大联盟。而联盟形成顺序的稳定性则会影响到博弈核空间的结构。我们在本章也给出了单向成本分摊凸博弈的核空间顶点，在具体问题中，决策者可以根据对不同局中人的偏向选择不同的凸组合。在第 4 章中我们会介绍成本分摊凸博弈在污水治理问题中的应用。

第 3 章　非平衡博弈的大联盟稳定化策略

对于大部分的合作博弈来说，核都是空的。正如在第 2 章中所介绍的，核分配需要满足的联盟稳定性约束的数量是指数级数量的，这导致 OCAP 的最优值在大多数情况下都非常小，这意味着在这些情况下，大联盟都是不稳定的。而对于中央机构来说，在两种一般的情况下大联盟的稳定形成是非常有必要的。第一种是大联盟的合作可以使得中央机构将所有局中人完成任务的总成本降至最低。例如，装箱博弈（bin packing game）（Faigle and Kern，1993；Liu，2009）。第二种是能够通过将局中人划分为子联盟来使得总成本最小，其中大联盟可以使得中央政府减少负面的社会外部性。例如，在机器调度博弈（Schulz and Uhan，2010，2013）中使用机器的数量，以及在旅行商博弈（Tamir，1989；Caprara and Letchford，2010；Kimms and Kozeletskyi，2016）中卡车的数量。

在现有的研究中，正如第 1 章中介绍的，惩罚机制和补贴机制是两种用于稳定大联盟的机制。如图 3.1 所示，我们用五角星表示非平衡博弈，圆形表示我们希望得到的稳定大联盟的平衡博弈状态。在图 3.1（a）中，我们可以通过切去超出圆形的部分，即图 3.1（a）灰色部分，将五角星变为圆形，这种方法为惩罚机制，通过惩罚离开联盟的局中人来增加他们单独行动时的成本，从而确保联盟稳定。在图 3.1（b）中，我们可以通过填补五角星与圆形空缺的部分，即图 3.1（b）灰色部分来将五角星变为圆形，这种方法为补贴机制，通过补贴留在大联盟中的局中人，从而降低他们在大联盟中所需要花费的成本，使得大联盟保持稳定。

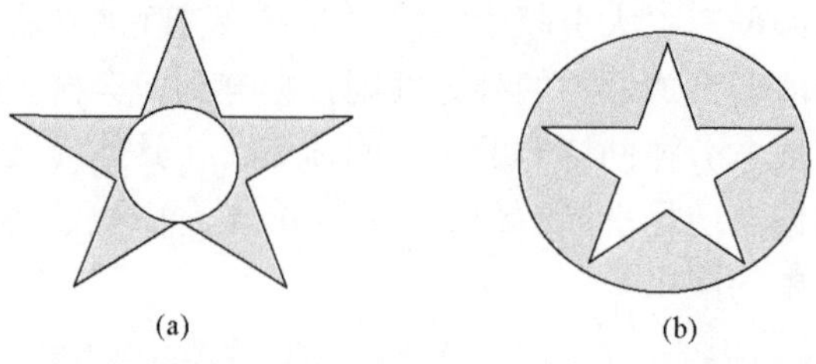

图 3.1　稳定大联盟的惩罚机制与补贴机制示意图

不管是惩罚机制还是补贴机制，在实际的合作博弈的应用中，都存在着一定的弊端。在本章中，我们将介绍三种用于非平衡博弈中大联盟稳定的方法。分别为拉格朗日成本分解法、赏罚并举法以及逆优化成本调整法。其中拉格朗日成本分解法可以更快得到用以稳定大联盟的最小补贴值；赏罚并举法则是结合了补贴机制与惩罚机制，采用“萝卜加大棒”的思路，来尽可能地减少外部——如第三方机构、中央政府——所需要使用的金融干预；逆优化成本调整法则是从大联盟的每个参与者入手，调整博弈的特征函数结构使其成为平衡博弈。如图 3.2 所示，我们可以通过切去五角星的一部分，并且填补一部分来使其变为圆形，也可以通过调整五角星的形状来使其接近圆形。这些方法在实际应用中具有更高的价值，更关注每个局中人的偏好，并且更容易求解。

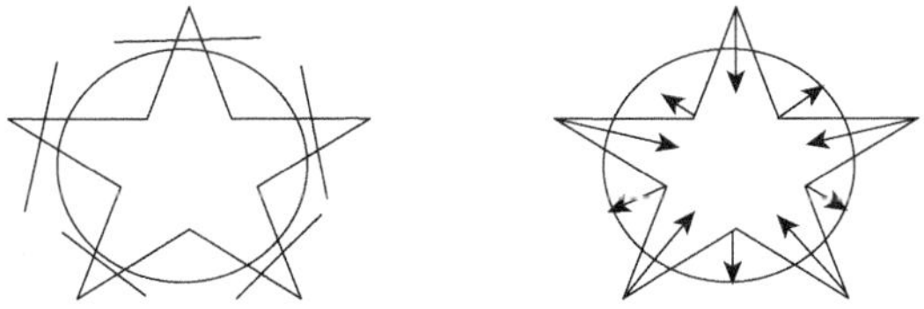

(a)　　(b)

图 3.2　赏罚并举法与逆优化成本调整法稳定大联盟示意图

3.1　拉格朗日成本分解法

当合作博弈的核为空时，人们提出了许多概念来寻找一个“好”的成本分摊方案，如γ-核、ϵ近似核，以及最小核等。本节研究的是γ-核的思想，但关注点稍有不同。本节主要研究的是合作博弈的 OCAP，即求解在保持大联盟稳定的条件下，所有参与者所能够分摊的最大成本。从现实应用的角度出发，这可以被等价视为计算维持社会最优状态（即大联盟稳定）的成本，而代表社会福利的第三方机构（如政府），愿意通过补贴实现大联盟的稳定。此外，本节定义了 OR（operation research，运筹）博弈的概念，用于研究一大类常见的合作博弈，并提出了一种基于拉格朗日松弛（Lagrangian relaxation based，LRB）的算法框架，能够得到不差于 Caprara 和 Letchford（2010）提出的 LPB 算法的近似最优的成本分摊。

3.1.1　OR 博弈

本节研究的是一类非常常见的合作博弈，我们称为 OR 博弈。OR 博弈的定义如下。

定义 3.1　如果满足下列条件，合作博弈(V,c)可以被称作 OR 博弈。

（1）正整数 r、r' 和 t 。

（2）左侧矩阵 $A \in \mathbb{R}^{r \times t}$， $A' \in \mathbb{R}^{r' \times t}$ 。

（3）右侧矩阵 $B \in \mathbb{R}^{r \times v}$， $B' \in \mathbb{R}^{r' \times v}$ 。

（4）非负右侧列向量 $D \in \mathbb{R}^{r}$， $D' \in \mathbb{R}^{r'}$ 。

（5）目标函数 $f(x)$，可以是线性的，也可以是非线性的。

（6）示性向量 $\gamma^s \in \{0,1\}^v$，如果 $k \in s$，则 $\gamma_k^s = 1$；否则 $\gamma_k^s = 0, \forall k \in V$ 。

（7）对于任意 $s \in S$， $S = 2^V \setminus \varnothing$, 特征函数 $c(s)$ 由下面的整数规划（integer programming，IP）给出：

$$c(s) = \min_x \{ f(x) : Ax \geqslant B\gamma^s + D, A'x \geqslant B'\gamma^s + D', x \in \{0,1\}^{t \times 1} \} \tag{3.1}$$

在式（3.1）中，由于后续拉格朗日松弛的需要，约束被分为两部分。根据线性规划的基础知识，很容易证明每个有着非负右侧列向量 D, D' 和线性目标函数的 OR 博弈都是次可加的，即对于所有的 $s_1, s_2 \in S$ 且 $s_1 \cap s_2 = \varnothing$，有 $c(s_1 \cup s_2) \leqslant c(s_1) + c(s_2)$ 。简而言之，在这种合作博弈中，任意两个子联盟 s_1、s_2 合作产生的成本 $c(s_1 \cup s_2)$ 不多于不合作单独行动所产生的总成本 $c(s_1) + c(s_2)$，这为子联盟之间的合作提供了必要性。因此，这类合作博弈也是本节研究的重点。

证明 假设 x_1^*, x_2^*, x_{12}^* 分别为 $c(s_1), c(s_2), c(s_1 \cup s_2)$ 的最优解。因为 $D \geqslant 0, D' \geqslant 0$，所以 $x_1^* + x_2^*$ 也为 $c(s_1 \cup s_2)$ 的一个可行解。由于 x_{12}^* 为 $c(s_1 \cup s_2)$ 的最优解且 $f(x)$ 为 x 的线性函数，故 $c(s_1 \cup s_2) = f\left(x_{12}^*\right) \leqslant f\left(x_1^* + x_2^*\right) = f\left(x_1^*\right) + f\left(x_2^*\right) = c(s_1) + c(s_2)$ 。证毕。

我们再回顾一下 IM 博弈的特征函数，为了进行比较，我们采用相同的符号与结构，具体见下面的整数线性规划：

$$c(s) = \min_x \{ Cx : Ax \geqslant B\gamma^s + D, A'x \geqslant B'\gamma^s + D', x \in \{0,1\}^{t \times 1} \} \tag{3.2}$$

其中，C 表示一个 t 维的行向量。通过观察不难发现，IM 博弈和 OR 博弈的区别就在于特征函数的目标函数。IM 博弈只能够概括线性目标函数的合作博弈，而 OR 博弈可以额外概括非线性目标函数的合作博弈，故 IM 博弈是 OR 博弈的一个特例。如果与实际的合作博弈问题相对应，Caprara 和 Letchford（2010）已经证明了 IM 博弈是众多组合优化博弈的一般形式。一些著名的组合优化博弈，如旅行商博弈、车辆路径规划博弈以及设施选址博弈等，都可以建模为 IM 博弈的形式。作为比 IM 博弈更一般的 OR 博弈，则可以为实际问题中成本为非线性的合作博弈建模，应用更加广泛。

关于 OR 博弈，本节采用的是γ-核的思想，但关注点稍有不同。我们主要研究的是由 Caprara 和 Letchford（2010）引入的 OCAP，试图设计一个算法精确计算任意给定 OR 博弈的最优γ值，而不是像以往文献一样去寻找γ的上下界。具体来说，OCAP 试图在联盟稳定性约束的限制下最大化分摊给所有参与者的总成本。正如 Caprara 和 Letchford（2010）指出的，这可以被等价视为计算在大联盟下维持社会最优状态的成本，而代表社会福利的第三方机构，愿意通过补贴实现大联盟的稳定。这里，第三方机构可能是政府机构，参与者可能是一群私营公司，或者第三方机构可能是大公司的总部，参与者是不同的分公司。在这种情况下，OCAP 的目标值等同于最小化分配给所有参与者的总成本与大联盟产生的最低成本的差额，而这个差额将会由第三方机构补贴。

3.1.2　拉格朗日特征函数

为了求解 OR 博弈对应的 OCAP，本节借助了拉格朗日松弛这一工具来对 OR 博弈进行简化。下面，我们首先来了解一下拉格朗日松弛的基本思想。

拉格朗日松弛是一种常见的求解大规模整数规划或者混合整数规划的有效方法。通过将整数规划问题的复杂约束，即给问题的求解带来困难的约束，乘以拉格朗日乘子放入到目标函数中，得到拉格朗日松弛问题，实现对原问题的简化。

拉格朗日松弛在 OR 博弈上的应用体现在特征函数上。在之前定义的 OR 博弈的特征函数中，我们将复杂约束$\{A'x \geqslant B'\gamma^s + D'\}$乘以非负的拉格朗日乘子$\lambda$后放入目标函数中，得到 OR 博弈的拉格朗日特征函数$c_{\mathrm{LR}}(\cdot;\lambda)$如下：

$$c_{\mathrm{LR}}(s;\lambda) = \min_x \{f(x) - \lambda A'x + \lambda B'\gamma^s + \lambda D' : Ax \geqslant B\gamma^s + D, x \in \{0,1\}^{t\times 1}\}, \quad \forall s \in S \tag{3.3}$$

这里，$\mathit{1}$表示所有分量都为 1 的向量，λ是一个r'维非负行向量，即$\lambda \in \mathbb{R}_+^{1\times r'}$。对于大联盟$V$，其拉格朗日特征函数为

$$c_{\mathrm{LR}}(V;\lambda) = \min_x \{f(x) - \lambda A'x + \lambda B'\mathit{1} + \lambda D' : Ax \geqslant B\mathit{1} + D, x \in \{0,1\}^{t\times 1}\}$$

同时，与经典的拉格朗日松弛相同，这里需要小心挑选复杂约束$\{A'x \geqslant B'\gamma^s + D'\}$进行松弛，使得$c_{\mathrm{LR}}(s;\lambda)$相对容易求解，例如，对于任意的$s \in S$，可以在多项式或伪多项式时间复杂度求解。但是复杂约束$\{A'x \geqslant B'\gamma^s + D'\}$并没有固定的挑选标准，需要根据实际问题确定。一些可以参考的方向是：松弛变量间

的耦合约束，使得拉格朗日松弛问题可以分解为n个独立的子问题；向相似的组合优化问题上靠拢，松弛掉部分不一致约束等。

拉格朗日松弛中的“松弛”在这里的体现是，当原特征函数和拉格朗日特征函数取任意相同的可行解x和子联盟s时，由于$\lambda \geqslant 0, A'x \geqslant B'\gamma^s + D'$，故总有$f(x) - \lambda A'x + \lambda B'\gamma^s + \lambda D' = f(x) - \lambda(A'x - B'\gamma^s - D') \leqslant f(x)$，即$c_{\mathrm{LR}}(s;\lambda) \leqslant c(s)$，$\forall s \in S$。因此，对于任意非负向量$\lambda$，我们有$c_{\mathrm{LR}}(V;\lambda) \leqslant c(V)$，即$c_{\mathrm{LR}}(V;\lambda)$是$c(V)$的下界。为了得到$c(V)$更好的下界，拉格朗日对偶问题$d_{\mathrm{LR}}(V)$需要找到最优的拉格朗日乘子$\lambda$，使得$c_{\mathrm{LR}}(V;\lambda)$最大，即

$$d_{\mathrm{LR}}(V) = \max_{\lambda}\left\{\min_{x}\{f(x) - \lambda A'x + \lambda B'1 + \lambda D' : Ax \geqslant B1 + D, x \in \{0,1\}^{t\times 1}\} : \lambda \geqslant 0\right\} \tag{3.4}$$

在求解拉格朗日对偶问题$d_{\mathrm{LR}}(V)$时，我们使用次梯度法（Ahuja et al.，1993）。其简要描述如下。

定义 3.2　对于凸实值函数f：$\mathbb{R}^n \to \mathbb{R}$和向量$g \in \mathbb{R}^n$，如果对于任意的$y$，都有$f(y) \geqslant f(x) + g^{\mathrm{T}}(y - x)$，那么称$g$是一个$f$在$x$点处的次梯度。

同时，将f在x处所有次梯度构成的集合称为f在x处的次微分，记作$\partial f(x)$。凸函数f在点x的次微分等于f在点x的左导数与右导数之间的区间，该区间内的任意一个取值都是次梯度。

次梯度法与梯度下降法类似，只是将梯度换成了次梯度。对于一个初始点$x^{(0)}$，重复下列过程：

$$x^{(k)} = x^{(k-1)} - t_k g^{(k-1)}, \quad k = 1, 2, 3, \cdots$$

其中，t_k表示步长；$g^{(k-1)} \in \partial f(x^{(k-1)})$。因为次梯度方向不一定总是上升方向，这使得次梯度法并不能够保证函数值总是下降的。因此，为了使目标函数呈递减趋势，对第k次的参数更新同步使用如下策略：

$$f\left(x_{\mathrm{best}}^{(k)}\right) = \min_{i=0,1,\cdots,k} f(x^{(i)})$$

同时，步长的选择不同于梯度下降法的最优步长，次梯度法主要有两种选择准则，一是固定步长，$t_k = t, k = 1, 2, \cdots, k$；二是衰减的步长，$t_k$满足如下条件即可保证收敛：

$$\sum_{k=1}^{\infty} t_k^2 < \infty, \quad \sum_{k=1}^{\infty} t_k < \infty$$

众所周知，拉格朗日对偶问题是凸问题。这里，通过对$d_{\mathrm{LR}}(V)$的目标函数添

加负号并变 max 为 min，可以将 $d_{\mathrm{LR}}(V)$ 转化为在可行域 $\{\lambda \in \mathbb{R}^{r'} : \lambda \geqslant 0\}$ 上最小化一个凸函数，可以使用次梯度法求解出 $d_{\mathrm{LR}}(V)$ 的最优拉格朗日乘子 λ^*。

3.1.3 博弈分解

对于任一非负的拉格朗日乘子 λ，我们可以按照是否含有决策变量 x 将拉格朗日特征函数 $c_{\mathrm{LR}}(\cdot;\lambda)$ 分解为两个子特征函数 $c_{\mathrm{LR1}}(\cdot;\lambda)$ 和 $c_{\mathrm{LR2}}(\cdot;\lambda)$，使得对于任意 $s \in S$，有 $c_{\mathrm{LR}}(s;\lambda) = c_{\mathrm{LR1}}(s;\lambda) + c_{\mathrm{LR2}}(s;\lambda)$。具体的分解如下：

$$c_{\mathrm{LR1}}(s;\lambda) = \lambda B' \gamma^s \tag{3.5}$$

$$c_{\mathrm{LR2}}(s;\lambda) = \min_x \{f(x) - \lambda A'x + \lambda D' : Ax \geqslant B\gamma^s + D, x \in \{0,1\}^{t\times 1}\} \tag{3.6}$$

借助这两个子特征函数，可以定义两个子博弈。其中，将子博弈 1 定义为 $(V, c_{\mathrm{LR1}}(\cdot;\lambda))$，它的特征函数是 $c_{\mathrm{LR1}}(s;\lambda)$；类似地，将子博弈 2 定义为 $(V, c_{\mathrm{LR2}}(\cdot;\lambda))$。在某些具体的应用中，我们甚至可以进一步将 $c_{\mathrm{LR2}}(\cdot;\lambda)$ 分解为更多的子特征函数，使得原博弈的求解变得更加容易，具体案例见第 4 章。通过分析两个子博弈和原博弈之间的关系，我们得到定理 3.1。

定理 3.1 对于任意非负的拉格朗日乘子 λ，如果 $\alpha_{\mathrm{LR1}}^{\lambda}$ 和 $\alpha_{\mathrm{LR2}}^{\lambda}$ 分别是子博弈 $(V, c_{\mathrm{LR1}}(\cdot;\lambda))$ 和 $(V, c_{\mathrm{LR2}}(\cdot;\lambda))$ 的一个稳定成本分摊，那么 $\alpha_{\mathrm{LR}}^{\lambda} = \alpha_{\mathrm{LR1}}^{\lambda} + \alpha_{\mathrm{LR2}}^{\lambda}$ 是 OR 博弈 (V, c) 的一个稳定成本分摊。

证明 对于任意 $s \in S$，$\alpha_{\mathrm{LR1}}^{\lambda}$ 和 $\alpha_{\mathrm{LR2}}^{\lambda}$ 的稳定性表明：

$$\sum_{k\in s}\left[\alpha_{\mathrm{LR1}}^{\lambda}(k) + \alpha_{\mathrm{LR2}}^{\lambda}(k)\right] \leqslant c_{\mathrm{LR1}}(s;\lambda) + c_{\mathrm{LR2}}(s;\lambda) = c_{\mathrm{LR}}(s;\lambda) \leqslant c(s)$$

因此，我们有 $\sum_{k\in s}\alpha_{\mathrm{LR}}^{\lambda}(k) = \sum_{k\in s}\left[\alpha_{\mathrm{LR1}}^{\lambda}(k) + \alpha_{\mathrm{LR2}}^{\lambda}(k)\right] \leqslant c(s)$。证毕。

根据定理 3.1，我们可以通过为每一个子博弈寻找一个稳定成本分摊，将它们直接相加来获得原 OR 博弈的一个稳定成本分摊。正是基于这一发现，产生了本节的核心思想，即通过计算每一个子博弈的最优成本分摊，将它们直接相加来获得原博弈的一个近似最优的成本分摊。这里，我们将由定理 3.1 得到的原 OR 博弈的稳定成本分摊称为 LRB 的成本分摊，将本节依据定理 3.1 的思路设计的算法称为 LRB 算法。

为了验证这种思路的可行性，我们进一步研究得到了定理 3.2。

定理 3.2 对于一个特征函数为 $c(s)$ 的 OR 博弈，当满足下面两个条件时，LRB 成本分摊值 $\sum_{k\in V}\alpha_{\mathrm{LR}}^{\lambda}(k)$ 不小于 LPB 成本分摊值 $c_{\mathrm{LP}}(V)$：① $d_{\mathrm{LR}}(V)$ 中的拉格朗日乘子是最优的，即 $\lambda=\lambda^*$；② $\alpha_{\mathrm{LR1}}^{\lambda^*}$ 和 $\alpha_{\mathrm{LR2}}^{\lambda^*}$ 分别在子博弈 $(V,c_{\mathrm{LR1}}(\cdot;\lambda^*))$ 和 $(V,c_{\mathrm{LR2}}(\cdot;\lambda^*))$ 的核内。

证明 众所周知，对于同一个整数规划问题，拉格朗日松弛的下界不差于线性松弛的下界（Ahuja et al.，1993），即 $c_{\mathrm{LR}}(V;\lambda^*)\geqslant c_{\mathrm{LP}}(V)$。根据条件②，我们有

$$\sum_{k\in V}\alpha_{\mathrm{LR}}^{\lambda^*}(k)=\sum_{k\in V}\left[\alpha_{\mathrm{LR1}}^{\lambda^*}(k)+\alpha_{\mathrm{LR2}}^{\lambda^*}(k)\right]=c_{\mathrm{LR1}}(V;\lambda^*)+c_{\mathrm{LR2}}(V;\lambda^*)=c_{\mathrm{LR}}(V;\lambda^*)$$

因此，我们有 $\sum_{k\in V}\alpha_{\mathrm{LR}}^{\lambda^*}(k)=c_{\mathrm{LR}}(V;\lambda^*)\geqslant c_{\mathrm{LP}}(V)$。证毕。

定理 3.2 的意义在于，当上述两个条件被满足时，由两个子博弈的稳定成本分摊直接相加得到的 LRB 成本分摊的质量是有保障的，其质量至少不差于 $c_{\mathrm{LP}}(V)$。这使得我们有理由相信这是对原 OR 博弈最优成本分摊的一个良好近似，也是本节的 LRB 算法有效性的一个重要理论依据。

关于定理 3.2，还有以下一些注释。

注释 3.1 定理 3.2 中的两个条件是充分条件，不是必要条件。实际上，当条件①不满足时，即对于一个非最优的拉格朗日乘子 $\bar{\lambda}$，只要 $c_{\mathrm{LR}}(V;\bar{\lambda})\geqslant c_{\mathrm{LP}}(V)$，结论依然成立。

注释 3.2 条件②需要两个子博弈都有非空的核。如引理 3.1 中所展示的，子博弈 1 $\left(V,c_{\mathrm{LR1}}(\cdot;\lambda)\right)$ 核总是非空的。然而，子博弈 2 $\left(V,c_{\mathrm{LR2}}(\cdot;\lambda)\right)$ 的核可能是空的。因此，LRB 算法的有效性取决于子博弈 2，具体来说是博弈 $\left(V,c_{\mathrm{LR2}}(\cdot;\lambda)\right)$ 最大可分摊成本值 $\sum_{k\in V}\alpha_{\mathrm{LR2}}^{\lambda}(k)$。第 4 章中的数值实验的结果表明，即使在子博弈 2 是空核的情况下，本节的 LRB 算法仍然是有竞争性的。

注释 3.3 当 $d_{\mathrm{LR}}(V)$ 具有整数松弛性时（即从拉格朗日问题的约束中移除整数约束对 $d_{\mathrm{LR}}(V)$ 的值无影响），拉格朗日松弛的下界 $c_{\mathrm{LR}}(V;\lambda^*)$ 等于线性松弛的下界 $c_{\mathrm{LP}}(V)$。

注释 3.1 告诉我们，在实际计算过程中，即使未找到最优的 λ^*，也可以寻找

一个满足 $c_{\mathrm{LR}}(V;\bar{\lambda}) \geqslant c_{\mathrm{LP}}(V)$ 的 $\bar{\lambda}$，这样得到的 $\alpha_{\mathrm{LR}}^{\bar{\lambda}}$ 仍然可能是一个近似最优的成本分摊。注释 3.2 指出了定理 3.2 成立的关键因素——子博弈 2 核的非空性。当子博弈 2 的核是空的，定理 3.2 中的理想情况不存在。此时，注释 3.2 说明 LRB 算法在一些实际问题中仍然是有竞争力的。

同时，当子博弈 2 的核可能为空时，注释 3.2 还与 LRB 算法的收敛性相关。在这种情况下，理论上我们首先需要得到一个紧致的拉格朗日下界 $c_{\mathrm{LR}2}(V;\lambda)$，来使得 $c_{\mathrm{LR}}(V,\lambda)$ 尽可能大。这需要在求解拉格朗日对偶问题 $d_{\mathrm{LR}}(V)$ 时，经过大量的迭代。然而，因为我们有 $\sum_{k\in V}\alpha_{\mathrm{LR}2}^{\lambda}(k) \leqslant c_{\mathrm{LR}2}(V,\lambda)$，此时并不能保证更紧致的界 $c_{\mathrm{LR}2}(V;\lambda)$ 同样能产生更大的成本分摊值 $\sum_{k\in V}\alpha_{\mathrm{LR}2}^{\lambda}(k)$。换句话说，最优的拉格朗日乘子 λ^* 可能并不一定对应于最好的成本分摊。具体的案例见第 4 章。基于此，我们有如下 LRB 算法的基本框架。

算法 3.1　求解 OR 博弈 (V,c) 的 LRB 成本分摊算法

1：对于问题式（3.1），构造一个如式（3.3）的拉格朗日松弛。用次梯度法求解式（3.4）定义的拉格朗日对偶问题 $d_{\mathrm{LR}}(V)$ 得到最优解 λ^*。在迭代的过程中，将拉格朗日乘子存入集合 $\Lambda = \{\lambda_1, \lambda_2, \cdots, \lambda_p\}$

2：对于每一个 $\lambda \in \Lambda$，根据式（3.5）和式（3.6），将拉格朗日特征函数 $c_{\mathrm{LR}}(\cdot;\lambda)$ 分解为两个子特征函数 $c_{\mathrm{LR}1}(\cdot;\lambda)$ 和 $c_{\mathrm{LR}2}(\cdot;\lambda)$

3：分别计算子博弈 1 $(V, c_{\mathrm{LR}1}(\cdot;\lambda))$ 和子博弈 2 $(V, c_{\mathrm{LR}2}(\cdot;\lambda))$ 的最优稳定成本分摊 $\alpha_{\mathrm{LR}1}^{\lambda}$ 和 $\alpha_{\mathrm{LR}2}^{\lambda}$。引理 3.1 和引理 3.2 给出了详细内容

4：令 $\alpha_{\mathrm{LR}}^{\lambda} = \alpha_{\mathrm{LR}1}^{\lambda} + \alpha_{\mathrm{LR}2}^{\lambda}$，则 $\alpha_{\mathrm{LR}}^{\lambda}$ 是博弈 (V,c) 的一个稳定成本分摊。在所有 λ 对应的 $\alpha_{\mathrm{LR}}^{\lambda}$ 中，找到分摊的总成本最高的分配向量作为最优稳定成本分摊

注意，如果在最优拉格朗日乘子 λ^* 下，子博弈 2 的核非空，那么只需要使用 Λ 中最后的拉格朗日乘子 λ^* 来计算成本分摊。否则，根据算法 3.1，我们可以考虑使用更多的拉格朗日乘子来计算成本分摊。虽然没有与选择 λ 值相关的理论研究，但是经验表明，从不同的迭代中选择 5 个或 6 个值是有用的。

首先，计算子博弈 1 $(V, c_{\mathrm{LR}1}(\cdot;\lambda))$ 的核分配。在该博弈中，任意参与者 $k \in V$ 都会产生 $(\lambda B')_k$（代表向量 $\lambda B'$ 的第 k 个分量）的成本。因此，我们有下面的引理。

引理 3.1　对于子博弈 1 $(V, c_{\mathrm{LR}1}(\cdot;\lambda))$，等式 $\left\{\alpha_{\mathrm{LR}1}^{\lambda}(k) = (\lambda B')_k : \forall k \in V\right\}$ 定义的向量 $\alpha_{\mathrm{LR}1}^{\lambda}$ 在该博弈的核中。

证明 根据子博弈 1 $(V,c_{\mathrm{LR1}}(\cdot;\lambda))$ 的定义，对于任意子联盟 $s\in S$，产生的总成本 $c_{\mathrm{LR1}}(s;\lambda)=\sum_{k\in s}(\lambda B')_k$，等于在成本分摊 $\alpha_{\mathrm{LR1}}^{\lambda}$ 下分摊给联盟 s 的总成本，满足 $\sum_{k\in s}\alpha_{\mathrm{LR1}}^{\lambda}\leqslant c_{\mathrm{LR1}}(s;\lambda)$。故成本分摊 $\alpha_{\mathrm{LR1}}^{\lambda}$ 在子博弈 1 的核内，证毕。

引理 3.1 表明，对于子博弈 1 $(V,c_{\mathrm{LR1}}(\cdot;\lambda))$ 来说，核心一定非空，且可以直接计算得到一个核中分配。

与子博弈 1 不同，子博弈 2 $(V,c_{\mathrm{LR2}}(\cdot;\lambda))$ 的核可能是空的。因此，本节的目的是当子博弈 2 的核为非空时，计算得到一个核中分配；而当子博弈 2 的核为空时，计算一个最优稳定成本分摊。

为了计算一般情况下子博弈 2 $(V,c_{\mathrm{LR2}}(\cdot;\lambda))$ 的最优稳定成本分摊，本节首先给出了一个通用的基于列生成（column generation based，CGB）的算法。具体过程如下。

子博弈 2 的最优稳定成本分摊 $\alpha_{\mathrm{LR2}}^{\lambda}$ 是其对应 OCAP 的最优解，如下：

$$\max_{\alpha_{\mathrm{LR2}}^{\lambda}}\sum_{k\in V}\alpha_{\mathrm{LR2}}^{\lambda}(k) \tag{3.7}$$

$$\text{s.t.}\sum_{k\in s}\alpha_{\mathrm{LR2}}^{\lambda}(k)\leqslant c_{\mathrm{LR2}}(s;\lambda),\quad \forall s\in S \tag{3.8}$$

在拉格朗日松弛问题容易求解的假设下，$c_{\mathrm{LR2}}(s;\lambda)$ 对于任意 $s\in S$ 在计算上都是简单的。

为了求解式（3.7）和式（3.8）的 OCAP，考虑下面的对偶问题：

$$\min_{\beta}\sum_{s\in S}c_{\mathrm{LR2}}(s;\lambda)\beta_s \tag{3.9}$$

$$\text{s.t.}\begin{cases}\sum_{s\in S}\gamma_k{}^s\beta_s=1, & \forall k\in V\\ \beta_s\geqslant 0, & \forall s\in S\end{cases} \tag{3.10}$$

其中，$\{\beta_s:\forall s\in S\}\in\mathbb{R}^{(2^v-1)\times 1}$ 表示决策变量，且每一个 β_s 都与一个子联盟 s 相对应。根据线性规划对偶的强对偶性，式（3.7）和式（3.8）的 OCAP 与式（3.9）和式（3.10）的线性规划最优值相等。根据 CGB 算法，本章提出了算法 3.2，以求解式（3.9）和式（3.10）的最优解，并得到子博弈 2 的最优稳定成本分摊。

算法 3.2 计算博弈 $(V,c_{\mathrm{LR2}}(\cdot;\lambda))$ 的最优稳定成本分摊 $\alpha_{\mathrm{LR2}}^{\lambda}$ 的 CGB 算法

1：首先从式（3.9）和式（3.10）的受限主问题开始，其中受限联盟集合包含多项式数量级别的元素。其次计算受限主问题的对偶问题的最优解 π^*

2：在定价子问题中，寻找一个最优联盟 s^*

$$\min_{s\in S\backslash S'}\left\{c_{\mathrm{LR}2}(s;\lambda)-\sum_{k\in V}\gamma_k{}^s\pi_k{}^*\right\} \tag{3.11}$$

3：如果存在一个 s^* 使得式（3.11）为负值，那么就把 s^* 添加到 S'，返回步骤 1 继续迭代。否则的话，已经求得对偶问题式（3.9）和式（3.10）的最优解，进入步骤 4

4：根据更新后的受限联盟集合 S' 及其对应的特征函数值 $\{c_{\mathrm{LR}2}(s;\lambda):\forall s\in S'\}$，下面的线性规划给出了博弈 $(V,c_{\mathrm{LR}2}(\cdot;\lambda))$ 的最优稳定成本分摊 $\alpha_{\mathrm{LR}2}^{\lambda}$：

$$\max_{\alpha_{\mathrm{LR}2}^{\lambda}}\sum_{k\in V}\alpha_{\mathrm{LR}2}^{\lambda}(k) \tag{3.12}$$

$$\text{s.t.}\sum_{k\in s}\alpha_{\mathrm{LR}2}^{\lambda}(k)\leqslant c_{\mathrm{LR}2}(s;\lambda),\quad \forall s\in S' \tag{3.13}$$

在 CGB 算法中，最困难也最重要的地方在于求解定价子问题式（3.11），具体的博弈需要具体分析。我们在第 4 章给出了实例。

下面是与 CGB 算法相关的引理。

引理 3.2 CGB 算法求得的向量 $\alpha_{\mathrm{LR}2}^{\lambda}$ 是子博弈 $2\,(V,c_{\mathrm{LR}2}(\cdot;\lambda))$ 的最优稳定成本分摊。

引理 3.2 表明，当子博弈 2 的核为非空时，算法 3.2 能够得到相应的核中分配；当子博弈 2 的核为空时，算法 3.2 也能够得到最优的成本分摊，使得由其得到 LRB 成本分摊的质量有所保证。

上述的 CGB 算法给出了求解子博弈 2 最优稳定成本分摊的通用方法。但是，对于一些特殊问题，可以使用一些更简单、更快捷的方法来获得子博弈 2 的最优稳定成本分摊或核中分配，如下面两种特殊情况。

第一种情况是，如果 $c_{\mathrm{LR}2}(V;\lambda)$ 的线性松弛含有完备的可分配约束集，则可以使用 Caprara 和 Letchford（2010）提出 LPB 算法来求博弈 $(V,c_{\mathrm{LR}2}(\cdot;\lambda))$ 的最优成本分摊。关于可分配约束的概念以及 LPB 算法，我们将在 3.1.4 节介绍。

第二种情况是，如果我们能够证明子博弈 2 的特征函数为次模函数，则可以通过贪婪算法求解核中分配，即对参与者进行排序并计算边际成本向量，具体证明见 Edmonds（2003）和 Shapley（1971）。

定义 3.3 设 a 和 b 是大联盟 V 的两个参与者。如果对于任意的联盟 $s\in V\setminus\{a,b\}$，都有 $c_{\mathrm{LR}2}(s\cup\{a\};\lambda)+c_{\mathrm{LR}2}(s\cup\{b\};\lambda)\geqslant c_{\mathrm{LR}2}(s;\lambda)+c_{\mathrm{LR}2}(s\cup\{a,b\};\lambda)$ 成立，则特征函数 $c_{\mathrm{LR}2}(\cdot;\lambda)$ 是次模函数。

当子博弈 2 的特征函数是次模函数时，子博弈 2 的 OCAP 就是一个次模优化问题。此时，根据贪婪算法，我们有 $\alpha_1=\alpha_2=\cdots=\alpha_n=1$（指 OCAP 目标函数的系数）。通过令 $\alpha_i=c_{\mathrm{LR}2}(S_i)-c_{\mathrm{LR}2}(S_{i-1}),i=1,2,\cdots,n$ 来得到一个核分配，这里 $S_i=\{1,2,\cdots,i\}$。换个角度来看，此时子博弈 2 是一个成本分摊凸博弈。由于成本分摊凸博弈的核非空，且任意排序所对应的边际成本向量都在核内，从侧面论证了使用贪婪算法求得最优稳定成本分摊的正确性。

我们强调这两种情况是因为，即使原博弈 (V,c) 不含有全部可分配约束或者没有次模性，那么子博弈 2 仍然有可能具备这些性质。实际上，这正是 LRB 算法的潜在优势，在第 4 章我们给出了一个例子来进行说明。然而，检测可分配约束的完备性或证明子博弈 2 的次模性往往需要复杂的分析。

3.1.4 算法分析

1. LPB 算法介绍

LPB 算法是由 Caprara 和 Letchford（2010）提出的，用于计算 IM 博弈最优稳定成本分摊的算法，包括基于行生成的算法和基于列生成的算法，下面我们先来简单介绍一下。

对于基于列生成的算法，首先考虑的是 OCAP。它的对偶问题是

$$\min_{\beta}\left\{\sum_{s\in S}c(s)\beta_s:\sum_{k\in s:s\in S}\beta_s=1,\forall k\in V,\beta_s\geqslant 0,s\in S\right\}\tag{3.14}$$

用 $Q^{x\gamma}$ 表示特征函数 ILP 式（3.2）的可行解的总集合，即

$$Q^{x\gamma}:\{x\in\{0,1\}^{t\times 1},\gamma\in\{0,1\}^{v\times 1}:Ax\geqslant B\gamma+D,A'x\geqslant B'\gamma+D',\gamma=\gamma^s,\forall s\in S\}$$

然后，为了进行列生成，可以通过枚举 $Q^{x\gamma}$ 中的所有值来重构 LP 式（3.14）。具体来说，对于任意 $(\overline{x},\overline{\gamma})\in Q^{x\gamma}$，为成本 $C\overline{x}$ 定义变量 $\beta_{(\overline{x},\overline{\gamma})}$。这样，我们将得到一个主问题：

$$\min_{\beta}\left\{\sum_{(\overline{x},\overline{\gamma})\in Q^{x\gamma}}(C\overline{x})\beta_{(\overline{x},\overline{\gamma})}:\sum_{(\overline{x},\overline{\gamma})\in Q^{x\gamma}}\overline{\gamma}_k\beta_{(\overline{x},\overline{\gamma})}=1,\forall k\in V,\beta_{(\overline{x},\overline{\gamma})}\geqslant 0,(\overline{x},\overline{\gamma})\in Q^{x\gamma}\right\}\tag{3.15}$$

虽然这种重构让我们避免了求解 $c(s)$，但在进行列生成的时候却需要我们在 $Q^{x\gamma}$ 上优化定价子问题，这使得用列生成的方法来求解上述问题变得非常困难。因此，一般情况下，不考虑使用基于列生成的算法，LPB 算法指的是基于行生成的算法。

基于行生成的算法，则需要识别一组可分配约束。这与求解整数规划问题的切平面法是类似的，都需要添加紧致的有效不等式来改善线性规划松弛的边界。令 $P_I^x := \text{conv}\{x \in \{0,1\}^{t \times l} : Ax \geqslant B1 + D, A'x \geqslant B'1 + D'\}$，$P_I^{x\gamma}$： $\text{conv}\, Q^{x\gamma}$，函数 $\text{conv}\{\cdot\}$ 表示向量的凸包，P_I^x 表示向量集的凸包。这里，$P_I^{x\gamma}$ 表示 ILP 式（3.2）整数可行解的凸包。

定义 3.4　如果一个不等式 $ax \geqslant b$ 对 P_I^x 有效，且存在一个同源不等式 $ax \geqslant b'\gamma$ 对 $P_I^{x\gamma}$ 有效（$\sum_{k \in V} b'_k = b$），则称不等式 $ax \geqslant b$ 是可分配的。

其中 $ax \geqslant b$ 对 P_I^x 有效指的是，对于任意 $x' \in P_I^x$，都有 $ax' \geqslant b$。

定理 3.3　对于 IM 博弈 (V, c)，如果存在一个线性规划 $\min_x \{Cx : Ex \geqslant F\gamma\}$ 给出了 ILP 式（3.2）的一个下界，则下式给出的向量 α_{LP}^{EF} 是 IM 博弈的一个稳定成本分摊。

$$\alpha_{\text{LP}}^{EF}(k) = \sum_{i=1}^{m_E} f_{ik} \mu_i^*, \quad \forall k \in V \tag{3.16}$$

这里所有的约束 $Ex \geqslant F\gamma$ 都是从 ILP 式（3.2）中提取出的可分配约束，E、F 是约束矩阵，μ^* 表示 $\min_x \{Cx : Ex \geqslant F1\}$ 最优解对应的线性规划对偶变量值，f_{ik} 表示矩阵下第 i 行，第 k 列的元素，m_E 表示矩阵 E 的行数。此外，总的可分摊成本为 $\sum_{k \in V} \alpha_{\text{LP}}^{EF}(k) = \min_x \{Cx : Ex \geqslant F1\}$。

事实上，如果 μ^* 被松弛为 $\min_x \{Cx : Ex \geqslant F1\}$ 的对偶问题的最优解时，定理 3.3 也是成立的。其证明比较直接，参考 Caprara 和 Letchford（2010）的结果即可。注意，因为 $\{Ex \geqslant F1\}$ 仅包含 ILP 式（3.2）的部分约束，$\alpha_{\text{LP}}^{EF}(V) = \min_x \{Cx : Ex \geqslant F1\}$ 给出了大联盟成本 $c(V)$ 的一个线性规划松弛的下界，即 $\alpha_{\text{LP}}^{EF}(V) \leqslant c_{\text{LP}}(V)$。根据定理 3.3，LPB 成本分摊 α_{LP}^{EF} 的质量很大程度上依赖于约束集 $\{Ex \geqslant F1\}$ 的紧致度，即约束集越紧致，产生的 LPB 成本分摊 α_{LP}^{EF} 的质量越好。当 ILP 式（3.2）的约束中包含完备的可分配约束集，我们有 $\alpha_{\text{LP}}^{EF}(V) = c_{\text{LP}}(V) = \alpha^*(V)$，LPB 成本分摊 α_{LP}^{EF} 就是最优稳定成本分摊。

2. 算法比较

首先，从适用性的角度来看，LPB 算法只能够用于求解 IM 博弈的成本分摊，而 LRB 算法则能够用于求解 OR 博弈的成本分摊。对于那些特征函数中含有非线性目标函数的合作博弈，目前只有 LRB 算法能够用于求解其近似最优的成本分摊。

其次，在得到的成本分摊的质量上，当面对相同的 ILP 式（3.2）时，在不新增约束的情况下，LPB 算法得到的成本分摊的质量满足 $\sum_{k\in V}\alpha_{\mathrm{LP}}(k)\leqslant c_{\mathrm{LP}}(V)$。众所周知拉格朗日松弛是不差于线性松弛的，我们有 $c_{\mathrm{LR}}(V;\lambda^*)\geqslant c_{\mathrm{LP}}(V)$。因此，如果满足定理 3.2 的两个条件，LRB 成本分摊 $\sum_{k\in V}\alpha_{\mathrm{LR}}^{\lambda^*}(k)=c_{\mathrm{LR}}(V;\lambda^*)\geqslant c_{\mathrm{LP}}(V)\geqslant \sum_{k\in V}\alpha_{\mathrm{LP}}(k)$。此时，LRB 成本分摊总是不差于 LPB 成本分摊，LRB 算法相较于 LPB 算法存在竞争优势。

即使在某些情况下，LPB 算法已经被证明能够获得最优成本分摊，本节的 LRB 算法仍然是有价值的。此时，LRB 算法能够提供一个不同的最优成本分摊以供选择。第 4 章中给出了一个案例。当定理 3.2 的两个条件不全满足时，注释 3.1 和注释 3.2 也从侧面表明了 LRB 算法的价值性。

3.1.5 小结

本节的研究重点是核可能为空的合作博弈。对于此类合作博弈，本节研究其 OCAP，提出了 LRB 算法框架来计算一个好的稳定成本分摊，使其满足联盟稳定性约束的条件并尽可能多地覆盖大联盟成本。在文献中，对于此类问题的研究通常基于线性规划松弛及其对偶技术。本节所提出的 LRB 算法采用与其不同的拉格朗日松弛技术，并结合博弈分解的思想，通过求解两个子博弈的最优成本分摊来得到原博弈的近似最优的成本分摊。在一般情况下，LRB 算法得到的 LRB 成本分摊不仅优于文献中 LPB 算法得到的 LPB 成本分摊，还打破了依赖于可分配约束和线性目标函数的局限。

3.2 赏罚并举法

目前有两种主要的机制稳定大联盟——惩罚机制和补贴机制。通过惩罚机制，中央机构可以处罚那些离开大联盟的局中人。通过补贴机制，中央机构可以补贴那些留在大联盟中的局中人。然而，单独使用任意一种机制都会产生不好的影响。惩罚机制可能会造成局中人的不满，而补贴机制则需要中央机构额外投入资源。在本节中，我们将基于“萝卜加大棒”的思想，提出一种新的机制——赏罚并举法。这种机制同时进行罚金收取和补贴发放，从决策者的角度量化惩罚和补贴水平之间的权衡，并对最终的决策进行评估。

3.2.1 PSF

在介绍惩罚-补贴函数（penalty-subsidiary function，PSF）之前，我们先通过一个简单的水资源分配问题来阐述赏罚并举机制的应用。在一片水资源短缺的地区，每个用水户都有一定数量的水源，但是在用水需求无法被满足时，每个用水户都需要承担一定的短缺成本。对中央机构来说，可以将所有的水资源全部集中起来，然后将其重新分配给用水户，以最小化这片地区总的短缺成本。然而，在重新分配水资源时，可能会存在一个问题，无论如何分配，可能始终存在一些用水户在联盟中支付的成本高于他们离开大联盟之后所需支付的成本。当使用单一的惩罚机制时，中央机构可以对这些用水户收取离开大联盟的罚金。足够大的罚金可以保证没有用水户愿意离开大联盟，即可以保证稳定大联盟的形成。但是高额的罚金会使得用水户非常不满意。为了减少这种不满意，中央机构可以降低罚金，并且对大联盟进行额外的补贴。例如，可以建设新的调水工程，从区域外部引进水源。

通过这个简单的例子，可以更好地理解赏罚并举机制的基本思想，即收取较低额度的罚金虽然不一定保证大联盟的稳定性，但是可以减少外部补贴的金额。换句话说，惩罚和补贴是互补的。当罚金增加时，稳定大联盟所需要的补贴就会减少，反之则相反。

为了公理化新的赏罚并举机制，我们给出合作博弈中 PSF、z-惩罚最优成本分配以及 z-惩罚最小补贴的定义。

定义 3.5　在合作博弈 (V,c) 中，对于任意的惩罚 $z\in\mathbb{R}$，考虑如下线性规划问题：

$$\omega(z)=\min_{\beta}\{c(V)-\beta(V):\beta(s)\leqslant c(s)+z,\forall s\subset V,\beta\in\mathbb{R}^{v}\}\tag{3.17}$$

式(3.17)最优解表示为 $\beta(\cdot,z)$，称为 z-惩罚最优成本分配；其最优目标值 $\omega(z)$ 称为 z-惩罚最小补贴。除此之外，$\omega(z)$ 作为 z 的函数被称为 PSF。

PSF $\omega(z)$ 通过捕捉惩罚和补贴之间的权衡，给出了赏罚并举的概念，以稳定大联盟。对于任意处罚 z，其并不能充分保证局中人不离开大联盟，中央机构还需要提供至少 $\omega(z)$ 的补贴来使得大联盟稳定。在惩罚 z 和补贴 $\omega(z)$ 的共同作用下，没有一个局中人或子联盟能够在离开大联盟后产生更少的成本，因此大联盟的稳定性可以在惩罚和补贴的双重作用下得到保证。

接下来，我们通过使用加权作业单机调度博弈例子（Schulz and Uhan，2010，2013），来具体地阐明惩罚机制、补贴机制以及赏罚并举机制。

例 3.1　考虑一个有四个局中人的加权作业单机调度博弈，$V=\{1,2,3,4\}$。每

个局中人 $k \in V$ 都有一个权重为 w_k 、处理时间为 t_k 的任务。其中 $w_1 = 4, w_2 = 3, w_3 = 2, w_4 = 1, t_1 = 5$小时$, t_2 = 6$小时$, t_3 = 7$小时$, t_4 = 8$小时 。每个联盟 $s \subset V$ 的目标都是在一台机器上处理他们所有的工作，使总加权完成时间最小化。

对于大联盟 V ，其最优作业顺序为 $1 \to 2 \to 3 \to 4$ ，最小化的总加权完工时间为 115 小时。然而，联盟稳定性约束要求分配给所有局中人的总成本不能超过他们各自单独完成任务的加权时间和，即 $\sum_{k \in V} w_k t_k = 60 \leqslant 115$ 。因此，这个加权作业单机调度博弈是一个非平衡博弈。在惩罚机制下，可以通过求解：

$$z^* = \min_{\beta, z} \{z : \beta(V) = c(V), \beta(s) \leqslant c(s) + z, \forall s \subset V, z \in \mathbb{R}, \beta \in \mathbb{R}^{|V|}\}$$

得到能够使大联盟稳定的最小的惩罚值 $z^* = 19.5$ 。同样地，通过补贴机制来稳定大联盟可以通过求解：

$$\omega^* = \min_{\alpha} \{c(V) - \alpha(V) : \alpha(s) \leqslant c(s), \forall s \subseteq V, \alpha \in \mathbb{R}^v\}$$

得到使大联盟稳定的最小的补贴值 $\omega^* = 55$ 。在赏罚并举机制下，我们可以设置惩罚值 z 为一些离散的值，然后通过求解式（3.17）计算出相应的 z -惩罚最小补贴 $\omega(z)$ 和 z -惩罚最优成本分配 $\beta(\cdot, z)$ 。计算的结果如表 3.1 所示。

表 3.1　z -惩罚最小补贴和 z -惩罚最优成本分配

z	0	5.00	10.00	15.00	19.50
$\omega(z)$	55.00	35.00	20.00	9.00	0
$\beta(1,z)$	20.00	25.00	29.29	31.62	34.70
$\beta(2,z)$	18.00	23.00	28.00	31.45	34.12
$\beta(3,z)$	14.00	19.00	24.00	27.38	28.80
$\beta(4,z)$	8.00	13.00	13.71	15.55	17.38

事实上，通过表 3.1 不难看出 PSF $\omega(z)$ 随着 z 的增加递减。随后，我们将详细地描绘 PSF $\omega(z)$ 在有效定义域 $z \in [0, 19.5]$ 上的图像。

引理 3.3　PSF $\omega(z)$ 对于 z 在 $z \in [0, z^*]$ 上严格递减，并且有 $\omega(0) = \omega^*$ 、$\omega(z^*) = 0$ 和 $0 < \omega(z) < \omega^*, \forall z \in (0, z^*)$ 。其中 z^* 是单独使用惩罚机制使得大联盟稳定所需要的最小惩罚值，ω^* 是单独使用补贴机制使得大联盟稳定所需要的最小补贴值。

证明　对于任意惩罚值 z_1, z_2 且有 $z_1 > z_2$ ，我们需要证明 $\omega(z_1) < \omega(z_2)$ 。对于式（3.17）在 $z = z_2$ 下的最优解 $\beta(\cdot, z_2)$ ，有 $\omega(z_2) = c(V) - \beta(V, z_2)$ 。对于每个局中

人 $k\in V$，令 $\hat{\beta}(k,z_1)=\beta(k,z_2)+(z_1-z_2)/|V|$。对于每个联盟 $s\subset V$，因为 $z_1-z_2>0$ 以及 $|s|<|V|-1$，可以得到：

$$\hat{\beta}(S,z_1)=\beta(S,z_2)+\frac{|s|(z_1-z_2)}{|V|}\leqslant c(s)+z_1-(z_1-z_2)+\frac{(|V|-1)(z_1-z_2)}{|V|}<c(s)+z_1$$

因此 $\hat{\beta}(\cdot,z_1)$ 是式（3.17）在 $z=z_1$ 下的可行解。所以有 $\omega(z_1)\leqslant c(V)-\hat{\beta}(V,z_1)$，即

$$c(V)-\hat{\beta}(V,z_1)=c(V)-\beta(V,z_2)-\frac{z_1-z_2}{|V|}<c(V)-\beta(V,z_2)=\omega(z_2)$$

证明完毕。

在引理 3.3 中，我们限制了惩罚值 z 在有效定义域 $[0,z^*]$ 内，因此惩罚和补贴都是非负的。实际上，惩罚和补贴都可以取负值，例如，本节提出的构造函数 $\omega(z)$ 的构造算法和在给定 z 下 $\omega(z)$ 值的求解方法，可以直接应用于 $z<0$ 和 $z>z^*$ 的情景。虽然这些情景并不属于我们讨论的范畴，但是它们在实际中仍然有意义。例如，如果 $z>z^*$，则 $\omega(z)<0$，这表示中央机构可以收取高额的惩罚金额以便从大联盟中榨取利益。

3.2.2　赏罚并举机制的性质

为了更好地解释惩罚与补贴之间的关系，我们先从中央机构的角度来探讨赏罚并举机制的一些性质，并且希望通过这些性质来刻画出惩罚值 z 和 z-惩罚最小补贴之间的函数关系，更直观地衡量惩罚和补贴之间的权衡关系。

对于线性规划问题式（3.17），我们得到其对偶问题如下：

$$\omega(z)=\max_{\rho}\left\{c(V)+\sum_{s\subset V}-\rho_s[c(s)+z]:\sum_{s\subset V:k\in s}\rho_s=1,\forall k\in V,\rho_s\geqslant 0,\forall s\subset V\right\}\quad(3.18)$$

通过规划问题式（3.18），可以看出 PSF 实际上是直线 $c(V)+\sum_{s\subset V}-\rho_s[c(s)+z]$ 逐点的最大值（point-wise maximum），这些直线具有不同的斜率 $\sum_{s\subset V}-\rho_s$。因此，$\omega(z)$ 是 z 的凸函数。除此之外，因为每条直线的斜率都为负数，这意味着 PSF $\omega(z)$ 对于 z 是严格递减函数。

同时考虑式（3.18）的一个可行域 $\hat{R}$。由于 $\hat{R}$ 是一个凸多面体（convex polyhedron），则其具有有限数量的极值点（extreme point），并且这个可行域与 z 是无关的。对于任意惩罚值 $z\in[0,z^*]$，都存在一个 $\hat{R}$ 的极值点 ρ，使得

$\omega(z)=c(V)+\sum_{s\subset V}-\rho_s[c(s)+z]$。换言之，对于任意惩罚值 $z\in[0,z^*]$，因为 $\hat{R}$ 的极值点 ρ 的数量是有限的，所以 $\omega(z)$ 的导数 $\sum_{s\subset V}-\rho_s$ 只有有限数量的可能取值。再结合 $\omega(z)$ 的凸性，$\omega(z)$ 的导数不会随着 z 的增大递减，可以得到 $\omega(z)$ 是分段线性函数且在区间 $[0,z^*]$ 上仅存在有限数量的断点。综上讨论，PSF $\omega(z)$ 的性质如下。

定理 3.4　PSF $\omega(z)$ 对惩罚值 z 在区间 $[0,z^*]$ 中严格递减，具有分段线性，并且是凸的。

通过上述分析，PSF 的性质有如下的意义。首先，严格递减说明了惩罚 z 和相应的最小需求补贴 $\omega(z)$ 之间有强互补性（strong complementarity），即当 z 增加时，$\omega(z)$ 严格递减。其次，函数是分段线性的意味着在 z 从 0 增加到 z^* 的过程中，点 $(z,\omega(z))$ 处的导数只会发生有限次数的变化。最后，函数的凸性意味着当惩罚增加时，最小需求补贴的减少会呈现递减效应。当不收取任何惩罚时，中央机构为了稳定大联盟需要提供最高的补贴。随着惩罚的增加，最小需求补贴会不断减少。然而，对于每单位额外增加的惩罚，最小需求补贴的减少量也在不断减少。因为惩罚是以造成局中人不满为代价的，所以通过定理 3.4 可以设计更合理的惩罚值。更进一步，考虑每个 PSF $\omega(z)$ 的线性分段上的导数取值范围。

定理 3.5　对 $\omega(z)$ 的每个线性分段，其导数 $\omega'(z)$ 的区间为 $\left[-|V|,-|V|/(|V|-1)\right]$。

证明　对于每个线性分段，可以得到其导数为 $\sum_{s\subset V}-\rho_s$。一方面，有

$$\sum_{s\subset V}\rho_s\leqslant\sum_{k\in V}\sum_{s\subset V:k\in s}\rho_s=|V|\Rightarrow\sum_{s\subset V}-\rho_s\geqslant-|V|$$

另一方面，有

$$(|V|-1)\sum_{s\subset V}\rho_s\geqslant\sum_{k\in V}\sum_{s\subset V:k\in s}\rho_s=|V|\Rightarrow\sum_{s\subset V}-\rho_s\geqslant-\frac{|V|}{|V|-1}$$

证明完毕。

不难发现，$\omega(z)$ 的导数可能会有很大的变化，其依赖于局中人 $|V|$ 的数量。这表明设计和构建一个可用于实际应用的 $\omega(z)$ 算法是一个具有挑战性的任务，并且在算法构建过程中考虑到 $\omega(z)$ 的性质非常重要。

随后，我们从局中人的角度继续分析赏罚并举机制的性质。对于任意惩罚 z，考虑 z-惩罚最优成本分配 $\beta(\cdot,z)$，不难发现一定存在一些联盟 $s\subset V$，其中的局中人需要为离开大联盟额外付出成本，即 $c(s)\leqslant\beta(s,z)\leqslant c(s)+z$。对于任意满足 $\beta(s,z)=c(s)+z$ 的联盟，它们额外支付的成本是最高的。从某种程度上说，这些局

中人组成的联盟是最不满意联盟。我们将其定义为最大不满足联盟（maximally unsatisfied coalitions）。在例 3.1 中，对于 $z=5$，$\{1,4\}$ 中的局中人形成了最大不满足联盟，因为 $\beta(1,5)+\beta(4,5)=25+13=38=w_1t_1+w_4(t_1+t_4)+z=c(\{1,4\})+z$。

令 $S^{\beta z}=\left\{s_1^{\beta z},s_2^{\beta z},\cdots,s_{h(\beta,z)}^{\beta z}\right\}$ 表示所有最大不满足联盟的集合，其中 $h(\beta,z)=\left|S^{\beta z}\right|$。

根据线性规划式（3.18），我们可以得到定理 3.6，证明了 $S^{\beta z}$ 中联盟的并集可以完全覆盖所有的局中人。

定理 3.6　考虑任意惩罚值 z 和对应的 z-惩罚最优成本分配 $\beta(\cdot,z)$。所有 $S^{\beta z}$ 中最大不满足联盟的并集等价于大联盟 V，即

$$s_1^{\beta z}\cup s_2^{\beta z}\cup\cdots\cup s_{h(\beta,z)}^{\beta z}=V$$

证明　对于任意惩罚值 z 和任意 z-惩罚最优成本分配 $\beta(\cdot,z)$，令 ρ^* 表示式(3.18)的最优解。对大联盟 V 中的每个局中人 k，因为 $\sum\limits_{s\subset V:k\in s}\rho_s^*=1$，可以得到至少存在一个联盟 $s'\subset V$ 满足 $k\in s'$ 和 $\rho_{s'}^*>0$。根据互补松弛条件，我们可以得到在线性规划问题式（3.17）中，z-惩罚最优成本分配 $\beta(\cdot,z)$ 一定满足等式约束 $\beta(s')=c(s')+z$，即 s' 是一个最大不满足联盟。这意味着对每个局中人 $k\in V$，都可以找到一个包含他的最大不满足联盟。所以所有最大不满足联盟的并集一定会包含全部的局中人，证明完毕。

通过定理 3.6，可以设计一个 PSF 曲线上的导数边界，这个会在 3.2.3 节中展示。

3.2.3　PSF 的构造

1. 精确构造 PSF

根据定理 3.4，可知 PSF $\omega(z)$ 在其有效定义域 $[0,z^*]$ 上是分段线性的。因此，只需要找出 $[0,z^*]$ 上所有断点的集合 P^*，然后用直线连接点 $(z,\omega(z)),\forall z\in P^*$ 即可构造出 PSF $\omega(z)$。

如何判断一个点是否是函数的断点可以直接从定义考虑，即点在曲线上的左右导数是否相等。因为 $\omega(z)$ 的斜率在 $\left\{\sum\limits_{s\subset V}(-\rho_s):\sum\limits_{s\subset V:k\in s}\rho_s=1,\forall k\in V;\rho_s\geqslant 0,\forall s\subset V\right\}$ 中，所以，对于 PSF 曲线上的任意一点 $(z,\omega(z))$，其左导数 K_1^z 和右导数 K_r^z，可以

通过计算经过点$(z,\omega(z))$的所有直线中最小和最大斜率得到。公理化的表达形式为：令Π^z表示式（3.18）的所有最优解ρ的集合，则在$\left\{\sum_{s\subset V}(-\rho_s):\rho\in\Pi^z\right\}$中的每个值对应经过点$(z,\omega(z))$的一条直线的斜率。因此，点$(z,\omega(z))$的左导数和右导数可以表示为如下的形式：

$$K_{\mathrm{l}}^z=\min\left\{\sum_{s\subset V}(-\rho_s):\rho\in\Pi^z\right\},\quad K_{\mathrm{r}}^z=\max\left\{\sum_{s\subset V}(-\rho_s):\rho\in\Pi^z\right\}$$

可以看出，当且仅当$K_{\mathrm{l}}^z\neq K_{\mathrm{r}}^z$时，点$(z,\omega(z))$才是 PSF 曲线上的断点。不过通过上面两个规划问题求解左导数和右导数在计算上难以实现，这是因为需要先求解出式（3.18）的最优解集Π^z。为了避免这种困难的计算，我们将使用弱左导数$K_{\mathrm{l}'}^z$和弱右导数$K_{\mathrm{r}'}^z$，其定义如下。

定义 3.6 $\left(K_{\mathrm{l}'}^z,K_{\mathrm{r}'}^z\right)$是点$(z,\omega(z))$在 PSF 曲线上的一组弱导数，当且仅当$K_{\mathrm{l}}^z\leqslant K_{\mathrm{l}'}^z\leqslant K_{\mathrm{r}'}^z\leqslant K_{\mathrm{r}}^z$。其中，$K_{\mathrm{l}'}^z$为弱左导数，$K_{\mathrm{r}'}^z$为弱右导数。

不难看出，如果点$(z,\omega(z))$不是 PSF 曲线上的断点，则存在一组唯一的弱导数$\left(K_{\mathrm{l}'}^z,K_{\mathrm{r}'}^z\right)$，其满足$K_{\mathrm{l}}^z=K_{\mathrm{l}'}^z=K_{\mathrm{r}'}^z=K_{\mathrm{r}}^z$。因此，点$(z,\omega(z))$是曲线$\omega(z)$上的断点的充分必要条件是存在一组$K_{\mathrm{l}'}^z\neq K_{\mathrm{r}'}^z$的弱导数$\left(K_{\mathrm{l}'}^z,K_{\mathrm{r}'}^z\right)$。

与K_{l}^z和K_{r}^z相比，$K_{\mathrm{l}'}^z$和$K_{\mathrm{r}'}^z$的求解会更容易一些。例如，我们可以先求出在z-惩罚最优成本分配$\beta(\cdot,z)$下所有最大不满足联盟的集合$S^{\beta z}$，其中$\beta(\cdot,z)$是式(3.17)的最优成本分配。定义$\Pi^{\beta z}=\left\{\rho:\sum_{s\subset V:k\in s}\rho_s=1,\forall k\in V;\rho_s=0,\forall s\notin S^{\beta z};\rho_s\geqslant 0,\forall s\in S^{\beta z}\right\}$。通过互补松弛条件，可以得到每个$\rho\in\Pi^{\beta z}$都是规划问题式（3.18）的最优解。因为$\Pi^{\beta z}$是式（3.18）的最优解的集合$\Pi^z$的子集，所以$K_{\mathrm{l}'}^{\beta z}$和$K_{\mathrm{r}'}^{\beta z}$等价于在点$(z,\omega(z))$处相应的左弱导数和右弱导数。其定义为

$$K_{\mathrm{l}'}^{\beta z}=\min\left\{\sum_{s\subset V}(-\rho_s):\rho\in\Pi^{\beta z}\right\},\quad K_{\mathrm{r}'}^{\beta z}=\max\left\{\sum_{s\subset V}(-\rho_s):\rho\in\Pi^{\beta z}\right\}$$

借助弱导数的定义，我们设计了一个交点计算（intersection points computation，IPC）算法，来构造 PSF $\omega(z)$。其主要方法是通过不断添加$[0,z^*]$中的新点来迭代更新P^*。令$\mathbb{P}$表示可能包含 PSF 曲线上的断点的区间的集合，这些

断点是 $\omega(z)$ 上还未被添加到 P^* 中的新断点，则 P^* 更新的同时 $\mathbb{P}$ 也会更新。IPC 算法从 $P^*=\{0,z^*\},\mathbb{P}=\{[0,z^*]\}$ 开始，不断迭代更新 P^* 和 $\mathbb{P}$，直到 $\mathbb{P}$ 为空集时算法停止，此时的 P^* 为 PSF 曲线上所有断点的集合。

在每次迭代中，IPC 算法通过计算两个构造的线性函数的交点，得到在 $\mathbb{P}$ 中的某一区间里的值 z'，并将其添加到 P^* 中。

如图 3.3 所示，将 P^* 中的值按从小到大的顺序进行标记，$z_0<z_1<\cdots<z_q$，其中 $z_0=0$，$z_q=z^*$ 且 $q=\left|P^*\right|-1$。接下来从 $\mathbb{P}$ 中选择任意一个区间，表示为 $[z_{k-1},z_k]$，其中可能包含 $\omega(z)$ 上新的断点。随后，IPC 算法构造两个线性函数，分别为 $R_{k-1}(z)$ 和 $L_k(z)$。其中 $R_{k-1}(z)$ 通过点 $(z_{k-1},\omega(z_{k-1}))$ 且斜率为该点在 $\omega(z)$ 上的右弱导数 $K_{r'}^{z_{k-1}}$，$L_k(z)$ 通过点 $(z_k,\omega(z_k))$ 且斜率为该点在 $\omega(z)$ 上的左弱导数 $K_{l'}^{z_k}$。基于弱导数的定义和 $\omega(z)$ 的凸性，可以得到：

$$R_{k-1}(z)\leqslant\omega(z),L_k(z)\leqslant\omega(z),\quad\forall z\in[0,z^*]\tag{3.19}$$

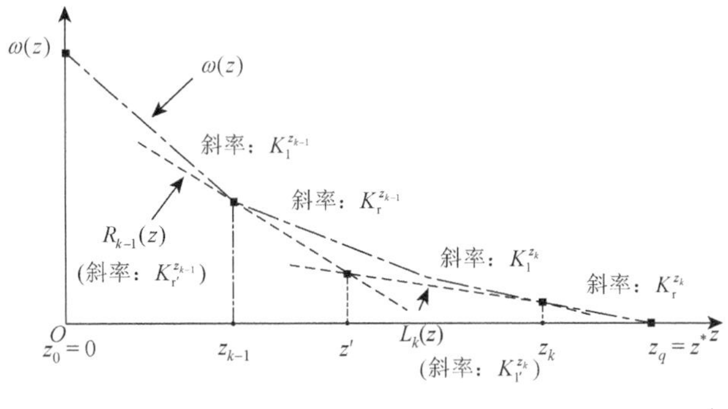

图 3.3　IPC 算法构造 PSF

在构造出 $R_{k-1}(z)$ 和 $L_k(z)$ 后，IPC 算法对以下两种情况进行检验。

（1）如果 $R_{k-1}(z)$ 通过点 $(z_k,\omega(z_k))$ 或 $L_k(z)$ 通过点 $(z_{k-1},\omega(z_{k-1}))$，则 $R_{k-1}(z)$ 或 $L_k(z)$ 通过点 $(z_k,\omega(z_k))$ 和 $(z_{k-1},\omega(z_{k-1}))$。根据式（3.19）和 $\omega(z)$ 的凸性，可以得到 $R_{k-1}(z)=\omega(z)$ 或 $L_k(z)=\omega(z)$，其中 $z\in[z_{k-1},z_k]$。这意味着在区间 $[z_{k-1},z_k]$ 中并不存在 $\omega(z)$ 的断点。所以在这种情况下，不对 P^* 进行更新，同时把 $[z_{k-1},z_k]$ 从 $\mathbb{P}$ 中移除。

（2）如果 $R_{k-1}(z)$ 不通过点 $(z_k,\omega(z_k))$，同时 $L_k(z)$ 也不通过点 $(z_{k-1},\omega(z_{k-1}))$，则因为 $R_{k-1}(z)$ 通过点 $(z_{k-1},\omega(z_{k-1}))$ 且 $L_k\left(z\right)$ 通过点 $(z_k,\omega(z_k))$，根据式（3.19）和 $\omega(z)$ 的凸性，可以得到两个线性函数 $R_{k-1}(z)$ 和 $L_k(z)$ 一定会产生唯一的交点 $z'\in[z_{k-1},z_k]$（图 3.3）。这表示 z' 可能是 $\omega(z)$ 的一个断点。所以在这种情况下，将 z' 添加进 P^* 中，

并且把$[z_{k-1},z_k]$从$\mathbb{P}$中移除，然后向$\mathbb{P}$中加入两个新区间$[z_{k-1},z']$和$[z',z_k]$。

最终，当$\mathbb{P}$为空时，可以得到包含$\omega(z)$所有断点的集合P^*，迭代停止。通过连接点$(z,\omega(z)),\forall z\in P^*$就可以得到一个分段线性函数。

我们将 IPC 算法总结如下，并且通过定理 3.7 证明了算法的有效性（effectiveness）和有效率（efficiency）。这表明算法得到的$[0,z^*]$上的分段线性函数为 PSF $\omega(z)$，并且迭代的次数不超过$\omega(z)$上断点数量的四倍。

算法 3.3　IPC 算法

1：$P^*\leftarrow\{0,z^*\},\mathbb{P}\leftarrow\{[0,z^*]\}$

2：repeat

3：对P^*中的值重新标号$z_0<z_1<\cdots<z_q$，其中$z_0=0$，$z_q=z^*$且$q=\left|P^*\right|-1$

4：选择$\mathbb{P}$中的任意区间，表示为$[z_{k-1},z_k],1\leqslant k\leqslant q$

5：构造两个线性函数$R_{k-1}(z)$和$L_k(z)$，其中$R_{k-1}(z)$通过点$(z_{k-1},\omega(z_{k-1}))$且斜率为该点在$\omega(z)$上的右弱导数$K_{\mathrm{r}'}^{z_{k-1}}$，$L_k(z)$通过点$(z_k,\omega(z_k))$且斜率为该点在$\omega(z)$上的左弱导数$K_{\mathrm{l}'}^{z_k}$

6：考虑下面两种情况

7：如果$R_{k-1}(z)$通过点$(z_k,\omega(z_k))$或$L_k(z)$通过点$(z_{k-1},\omega(z_{k-1}))$，则把$[z_{k-1},z_k]$从$\mathbb{P}$中移除

8：否则，$R_{k-1}(z)$和$L_k(z)$一定会产生唯一的交点$z'\in[z_{k-1},z_k]$。将z'添加进P^*中，并且把$[z_{k-1},z_k]$从$\mathbb{P}$中移除，然后向$\mathbb{P}$中加入两个新区间$[z_{k-1},z']$和$[z',z_k]$

9：until $\mathbb{P}=\varnothing$

10：连接点$(z,\omega(z)),\forall z\in P^*$，得到一个分段线性函数

定理 3.7　①IPC 算法得到的函数为 PSF $\omega(z),\forall z\in[0,z^*]$。②如果函数$\omega(z)$有$\hat{q}\geqslant 2$个线性分段（或者说有$\hat{q}+1$个断点），则 IPC 算法能够在最多$4\hat{q}-1$次迭代后停止。

证明　（1）当 IPC 算法停止时，将P^*中的值重新编号为$z_0<z_1<\cdots<z_q$，其中$z_0=0$，$z_q=z^*$且$q=\left|P^*\right|-1$。此时$\mathbb{P}$为空集，根据算法 3.3 的第 7 步和第 8 步，可以得到对于$1\leqslant k\leqslant q$，有$R_{k-1}(z_k)=\omega(z_k)=L_k(z_k)$或$L_k(z_{k-1})=\omega(z_{k-1})=R_{k-1}(z_{k-1})$。因此，根据式（3.19）和$\omega(z)$的凸性，可以得到$z\in[z_{k-1},z_k]$、$\omega(z)=R_{k-1}(z)$和$\omega(z)=L_k(z)$中必有一个成立。这意味着在区间$(z_{k-1},z_k)$上不存在$\omega(z)$的断点。因此在算法停止时，$P^*$中包含$\omega(z)$全部的断点。证明完毕。

（2）在算法 IPC 中，会将 ℙ 中所有的区间全部移除，即 IPC 算法的迭代次数为出现在 ℙ 中的所有区间的数量。在算法 3.3 的第 8 步中，每两个区间被加入 ℙ 时都伴随着一个 z' 加入 P^* 中。因为 P^* 的初始值为 $\{0,z^*\}$，所以在 P^* 包含全部断点时，总的迭代的次数为 $2\left(\left|P^*\right|-2\right)+1$。

因此，IPC 算法的总迭代次数的上界为 $\left|P^*\right|$ 的上界。由于 $\omega(z)$ 的每个线性分段都最多只有一个惩罚值被加入 $\left|P^*\right|$ 中（除了端点），所以有 $\left|P^*\right| \leqslant 2\hat{q}+1$，即可得到 IPC 算法的总的迭代次数最多为 $2\left(\left|P^*\right|-2\right)+1 \leqslant 4\hat{q}-1$ 次。证明完毕。

结合例 3.1，下面我们将用图 3.4 详细阐述 IPC 算法是怎么迭代构造中的 PSF $\omega(z)$。

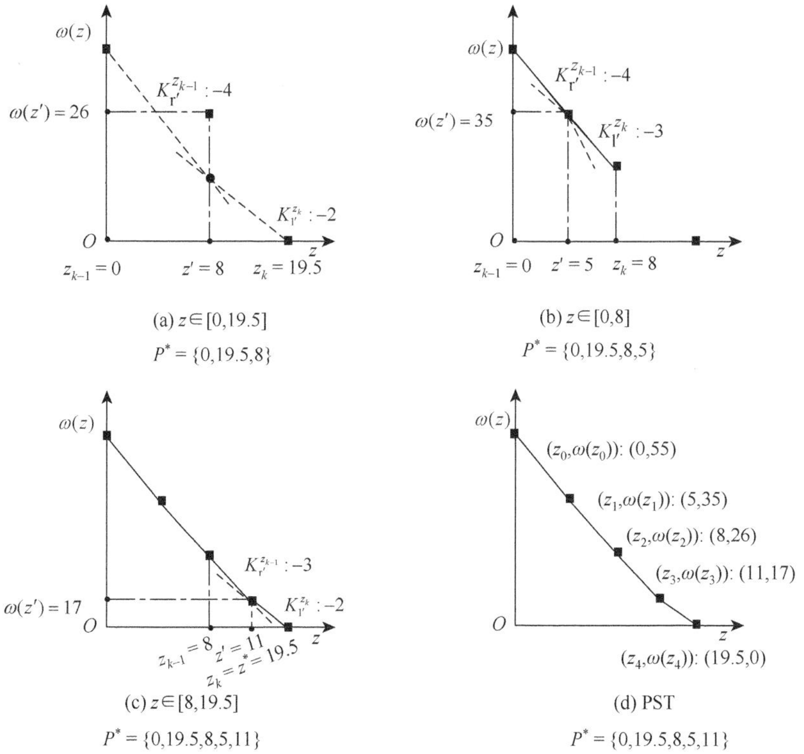

图 3.4　IPC 算法精确构造例 3.1 PSF

集合 P^* 在算法中被迭代更新了三次，分别添加了断点 8、5、11，如图 3.4（a）～图 3.4（c）所示。相应地，集合 $\mathbb{P}$ 也被更新了三次，从 $\{[0,19.5]\}$ 到 $\{[0,8],[8,19.5]\}$ 到 $\{[8,19.5]\}$，直到空集。图 3.4（d）展示了最终得到的函数曲线，其上有四个断点，如 $(0,55)$、$(5,35)$、$(11,17)$ 和 $(19.5,0)$。

在图 3.4（d）中，PSF $\omega(z)$ 是对于 z 严格递减、分段线性并且凸的，如定理 3.4 所示。对于每个线性分段，斜率从左到右分别为−4、−3、−2，都在区间 $\left[-4,-\frac{4}{3}\right]$ 内，如定理 3.5 所示。除此之外，为了阐述弱导数的计算，考虑当 $z=5$ 时，通过求解式（3.17），可以得到一个 z-惩罚最优成本分配 $[25,23,19,13]$，对应的最大不满足联盟的集合是 $\{\{1\},\{2\},\{3\},\{4\},\{1,4\}\}$。根据弱导数定义和 $\Pi^{\beta z}$ 的定义，可以得到一组在 $z=5$ 处的弱导数 $\left(K_{\mathrm{l}'}^5,K_{\mathrm{r}'}^5\right)$，其中 $K_{\mathrm{l}'}^5=-4$，$K_{\mathrm{r}'}^5=-3$。这实际上等价于真实的导数［图 3.4（d）］。因为 $K_{\mathrm{l}'}^5\neq K_{\mathrm{r}'}^5$，所以可以得到 $(z_1,\omega(z_1))=(5,35)$ 是 $\omega(z)$ 的一个断点。

2. 近似构造 PSF

IPC 算法可以构造出 PSF 的精确结构，但是面对局中人数量非常大的 PSF $\omega(z)$ 时，IPC 算法会非常耗时。在这种情况下，我们将展示一种有效算法，来构造一个上界函数作为 PSF $\omega(z)$ 的 ϵ-近似。同时，在该上界函数曲线上的任意一对惩罚−补贴值的共同作用下，都可以保证大联盟的稳定性。

算法 3.4　构造 PSF 的 ϵ-近似算法

1：将区间 $[0,z^*]$ 分割为 $2|V|/\epsilon$ 个子区间 $[z_0,z_1),[z_1,z_2),\cdots,\left[z_{2|V|/\epsilon-2},z_{2|V|/\epsilon-1}\right),\left[z_{2|V|/\epsilon-1},z_{2|V|/\epsilon}\right]$，使得每个分段都有长度 $z^*/[2|V|/\epsilon]$，其中 $z_0=0,z_{2|V|/\epsilon}=z^*$

2：对每个 $k\in\left[0,2|V|/\epsilon\right]$，计算在 z_k 下的 z-惩罚最小补贴 $\omega(z)$

3：通过连接点 $\{(z_0,\omega(z_0)),\cdots,(z_{2v/\epsilon},\omega(z_{2v/\epsilon}))\}$，得到一个 PSF $\omega(z)$ 的上界 $\mathcal{U}_\epsilon(z)$

根据 $\omega(z)$ 的凸性，可以得到对每个 $k\in\{1,2,\cdots,2|V|/\epsilon\}$，有 $\mathcal{U}_\epsilon(z)\geqslant\omega(z),\forall z\in[z_{k-1},z_k]$，即对 $z\in[0,z^*]$，都有 $\mathcal{U}_\epsilon(z)\geqslant\omega(z)$，因此 $\mathcal{U}_\epsilon(z)$ 是 $\omega(z)$ 的一个上界函数。下面我们将对 $\omega(z)$ 和 $\mathcal{U}_\epsilon(z)$ 之间的累积误差（cumulative error）E_c 和最大误差（maximum error）$E_{\max}$ 进行算法 3.4 有效性的评估。

定理 3.8　对于两类误差，我们有 $E_c \leqslant (\epsilon/2)(z^*)^2 \leqslant \epsilon\int_0^{z^*}\omega(z)\mathrm{d}z$ 和 $E_{\max} \leqslant (\epsilon z^*)/2$，对任意给定的 $\epsilon > 0$。其中 $E_c = \int_0^{z^*}\left|\mathcal{U}_\epsilon(z) - \omega(z)\right|\mathrm{d}z$，$E_{\max} = \max\left\{\left|\mathcal{U}_\epsilon(z) - \omega(z)\right| : z \in [0, z^*]\right\}$。

证明　对于每个具有长度 $z^*/[2|V|/\epsilon]$ 的区间 $[z_k, z_{k+1}]$，其中 $0 \leqslant k \leqslant 2|V|/\epsilon - 1$。因为曲线 $\mathcal{U}_\epsilon(z)$ 在 $[z_k, z_{k+1}]$ 上是连接 $(z_k, \omega(z_k))$ 和 $(z_{k+1}, \omega(z_{k+1}))$ 的线段。根据定理 3.5，$\omega(z)$ 在区间 $[z_k, z_{k+1}]$ 上的导数范围为 $-|V|$ 到 $-|V|/(|V|-1)$。因为 $z_{k+1} - z_k = z^*/[2|V|/\epsilon]$，可以得到对于每个 $z \in [z_k, z_{k+1}]$，有

$$
\begin{aligned}
\mathcal{U}_\epsilon(z) - \omega(z) &\leqslant \left(\mathcal{U}_\epsilon(z) - \frac{|V|}{|V|-1}(z - z_k)\right) - \left(\omega(z_k) - |V|(z - z_k)\right) \\
&= \left(|V| - \frac{|V|}{|V|-1}\right)(z - z_k) \leqslant |V|(z_{k+1} - z_k) = \frac{|V|z^*}{2|V|/\epsilon} \leqslant \frac{\epsilon z^*}{2}
\end{aligned}
$$

此外，由于 $\mathcal{U}_\epsilon(z)$ 是 $\omega(z)$ 的上界函数，所以有

$$
\int_{z_k}^{z_{k+1}}\left|\mathcal{U}_\epsilon(z) - \omega(z)\right|\mathrm{d}z \leqslant \int_{z_k}^{z_{k+1}}\frac{|V|z^*}{2|V|/\epsilon}\mathrm{d}z = \frac{|V|(z^*)^2}{\left(2|V|/\epsilon\right)^2}
$$

因此，在全区间 $[0, z^*]$ 上，有

$$
E_{\max} = \max_{0 \leqslant k \leqslant 2|V|/\epsilon - 1}\left\{\left|\mathcal{U}_\epsilon(z) - \omega(z)\right| : z \in [z_k, z_{k+1}]\right\} \leqslant \frac{\epsilon z^*}{2}
$$

以及

$$
E_c = \sum_{k=0}^{2|V|/\epsilon - 1}\int_{z_k}^{z_{k+1}}\left|\mathcal{U}_\epsilon(z) - \omega(z)\right|\mathrm{d}z \leqslant \frac{2|V|}{\epsilon}\frac{|V|(z^*)^2}{\left(\dfrac{2|V|}{\epsilon}\right)^2} = \frac{2|V|}{\dfrac{2|V|}{\epsilon}}\frac{(z^*)^2}{2} \leqslant \frac{(z^*)^2\epsilon}{2}
$$

因为 $\omega(z^*)=0$ 和 $\omega'(z)\leqslant -|V|/(|V|-1)$，可以得到 $\omega(z)\geqslant\left(\frac{|V|}{|V|-1}\right)(z^*-z)\geqslant z^*-z$，即 $E_c\leqslant\frac{(z^*)^2\epsilon}{2}=\epsilon\int_0^{z^*}(z^*-z)\mathrm{d}z\leqslant\epsilon\int_0^{z^*}\omega(z)\mathrm{d}z$。证明完毕。

从定理 3.8 中可以得出，当 ϵ 趋近于 0 时，累积误差 E_c 和最大误差 $E_{\max}$ 都趋近于 0，这表示 $\mathcal{U}_\epsilon(z)$ 收敛于 $\omega(z)$。

3.2.4 PSF 的求解

在 3.2.2 节中，我们主要讨论了如何构造 PSF，并没有涉及对式（3.17）的求解。事实上，$\omega(z)$ 的求解在一些博弈中是 NP 难的，如在 IM 博弈中。在 IM 博弈中，$c(s)$ 的求解一般是很困难的，这导致 $\omega(z)$ 的求解难度也会增大。即使对于每个 $c(s),\forall s\in V$ 都是多项式可解（polynomially solvable）的，求解 $\omega(z)$ 也是 NP 难的。

例如，例 3.1 中的加权作业单机调度博弈，是一类 IM 博弈。在这种加权作业单机调度博弈中，每个 $c(s)$ 的目标都是最小化联盟 s 的加工作业的总加权完工时间。通过 Pinedo 等（2015）提出的加权最短处理时间优先原则，可以在多项式时间内求解 $c(s)$。然而，在 Schulz 和 Uhan（2010）中证实了对于加权作业单机调度博弈，在工作权重和工作加工时间都是整数的情况下，最小核值 z^* 的求解为 NP 难的。如果对于任意的 z，都可以找到一个能在多项式时间内求解出 $\omega(z)$ 的方法，则 z^* 可以通过在区间 $[0,z_{\max}]$ 进行二分搜索（binary search）找到 $\omega(z)$ 的解来得到，其中 $z_{\max}$ 可以取值 $c(V)$。因为二分搜索可以在 $O(\log z_{\max})$ 的时间复杂度内完成，所以 z^* 也可以在多项式时间内得到。但是这与 z^* 的求解是 NP 难的矛盾。这意味着对于任意的 z，$\omega(z)$ 的求解都是 NP 难的。

接下来，我们将提出两种方法来有效地计算一些特殊 IM 博弈的 $\omega(z)$ 精确值，或者得到一般的 IM 博弈的 $\omega(z)$ 值的上界。

令 $\pi(z)$ 表示如下线性规划的最优目标值：

$$\pi(z)=\max_{\beta}\{\beta(V):\beta(s)\leqslant c(s)+z,\forall s\subset V,\beta\in\mathbb{R}^{|V|}\}\tag{3.20}$$

从式（3.17）可以得到 $\omega(z)=c(V)-\pi(z)$。因此，我们可以通过计算 $\pi(z)$ 来得到 $\omega(z)$，而不用直接去计算它。如果 $c(V)$ 和 $\pi(z)$ 都难以求解，则可以计算它们的边界来得到 $\omega(z)$ 值的边界。

假设对任意离开大联盟的子联盟收取的惩罚都是 z，则 $\pi(z)$ 的值可以理解为大联盟 V 可以稳定分配的最大总成本。所以，式（3.20）可以看成是 z-惩罚最优成本分配问题。虽然这个问题很有价值，但是在已有的文献中却并没有太多的研究。只有其中一种特殊情况 $\pi(0)$，即当惩罚为 0 时，才在 Caprara 和 Letchford（2010）及 Liu 等（2016）的研究中出现。

根据前面的讨论，通过求解线性规划式（3.20）中的 $\pi(z)$，我们设计两种方法来计算 IM 博弈中的 $\omega(z)$ 精确值。一种是基于割平面（cutting plane，CP）法，另一种是 LPB 及其对偶的方法。这两种方法都能有效地求解所有 IM 博弈中 $\omega(z)$ 的上界或下界。

1. CP 法

对于任意的 IM 博弈 (V,c) 和任意的 z，式（3.20）中含有指数量级的约束条件。因此，一个常用的方法是采用 CP 法（Bertsimas and Tsitsiklis，1997）。

算法 3.5　CP 法求解 $\omega(z)$

$M \leftarrow \{\{i\}: i \in V\}$ 表示限制联盟集合

repeat

找到问题 $\max\limits_{\beta}\{\beta(V,z): \beta(s,z) \leqslant c(s)+z, \forall s \in M, \beta \in \mathbb{R}^{|V|}\}$ 的最优解 $\bar{\beta}(\cdot,z)$

找到分离问题 $\delta = \min\limits_{S}\{c(s)+z-\bar{\beta}(s,z): \forall s \subset V\}$ 的最优解 s^*

until $\delta \geqslant 0$

$\omega(z) \leftarrow c(V) - \bar{\beta}(V,z)$

$K_{\mathrm{l}'}^{\bar{\beta}z} \leftarrow \min\left\{\sum\limits_{s \subset V}(-\rho_s): \rho \in \Pi^{\bar{\beta}z}\right\}$，$K_{\mathrm{r}'}^{\bar{\beta}z} \leftarrow \max\left\{\sum\limits_{s \subset V}(-\rho_s): \rho \in \Pi^{\bar{\beta}z}\right\}$

如算法 3.5 中所描述的，CP 法从限制联盟集合 M 开始，找到一个只有约束 $\beta(s,z) \leqslant c(s)+z, \forall s \subset V$ 的式（3.20）的松弛的最优解 $\bar{\beta}(\cdot,z)$。然后检验 $\bar{\beta}(\cdot,z)$ 是否违背不在这个松弛中的其他的约束条件。对此，需要找到一个分离问题 $\delta = \min\limits_{S}\{c(s)+z-\bar{\beta}(s,z): \forall s \subset V\}$ 的最优解 s^*。如果 $\delta < 0$，则 $\bar{\beta}(\cdot,z)$ 违背了约束 $\beta(s^*,z) \leqslant c(s^*)+z$，需要将 s^* 加入 M 中。接下来需要在新的 M 的基础上，对式（3.20）的松弛再求解一遍。如果 $\delta \geqslant 0$，则意味着 $\bar{\beta}(\cdot,z)$ 是式（3.20）的最

优解，即可以得到 $\omega(z)=c(V)-\bar{\beta}(V,z)$，弱导数组 $\left(K_{\text{l}'}^{\bar{\beta}z},K_{\text{r}'}^{\bar{\beta}z}\right)$ 也可以通过将弱导数定义中的 $\Pi^{\beta z}$ 替换为 $\Pi^{\bar{\beta}z}$ 来进行求解。

CP 法最关键的部分是如何有效地求解分离问题，来找到一个被违背的约束 $\beta(s^*,z)\leqslant c(s^*)+z$，而这取决于研究的具体的博弈。实际上，如果能在（伪）多项式时间内分离约束 $\beta(s,z)\leqslant c(s)+z,\forall s\subset V$，则通过优化与分离的等价性，可以利用椭球法（ellipsoid method）求解问题式（3.20），在（伪）多项式时间内得到 $\pi(z)$。

当分离问题难以求解时，可以通过调整 CP 法来计算 $\omega(z)$ 的下界 $\omega^{\text{l}}(z)$。具体调整如下：在算法 3.5 的第 4 步，使用一个启发式方法来求解分离问题。这表示当 CP 法停止时，解出的 $\bar{\beta}(V,z)$ 可能会高于 $\pi(z)$，并且返回值 $c(V)-\bar{\beta}(V,z)$ 可以表示为 $\omega^{\text{l}}(z)$，即 $\omega(z)$ 的下界。除此之外，如果 $c(s)$ 也难以求解，则可以继续在算法 3.5 的第 3 步计算 $\bar{\beta}(\cdot,z)$ 时将 $c(s)$ 替换为其上界 $c^{\text{u}}(s)$，并将 $c(V)$ 替换为其下界 $c^{\text{l}}(V)$。通过上述的替换可计算得出 $\omega(z)$ 的下界 $\omega^{\text{l}}(z)=c^{\text{l}}(V)-\bar{\beta}(V,z)$。但是如此做的话，并不知道 $\omega(z)$ 的精确值，因此弱导数无法计算得出。

2. LPB

基于 Caprara 和 Letchford（2010）提出的在 $z=0$ 下 $\pi(z)$ 的计算方法，因为其使用了线性规划的对偶理论，我们可以在其基础上提出 LPB 求解问题式（3.20）的方法。首先给出如下定义。

令 Q^{xy} 表示 IM 博弈特征函数在 $c(s),\forall s\subset V$ 下的所有可行解的集合：

$$Q^{xy}=\left\{(x,y):Ax\geqslant By+D,y=y^s,\exists s\subset V,x\in\mathbb{Z}^t,y\in\{0,1\}^{|V|}\right\}$$

将 Q^{xy} 扩展到 $Q^{x\mu y}$，引入固定为 1 的决策变量 μ，如下：

$$Q^{x\mu y}=\{(x,\mu,y):Ax\geqslant By+D\mu,y=y^s,\exists s\subset V,\mu=1,x\in\mathbb{Z}^t,y\in\{0,1\}^{|V|}\}$$

令 cone$Q^{x\mu y}$ 表示 $Q^{x\mu y}$ 的锥包（conic hull）。通过将 cone$Q^{x\mu y}$ 与 $\{(x,\mu,y)\in\mathbb{R}^{t+1+|V|}:y=1\}$ 相交的交点投影在 (x,μ) 平面上，得到 $C^{x\mu}$

$$C^{x\mu}=\text{proj}_{x\mu}\left(\{(x,\mu,y)\in\mathbb{R}^{t+1+|V|}:y=1\}\cap\text{cone}\,Q^{x\mu y}\right)$$

根据上述的定义可以得到引理 3.4。

引理 3.4 线性规划式（3.20）的最优目标值 $\pi(z)$ 等于 $\min\{cx+z\mu:(x,\mu)\in C^{x\mu}\}$。

证明　考虑式（3.20）的对偶问题：

$$\min\left\{\sum_{s\subset V}\left(c(s)+z\right)\rho_s:\sum_{s\subset V:k\in s}\rho_s=1,\forall k\in V,\rho_s\geqslant 0,\forall s\subset V\right\}$$

根据强对偶性，$\pi(z)$ 等价于上述问题的最优目标值。根据 Q^{xy} 的定义，设计如下的线性规划问题：

$$\min\left\{\sum_{(\overline{x},\overline{y})\in Q^{xy}}(c\overline{x}+z)\rho_{\overline{xy}}:\sum_{(\overline{x},\overline{y})\in Q^{xy}}\overline{y}\rho_{\overline{xy}}=1,\rho_{\overline{xy}}\geqslant 0,\forall(\overline{x},\overline{y})\in Q^{xy}\right\}\qquad(3.21)$$

不难看出将满足 $\overline{y}=y^s$ 和 $c\overline{x}+z>c(s)+z$ 的变量设置为 0 并不会影响式(3.21)的最优目标值。这意味着式（3.21）等价于式（3.20）的对偶问题。

将 $\rho_{\overline{xy}}$ 理解为 $\text{cone}Q^{xy}$ 中每个点 $(\overline{x},\overline{y})$ 的系数，则式（3.21）的可行域可以表示为 $\{(x,y)\in\mathbb{R}^{t+|V|}:y=1\}\cap\text{cone}Q^{xy}$。因此，当 $z=0$ 时，式（3.21）的目标函数简化为 $c\sum_{(\overline{x},\overline{y})\in Q^{xy}}\rho_{\overline{xy}}\overline{x}$，即 Q^{xy} 中点的锥组合的线性映射。这意味着式（3.21）等价于 $\min\{cx:C^x\}$。因此，可以得到 $\pi(0)=\min\{cx:C^x\}$。

另外，对于 $z>0$，式（3.21）将转化为

$$\min\left\{\sum_{(\overline{x},\overline{\mu},\overline{y})\in Q^{x\mu y}}(c\overline{x}+z\overline{\mu})\rho_{\overline{x}\overline{\mu}\overline{y}}:\sum_{(\overline{x},\overline{\mu},\overline{y})\in Q^{x\mu y}}\overline{y}_k\rho_{\overline{x}\overline{\mu}\overline{y}}=1,\forall k\in V,\rho_{\overline{x}\overline{\mu}\overline{y}}\geqslant 0,\forall(\overline{x},\overline{\mu},\overline{y})\in Q^{x\mu y}\right\}\qquad(3.22)$$

值得注意的是，式（3.22）的目标函数等价于：

$$c\sum_{(\overline{x},\overline{\mu},\overline{y})\in Q^{x\mu y}}\rho_{\overline{x}\overline{\mu}\overline{y}}\overline{x}+z\sum_{(\overline{x},\overline{\mu},\overline{y})\in Q^{x\mu y}}\rho_{\overline{x}\overline{\mu}\overline{y}}\overline{\mu}$$

这是 $Q^{x\mu y}$ 中点的锥组合的线性映射，即式（3.22）等价于 $\min\{cx+z\mu:(x,\mu)\in C^{x\mu}\}$。证明完毕。

虽然通过引理 3.4 可以得到 $\omega(z)=c(V)-\pi(z)=c(V)-\min\{cx+z\mu:(x,\mu)\in C^{x\mu}\}$，但是这个式子并不容易直接求解，尤其是当定义可行域 $C^{x\mu}$（凸多面体）的

显式表达式未知的时候。因此，可以转而通过松弛 Q^{xy} 到一些形式为 $\{(x,y): A'x \geqslant B'y + D'\}$ 的凸多面体 P^{xy}，来求解 $\pi(z)$ 的下界。可以发现，一个获得 P^{xy} 的直观的方法就是松弛 Q^{xy} 中的整数约束。

接下来，则需要求解 $\{(x,y): A'x \geqslant B'1 + D'\}$，将其最优解表示为 $[x^*, \mu^*]$。根据引理 3.5，得到 $cx^* + z\mu^*$ 可以作为 $\pi(z)$ 的一个下界，并且当 P^{xy} 等于 Q^{xy} 的凸包时，$cx^* + z\mu^*$ 与 $\pi(z)$ 相等。

引理 3.5 如果 $P^{xy} = \{(x,y): A'x \geqslant B'y + D'\}$ 是 Q^{xy} 的一个松弛，则 $\min\{cx + z\mu: A'x \geqslant B'1 + D'\} \leqslant \pi(z)$，并且当 P^{xy} 等于 Q^{xy} 的凸包时该不等式取等号。

证明 因为 P^{xy} 是 Q^{xy} 的松弛，所以有 $Q^{xy} \subseteq P^{xy}$。这表示 $\text{cone}Q^{x\mu y}$ 是 $\{(x,\mu,y): A'x \geqslant B'y + D'\mu\}$ 的一个子集。因此，可以得到 $C^{x\mu} \subseteq \{(x,\mu): A'x \geqslant B'1 + D'\mu\}$。

通过引理 3.4 有 $\min\{cx + z\mu: A'x \geqslant B'1 + D'\mu\} \leqslant \min\{cx + z\mu: (x,\mu) \in C^{x\mu}\} = \pi(z)$。并且，如果 P^{xy} 等于 Q^{xy} 的凸包，则有 $\text{cone}Q^{x\mu y} = \{(x,\mu,y): A'x \geqslant B'y + D'\mu\}$，即 $C^{xy} = \min\{(x,\mu): A'x \geqslant B'1 + D'\mu\}$。所以 $\min\{cx + z\mu: A'x \geqslant B'1 + D'\mu\} = \min\{cx + z\mu: (x,\mu) \in C^{x\mu}\} = \pi(z)$。证明完毕。

通过引理 3.5 和之前的结论，可以发现 $c(V) - (cx^* + z\mu^*)$ 是 $\omega(z)$ 的上界。当 $c(V)$ 难以求解时，可以采用 LPB 的方法，通过将 $c(V)$ 替换为其上界 $c^{\mathrm{u}}(V)$ 来得到 $\omega(z)$ 的上界 $\omega^{\mathrm{u}}(z)$。在补贴 $\omega^{\mathrm{u}}(z)$ 和惩罚 z 下，IM 博弈 (V,c) 的大联盟能够保持稳定。

并且，当多面体 P^{xy} 等于 Q^{xy} 的凸包时，$cx^* + z\mu^*$ 与 $\pi(z)$ 相等，$[x^*, \mu^*]$ 是 $\min\{cx + z\mu: (x,\mu) \in C^{x\mu}\}$ 的最优解。因此，在这种情况下，可以证实 $K_{1'}^{z} = -\mu^*$ 和 $K_{\mathrm{r}'}^{z} = -\mu^*$ 可以作为 $\omega(z)$ 在 z 处的弱导数，并用于 IPC 算法。

算法 3.6 LPB 法求解 $\omega(z)$

1：$Q^{xy} \leftarrow \{(x,y): Ax \geqslant By + D, y = y^s, \exists s \subset V, x \in \mathbb{Z}^t, y \in \{0,1\}^{|V|}\}$

2：松弛 Q^{xy} 到凸多面体 $P^{xy} \leftarrow \{(x,y): A'x \geqslant B'y + D'\}$

3：找到 $\min\{cx + z\mu: (x,\mu) \in C^{x\mu}\}$ 的最优解 $[x^*, \mu^*]$

4：返回值 $c(V)-(cx^*+z\mu^*)$ 作为 $\omega(z)$ 的近似，并且返回 $K_{\mathrm{l}'}^z=-\mu^*$ 和 $K_{\mathrm{r}'}^z=-\mu^*$

通过 LPB 法可以得到在任意惩罚值 z 下 $\omega(z)$ 的一个上界，并且当 P^{xy} 等于 Q^{xy} 的凸包时，这个上界等于 $\omega(z)$。此外，当 A'、B'、D' 的维度都是多项式级时，线性规划 $\min\{cx+z\mu: A'x \geqslant B'1+D'\mu\}$ 也可以在多项式时间内求解。

在以上结论的基础上，我们考虑博弈 (V,c_{LP})，其中特征函数 $c_{\mathrm{LP}}(s)=\min\{cx+z\mu: A'x-D'\mu \geqslant B'y^s\}$。根据 Owen 的研究可以得知，$(V,c_{\mathrm{LP}})$ 是一个线性规划博弈。在这种博弈中，对于 $c_{\mathrm{LP}}(V)$ 的对偶问题的任意最优解 η，通过强对偶性，都可以得到一个成本分配 β 满足 $\beta(V)=\eta(B'1)=c_{\mathrm{LP}}(V)$，以及 $\beta(s)=\eta(B'y^s)\leqslant c_{\mathrm{LP}}(s)$，即 $\beta_k=\eta(B'y^{\{k\}}),\forall k\in V$ 是博弈 (V,c_{LP}) 的一个核分配。当 A'、B'、D' 的维度都是多项式级时，β 也可以通过多项式时间算法得到。

更进一步，根据引理 3.5，因为 P^{xy} 是 Q^{xy} 的松弛，可以得到 $\{(x,y): A'x \geqslant B'y^s+D'\}$ 是 $\{(x,y): Ax \geqslant By^s+D, x\in\mathbb{Z}^t\}$ 的松弛。因此，对于一个线性规划 $c'(s)=\min\{cx: A'x \geqslant B'y^s+D'\}$，满足 $c'(s)\leqslant c(s)$。令 x^* 表示 $c'(s)$ 的最优解，因为 x^* 和 $\mu=1$ 是 $c_{\mathrm{LP}}(s)$ 的可行解，所以可以得到 $c_{\mathrm{LP}}(s)\leqslant cx^*+z=c'(s)+z\leqslant c(s)+z$。这意味着成本分配 β 是博弈 (V,c) 的一个可行 z-惩罚成本分配。当 P^{xy} 等于 Q^{xy} 的凸包时，β 为 z-惩罚最优成本分配。

3.2.5 拓展：定价补贴法

将惩罚值和补贴值的概念进行拓展。惩罚值可以视为对资源的定价，并且将定价直接融入特征函数中。在不同的子联盟中，局中人的数量会影响定价带来的联盟成本。对于大联盟来说，定价的增量可以用于作为稳定大联盟的补贴。这种情况下，中央机构并没有真正投入额外的补贴，而是通过局中人自身的贡献让大联盟得到了稳定。在这里给出定价-补贴函数（price-subsidy function，PSF）的定义，用 $\omega(P)$ 表示：

$$\omega(P)=\min_{\alpha}\{c(V,P)-\alpha(V): \alpha(s)\leqslant c(s,P), \forall s\subset V, \alpha\in R^{|V|}\}$$

接下来以一个相同并行机器调度合作博弈为例，展示定价工具的使用。定价补贴法的具体应用将在第 4 章中展示。

相同并行机器调度合作博弈是一个考虑启动成本的机器调度博弈，指有 m 台机器处理 v 个作业，每个作业各自有一个处理时间，对 v 个作业进行机器分配，使得在 m 台机器上处理 v 个作业所需要的总时间最短（机器不必都被使用到），同时成本准则为总完成时间。对于一个有 4 个局中人的大联盟的例子，即 $V=\{1,2,3,4\}$。局中人各自有一个工作需要完成，他们在机器上处理作业的时间分别是 $t_1=2,t_2=3,t_3=4,t_4=5$。同时每台机器都有启动成本，为 $t_0=9.5$。为了表述方便，设置定价等于启动成本，即 $P=t_0$。设这个合作博弈的特征函数为 $c(s,P),\forall s\subseteq V$，它表示联盟 s 中局中人对应工作的总完成时间加上机器启动的最小总成本。计算所有联盟 $s\subseteq V$ 的特征函数 $c(s,P)$ 如表 3.2 所示。

表 3.2 联盟成本表

联盟	成本	联盟	成本	联盟	成本
{1}	11.5	{1,3}	17.5	{1,2,3}	25.5
{2}	12.5	{1,4}	18.5	{1,2,4}	26.5
{3}	13.5	{2,3}	19.5	{1,3,4}	28.5
{4}	14.5	{2,4}	20.5	{2,3,4}	31.5
{1,2}	16.5	{3,4}	22.5	{1,2,3,4}	38

在这个例子中，大联盟的最小成本为 $c(V,P)=\min_{m\in M}\left\{\sum_{k\in V}C_k(m)+Pm\right\}$。$k$ 表示大联盟局中人，M 表示机器集合，$\sum_{k\in V}C_k(m)$ 表示在 m 台机器上的最小完工时间。展示其具体计算过程：假设 $m=1$，则 $\sum_{k\in V}C_k(1)=t_1+(t_1+t_2)+(t_1+t_2+t_3)+(t_1+t_2+t_3+t_4)+P1=1t_4+2t_3+3t_2+4t_1+P1$。所有工作在一台机器上的最优处理顺序为工作1 $\rightarrow$ 工作2 $\rightarrow$ 工作3 $\rightarrow$ 工作 4。计算所有可能使用的机器数量（即 1～4 台），可以得到 $c(V,P)=\min\{39.5,38,44.5,52\}=38$，并得到最优机器使用数量 m^* 为 2。对于这个例子，还可以通过最短加工时间规则（shortest processing time，SPT）计算出大联盟总成本 $c(V,P)=c(\{1,3\},P)+c(\{2,4\},P)=38$。

相应的最优成本分配问题为

$$\max_{\alpha}\{\alpha(V):\alpha(s)\leqslant c(s,P),\forall s\subset V,\alpha\in R^{|V|}\}$$

求解该线性规划可得到最优成本分配为 $(6,8.75,10.75,11.75)$，又因为 $\alpha(V)<c(V,P)$，表明该博弈是非平衡博弈。在此例中，需要给出 $c(V,P)-\alpha(V)=0.75$ 的补贴才能使得大联盟稳定。当启动成本从 9.5 增大到 10 时，最优机器使用数量仍为两台。此时，大联盟并不需要来自外部的补贴就能够自我稳定。这是因为此时总成本为 $c(V,10)=39$，而定价的总增量为 1，刚好能够作为稳定大联盟的补贴 $c(V,10)-\alpha(V)=1$。

通过上述讨论，定价补贴法作为一种新的机制，可以在没有任何外部补贴的情况下稳定一个大联盟，同时不改变原有的全局调度。在此例中，当机器启动成本提高到 10 时，全局最优调度仍然是使用两台机器，总成本为 39。同时，定价的增量可以作为大联盟的补贴，即四个局中人只需分摊 38 的成本，并且可以接受成本分摊 (6,9,11,12)。

继续将机器启动成本提高到 11.14，大联盟使用的机器数量将相应地从两台减少到一台。此时，最优成本分摊为 $\alpha(V)=39.5$，定价的增量也可以刚好覆盖补贴的金额 $c(V,11.14)-39.5=1.64$，即当定价为 11.14 时，大联盟稳定。

3.2.6 小结

在本节中，我们提出了一种新式的工具，用来帮助中央机构稳定非平衡合作博弈中的大联盟。这在理论上和实际中都具有重要的价值。这个工具的新颖之处在于将两个以前不相关的概念联系起来，即补贴机制和惩罚机制，并且同时使用它们，这给中央机构提供了极大的灵活性。为了刻画这种新工具在惩罚水平和补贴水平之间的权衡，我们引入了 PSF $\omega(z)$，并且描述了其结构性质。为了更好地展示这种权衡，我们提出了两个算法来构建 $\omega(z)$ 曲线。这两种算法都依赖于 $\omega(z)$ 值的求解，即在给定惩罚值 z 下需要用来稳定大联盟的最小的补贴。为此，我们设计了基于 CP 法和 LPB 对偶理论的求解方法。

除此之外，在赏罚并举方面未来还有很多可值得研究的方向。第一，当 PSF $\omega(z)$ 有非常多的断点时，如何获得一个比 ϵ - $\omega(z)$ 更好的近似值很值得深入研究，即更小的逼近误差、更短的运算时间、更快的收敛速度。第二，正如在本节中所展示的，在给定的惩罚 z 下求解 $\omega(z)$ 的值很有挑战性。我们已经给出了求解 $\omega(z)$ 等价于求解一个在特殊凸多面体上的线性函数的优化问题。在已知全部凸多面体约束的情况下，我们提出的 LPB 法能够求解出 $\omega(z)$。然而，凸多面体的约束可能是指数量级的，所以有效地得到 $\omega(z)$ 需要其他的新方法。第三，当我们将本节介绍的新工具应用于多种非平衡博弈，如机器调度博弈、设施选址博弈、旅行商博弈等时，就会带来很多新的、有趣的研究问题。例如，在这些博弈中，$\omega(z)$ 有多少个断点？或者能在多项式时间内求解出 $\omega(z)$ 的值或者其近似值吗？本节展示的研究成果为解决这些问题奠定了坚实的基础。

3.3 逆优化成本调整法

为了稳定大联盟，保证非平衡博弈下的所有参与者合作，本节采用合理且具有创新的逆优化方法，提出一种成本调整的新工具。具体来讲，通过调整博弈中的确定成本参数，使得：①大联盟稳定；②给定解为大联盟的最优解；③大联盟内需要分担的总成本在规定范围内。以一类广泛的合作博弈（即整数最小化合作博弈）为研究对象，将如何优化成本调整量问题建模为一个有约束的逆优化问题。由于需要考虑指数级别的子联盟，该问题比以往的逆优化问题更复杂。

逆优化不同于以往的优化问题，其强调通过调整成本向量，使得给定可行解成为最优解。将逆优化应用到大联盟稳定中，提出一种新工具。这种新工具不需要额外资源，采取事前而非事后措施以避免降低参与者的积极性，并可控制大联盟预期合作方案和成本分摊额。这一工具与采用事后补贴或惩罚的现有工具不同，为稳定大联盟提供了一种新的可行选择。

3.3.1 成本调整机制

1. 引例

考虑图 3.5（a）中的无容量约束设施选址（uncapacitated facility location，UFL）博弈。在该博弈中，有三个参与者：参与者 1、参与者 2、参与者 3。该博弈还有三个（潜在的）设施：设施 A、设施 B、设施 C。每个设施的开设成本为 10。每个设施以一定成本服务每个参与者，图 3.5（a）展示了具体值。因此，图 3.5（a）中大联盟的最小总成本是 $10+10+1+1+1=23$。此外，任意两个参与者组成的子联盟，即 $\{1,2\}$、$\{2,3\}$ 和 $\{1,3\}$ 的最小总成本是 $10+1+1=12$，以及单个参与者组成的子联盟，即 $\{1\}$、$\{2\}$ 和 $\{3\}$ 的最小总成本是 $10+1=11$。考虑任意成本分摊 $(\alpha_1,\alpha_2,\alpha_3)$ 满足 $\alpha_1+\alpha_2+\alpha_3=23$，其能满足大联盟产生的总成本，其中 α_i 表示分摊给参与者 $i(i\in\{1,2,3\})$ 的总成本。为保证不会存在两个参与者组成的子联盟背离大联盟，需使得 $\alpha_1+\alpha_2\leqslant 12$，$\alpha_2+\alpha_3\leqslant 12$，$\alpha_1+\alpha_3\leqslant 12$。由此可得，$\alpha_1+\alpha_2+\alpha_3\leqslant\dfrac{12+12+12}{2}=18$，其与 $\alpha_1+\alpha_2+\alpha_3=23$ 相矛盾。因此，一定存在由两个参与者组成的子联盟在脱离大联盟后更优，即大联盟不稳定。换而言之，这个博弈不平衡，即核为空。

为使得大联盟稳定，外部机构可以为大联盟提供 $23-18=5$ 的补贴，或者对每个子联盟征收 $10/3$ 的惩罚。本书的工具受启发于下面的观察：为稳定大联盟，如果外部机构将设施 A 服务参与者 2 的成本从 1 调整到 11，如图 3.5（b）所示，博弈变为平衡博弈。具体来说，在成本调整后，大联盟的最小总成本仍然是 23，大联盟的原最优解仍然是调整后的大联盟最优解，但是子联盟 $\{1,2\}$ 的最小总成本从 12 增加到 $10+1+11=22$。可验证在成本分摊 $(\alpha_1,\alpha_2,\alpha_3)$ 为 $\alpha_1=\alpha_2=11$，$\alpha_3=1$ 时，不存在子联盟在脱离大联盟后更优。因此，博弈变为平衡博弈即核非空，大联盟稳定。

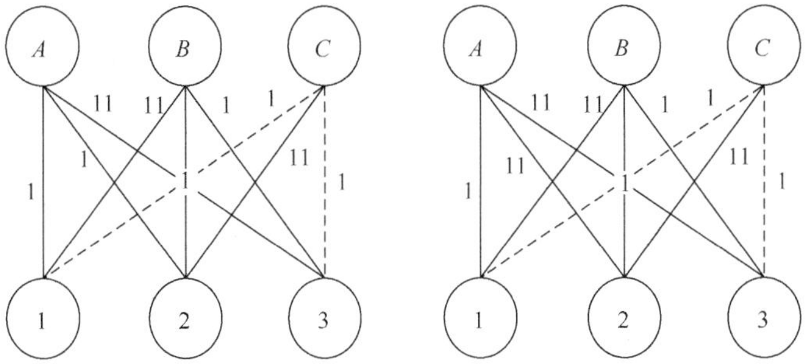

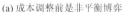

(a) 成本调整前是非平衡博弈

(b) 设施A在参与者2的成本系数从1调整到11后，变为平衡博弈

图 3.5　UFL 博弈的具体例子

上例展示了新提出的成本分摊工具能够用于稳定大联盟。在上例中，增加服务成本的简单操作能稳定大联盟，并且没有改变原最优解或总成本。其原因是所增加的成本没有改变大联盟的总成本，但增加了部分子联盟的最小总成本，如上例中的子联盟 $\{1,2\}$。这一现象也类似于非合作博弈中的布雷斯悖论（Braess，1968；Roughgarden，2005），删除交通网络中某个自私使用者的道路后会降低交通总成本。

从上例中，可以看到不止一种成本调整方法可以稳定大联盟。例如，在上例中，外部机构也可以将所有设施开设成本和服务成本都设为零。因此分配给每个参与者的成本为零，即 $\alpha_1=\alpha_2=\alpha_3=0$，$\alpha$ 为成本调整后博弈的核。虽然原最优解仍然是新博弈中大联盟的最优解，但是这样的成本分摊并不是我们想要的，这是因为成本调整过于显著以至于大联盟需要分摊的总成本为零，其在实际中没有意义。

新的研究工具引入了一种成本调整方法，以解决大联盟合作稳定性的问题。如上例所述，成本调整使得调整后的博弈存在非空核以保障大联盟稳定。但是，要对成本调整进行设置，使得在成本调整后的大联盟下，以社会最优为目的的预期合作方案为最优解，且大联盟的总成本在预期的范围内。此外，要保证总的成本调整最小，避免对成本系数进行显著调整。

因此，大联盟稳定成本调整问题可视作参数（即系数）的最小化调整问题，即最小化调整一系列子联盟优化问题的成本系数，使得最优解满足某些理想的性质，即最优解和最优值与所预期一致，且合作博弈具有非空核。因此，这属于逆优化的研究领域。

2. 逆优化问题介绍

一般来说，优化问题寻找一个给定目标函数的最优解。然而，有时需要处理逆优化问题，即给定原优化问题的解或目标函数值，确定问题的部分参数，使得给定解或目标函数值在原优化问题下最优。逆优化问题应用在许多领域，如网络优化（Agarwal and Ergun，2010；Xu et al.，2018）、机制设计（Beil and Wein，2003）、电力市场（Birge et al.，2017）、数据驱动研究（Chan et al.，2019；Esfahani et al.，2018）以及一些其他研究（Bertsimas et al.，2012；Polydorides et al.，2012；Gorissen et al.，2013；Aswani et al.，2018）。

大致来说，现有文献中有两类逆优化问题。第一类问题，先提出原优化问题和一个给定解，此解不一定为最优解。通过调整原优化问题的一些参数，使得给定解成为新问题的最优解。当然，需要保证参数调整量最小。这个新问题可能与原问题有不同的目标函数值（Zhang and Liu，1996，1999；Sokkalingam et al.，1999；Lasserre，2013）。

第二类问题，也提出原优化问题，除此之外，还给定了目标函数值范围而非一个解。同样通过调整一些参数值使得新问题的目标函数值在给定范围内（Zhang et al.，2000；Heuberger，2004；Lv et al.，2010）。这种逆优化问题的变体（Ahmed and Guan，2005）保证新目标函数值尽可能接近期望值。

将上述两类逆优化问题分别称为逆优化解问题和逆优化值问题。它们也有一些别名，如 Ahuja 和 Orlin（2001）将逆优化解问题称为逆优化问题，Heuberger（2004）将逆优化值问题称为反问题。

对于原优化问题是多项式时间可解的逆优化问题，已有大量的计算复杂性结果与求解算法（Ahuja and Orlin，2001；Heuberger，2004）。然而当原优化问题为难处理的整数规划时，相关的逆优化问题研究很少。一般来说，整数规划的逆优化问题很难求解。为此，Schaefer（2009）对有超加性性质的问题提出两种算法，Wang（2009）开发了一种 CP 法，Bulut 和 Ralphs（2021）随后将其拓展到混合整数规划的逆优化问题。

本书中的问题是如何进行成本调整以稳定大联盟，这涉及逆优化研究领域。但是，合作博弈有一个特殊的目标，即存在非空核，该问题超出了传统逆优化模型的研究范畴。

考虑到需要处理的优化问题数量，本逆优化问题比目前的逆优化问题更加复杂。具体来说，目前的逆优化模型只考虑某个给定优化问题的优化解。本书中的逆优化问题，不仅需要处理大联盟优化问题的解最优性，还需要考虑指数级数量的所有参与者可能形成的子联盟优化问题，以保证合作博弈有一个非空核。

3.3.2 有约束的逆优化问题

聚焦一类广泛的合作博弈，我们在第 1 章进行了简单的介绍，即整数最小化博弈（Caprara and Letchford，2010）。这里我们将更详细地进行讨论。对于参与者

为 $N=\{1,2,\cdots,n\}$ 的 IM 博弈 $(N,\pi(\cdot;c))$，其特征函数定义为 $\pi(\cdot;c):\mathcal{S}\to\mathbb{R}$，$\mathcal{S}\subseteq 2^N\setminus\{\varnothing\}$，且等于式（3.23）中的 ILP 的最优值，

$$\pi(S;c)=\min\left\{\sum_{k=1}^{q}c_k x_k : Ax\geqslant By(S)+E, x\in\mathbb{Z}^q\right\} \tag{3.23}$$

其中，$c\in\mathbb{R}^q$ 表示可以被调整的成本向量；$y(S)$ 表示联盟 S 的示性向量，即当 $j\in S$ 时，$y_j(S)=1$，否则 $y_j(S)=0$；$p\in\mathbb{Z}_+$ 和 $q\in\mathbb{Z}_+$ 表示正整数；$A\in\mathbb{Z}^{p\times q}$ 和 $B\in\mathbb{Z}^{p\times q}$ 表示矩阵，向量 $E\in\mathbb{Z}^p$。由 3.3.1 节的引例可知整数最小化博弈 $(N,\pi(\cdot;c))$ 是非平衡的，为稳定大联盟，可以将 c 调整为新的成本向量 $d\in\mathbb{R}^q$。新的成本向量能够使得博弈有非空核以保证联盟平衡。因此，要求新的成本向量 $d\in\mathbb{R}^q$ 满足下面的约束，即平衡性约束：

$$\left|\text{core}(N,\pi(\cdot;d))\right|\geqslant 1 \tag{3.24}$$

由此，若成本向量 $d\in\mathbb{R}^q$ 满足平衡性约束式（3.24），则定义其为平衡可行的，此时 $\text{core}(N,\pi(\cdot;d))$ 非空且大联盟稳定。命题 3.1 表明平衡可行的成本向量集合是非空的，且为至少包括一个零成本向量的线性锥。

命题 3.1　①零成本向量 0 是平衡可行的；②如果成本向量 d 是平衡可行的，那么对 $\mu>0$ 的每个成本向量 μd 也是平衡可行的。

证明　由式（3.23）可知，$\pi(S;0)$ 对全部 $S\in\mathcal{S}$ 成立，表明对 $\alpha_j=0,\forall j\in N$ 的成本分摊 α 都在 $\text{core}(N,\pi(\cdot;0))$ 中。因此，$\left|\text{core}(N,\pi(\cdot;0))\right|\geqslant 1$ 成立，即零成本向量 0 是平衡可行的。命题 3.1 的①得证。

考虑任意平衡可行的成本向量 d 及 $\mu>0$。由式（3.24）可知，至少存在一个成本分摊 $\alpha\in\text{core}(N,\pi(\cdot;d))$。由 $\mu>0$ 和式（3.23）可知，对全部 $S\in\mathcal{S}$ 有 $\pi(S;\mu d)=\mu\pi(S;d)$ 成立。因此，通过 $\alpha\in\text{core}(N,\pi(\cdot;d))$ 和式（3.24），有 $\mu\alpha(N)=\mu\pi(N;d)=\pi(N;\mu d)$ 以及 $\mu\alpha(S)\leqslant\mu\pi(S;d)=\pi(S;\mu d),\forall S\in\mathcal{S}$，因此 $\mu\alpha\in\text{core}(N,\pi(\cdot;\mu d))$，由此可得 $\left|\text{core}(N,\pi(\cdot;\mu d))\right|\geqslant 1$。所以，$\mu d$ 也是平衡可行的，命题 3.1 的②得证。

命题 3.1 表示零成本向量 0 是唯一平衡可行的，或者存在无穷多个平衡可行的成本向量。当把成本向量 c 调整到平衡可行的 d 时，大联盟得以稳定。但同时，将式（3.23）定义的 ILP 优化解 $\pi(N;c)$ 变成 $\pi(N;d)$，成本向量的变化可能也改变了大联盟合作方式，此外，最优目标值的改变也可能影响分摊给大联盟的总成本。

因此，需要进一步对成本调整进行约束，使得大联盟实现：①预期合作方式；②预期分摊总成本。为实现预期合作方式，给定满足 $Ax^0\geqslant By(N)+E$ 的预期合作方式 x^0。当成本向量 c 调整为 d 时，为保证大联盟以 x^0 的方式合作，要求 x^0 是式（3.23）在成本向量 d 下 $\pi(N;d)$ 的最优解，即满足下面的预期合作约束：

$$\sum_{k=1}^{q} d_k x_k^0 = \pi(N;d) \tag{3.25}$$

在实践中，决定成本调整的政策制定者可以把 x^0 设置为初始成本向量 c 下 $\pi(N;c)$ 定义的整数规划的最优解或已知最好的解。当 c 表示实际成本时，这样的 x^0 在保证大联盟稳定的同时，也是社会最优或已知最好的合作方案。

为实现预期分摊总成本，给定预期成本分摊范围 $[l,u]$。当把成本向量 c 调整为 d 时，为保证大联盟成本在 $[l,u]$ 内，要求 $\pi(N;d)$ 满足下面的预期成本分摊约束：

$$l \leqslant \pi(N;d) \leqslant u \tag{3.26}$$

在实践中，政策制定者可以将范围 $[l,u]$ 设置在 $\sum_{k=1}^{q} c_k x_k^0$ 附近，甚至设置 $l = u = \sum_{k=1}^{q} c_k x_k^0$。当 c 代表实际成本时，令 $l = u = \sum_{k=1}^{q} c_k x_k^0$，在保证大联盟合作稳定的同时，总成本被所有参与者完全分摊。

此外，由于并不期望显著的成本调整，需要控制新成本向量 d 与最初成本向量 c 间的总偏离量。在本书中，通过加权 L_1 范数测量总偏离量，即 $\sum_{k=1}^{q} \omega_k |d_k - c_k|$，其中 $\omega_k \geqslant 0, \forall k \in \{1,2,\cdots,q\}$，表示 c_k 调整的单位惩罚值。

因此，给定整数最小博弈 $\pi(\cdot;c)$、满足 $Ax^0 \geqslant By(N)+E$ 的预期合作方式 x_k^0 以及预期成本分摊范围 $[l,u]$，为调整成本向量 c 以稳定大联盟且满足预期合作方案与成本分摊约束，需要求解有约束的逆优化问题（constrained inverse optimization problem, CIOP）。其目标在于找到一个新的成本向量 d，满足平衡性约束式（3.24）、预期合作约束式（3.25）以及预期成本分摊约束式（3.26），且最小化成本向量 d 与 c 的总偏离量 $\sum_{k=1}^{q} \omega_k |d_k - c_k|$。将 CIOP 建模为

$$\text{CIOP：} \min \sum_{k=1}^{q} \omega_k |d_k - c_k| \tag{3.27}$$

$$\text{s.t.} \left|\text{core}(N,\pi(\cdot;d))\right| \geqslant 1 \tag{3.27a}$$

$$\sum_{k=1}^{q} d_k x_k^0 = \pi(N;d) \tag{3.27b}$$

$$l \leqslant \pi(N;d) \leqslant u \tag{3.27c}$$

$$d \in \mathbb{R}^q \tag{3.27d}$$

CIOP 属于逆优化问题范畴。与传统逆优化问题相似（Heuberger，2004；Ahuja and Orlin，2001），CIOP 旨在最小化大联盟定义下的原优化问题成本向量调整（或扰动），从而满足预期最优解式（3.27b）和预期最优目标值式（3.27c）。然而，不同于传统的逆优化问题，本书的 CIOP 引入一种新的平衡性约束式（3.27a），这包含联盟定义下的指数个优化问题，该逆优化问题的求解相当困难。

1. 问题求解复杂度

核非空性检验问题研究给定整数最小化博弈是否有非空核，是一个著名 NP 难的问题（Deng and Papadimitriou，1994），但是通过核非空性检验问题的归约来证明 CIOP 问题是 NP 难是不正确的，因此将已知为 NP 完全的分割问题归约到 CIOP 问题。

分割问题（Garey and Johnson，1979）的具体介绍如下：考虑集合 $N=\{1,2,\cdots,n\}$，s_j 为正整数，$\forall j\in N$，研究是否存在 $N'\subseteq N$ 使得 $\sum_{j\in N'}s_j=\sum_{j\in N\setminus N'}s_j$。

给定分割问题的实例，我们令 $\sum_{j\in N'}s_j$ 是偶数，否则不可能存在相应的分割。现在通过一种具体的整数最小化博弈来构建 CIOP 的一个实例，其特征函数符合式（3.23）中整数线性规划定义，同时给定预期合作方式 x^0 和预期成本分摊范围 $[l,u]$。对可行范围 $[l,u]$，令 $l=-\infty$ 且 $u=+\infty$，使得预期成本分摊约束式（3.27c）始终成立。

所构建的整数最小化博弈的参与者集合为 $N=\{1,2,\cdots,n\}$。为定义整数最小化博弈特征函数，假设每个参与者 $j\in N$ 有数量 s_j 的商品，对应于分割问题的整数。用三个箱子来装这些商品，每个箱子的容量约束为 W，其中

$$W:\sum_{j\in N}\frac{s_j}{2} \tag{3.28}$$

是一个整数。对联盟 $S\in\mathcal{S},\ \mathcal{S}=2^N\setminus\{\varnothing\}$，联盟 S 中的参与者需要求解装箱问题的一个变种（variant of the bin packing problem，VBP），其旨在把商品装入箱子中，同时最小化总的装箱成本。

（1）装箱成本 f_i：使用箱子 i 的成本，$i=1,2,3$。

（2）商品成本 t_{ij}：商品 j 装入箱子 i 的成本，$i=1,2,3$, $j\in S$。

（3）联盟成本：对非大联盟 $S\subset N$ 来说等于 τ，对大联盟 N 来说等于 $\min\{0,\tau\}$。

因此，对任意成本向量 $d=(f,t,\tau)$，定义特征函数值 $\pi_{\text{VBP}}(S;d),\forall S\in\mathcal{S}$ 为 VBP 的最小装箱成本，建立如下的整数线性规划：

$$\pi_{\text{VBP}}(S;d):\ \min\sum_{i\in\{1,2,3\}}f_iv_i+\sum_{i\in\{1,2,3\}}\sum_{j\in N}t_{ij}u_{ij}+\tau h \tag{3.29}$$

$$\text{s.t.}\sum_{j\in N}s_j u_{ij}\leqslant W,\quad \forall i\in\{1,2,3\} \tag{3.29a}$$

$$u_{ij}\leqslant v_i,\quad \forall i\in\{1,2,3\},\quad \forall j\in N \tag{3.29b}$$

$$u_{1j}+u_{2j}+u_{3j}=y_j(S),\quad \forall j\in N \tag{3.29c}$$

$$nh\geqslant n-\sum_{j\in N}y_j(S) \tag{3.29d}$$

$$u_{ij}\in\{0,1\},\quad \forall i\in\{1,2,3\},\quad \forall j\in N \tag{3.29e}$$

$$v_i\in\{0,1\},\quad \forall i\in\{1,2,3\} \tag{3.29f}$$

$$h\in\{0,1\} \tag{3.29g}$$

其中，每个 0-1 变量 v_i 表示箱子 $i\in\{1,2,3\}$ 是否被使用；每个 0-1 变量 u_{ij} 表示参与者 $j\in N$ 的商品是否被装进箱子 $i\in\{1,2,3\}$。此外，根据式（3.29d）和式（3.29g），可知对 $\pi_{\text{VBP}}(S;d)$ 定义的 ILP 任意可行解，如果 $S\subset N$，0-1 变量 h 一定等于 1。另外，因为 $n-\sum_{j\in N}y_j(N)=0$，结合式（3.29d）和式（3.29g），可知对 $\pi_{\text{VBP}}(N;d)$ 定义的 ILP 任意可行解满足 $\tau h=\min\{0,\tau\}$。

现在，对分割问题归约的 CIOP 实例，用 c 表示成本向量，其中设置装箱成本 $f_i=1,i\in\{1,2,3\}$，商品成本 $t_{ij}=0,i\in\{1,2,3\},j\in N$，以及联盟成本 $\tau=3$。因此，CIOP 的 IM 博弈特征函数 $\pi_{\text{VBP}}(S;c),S\in\mathcal{S}$ 建模为如下的整数规划：

$$\pi_{\text{VBP}}(S;c)=\min\left\{\sum_{i\in\{1,2,3\}}1v_i+\sum_{i\in\{1,2,3\}}\sum_{j\in N}0u_{ij}+3h:(3.29\text{a})\sim(3.29\text{g})\right\} \tag{3.30}$$

此外，为构建预期合作方式 x_0，考虑之前定义的装箱问题的变体。对 N 中的 n 个参与者，给定成本向量 c，将这个问题表示为 VBP$(N;c)$，由此建立引理 3.6。

引理 3.6 对 VBP$(N;c)$，能在多项式时间内得到 n 个商品装箱问题的可行解，且总的装箱成本不超过 3。

通过引理 3.6 所得的装箱可行解，对式（3.30）定义的整数规划 $\pi_{\text{VBP}}(N;c)$，令 $u_{ij}^0=1$，当且仅当商品 j 装进箱子 i，令 $v_i^0=1$，当且仅当箱子 i 非空，令 $h^0=0$，我们可以构建预期合作方案 $x^0=(u^0,v^0,h^0)$。解 (u^0,v^0,h^0) 的目标函数值等于总的装箱成本，根据引理 3.6，其不超过 3。因此有

$$\sum_{i\in\{1,2,3\}}1v_i^0+\sum_{i\in\{1,2,3\}}\sum_{j\in N}0u_{ij}^0+3h^0\leqslant 3 \tag{3.31}$$

现在，考虑 IM 博弈 $(N,\pi_{\text{VBP}}(\cdot;c))$ 定义的 CIOP，设置区间 $[l,u]$，$l=-\infty$，$u=+\infty$，定义可在多项式时间内从分割问题归约得来的解 $x^0=(u^0,v^0,h^0)$。基于式（3.31），建立引理 3.7。

引理 3.7　对给定的分割问题实例，当且仅当满足下面的至少一个条件时：① $\sum_{i\in\{1,2,3\}} v_i^0 = 2$；②CIOP 的最优目标值大于 0，存在一个 $N' \subseteq N$ 使得 $\sum_{j\in N'} s_j = \sum_{j\in N\setminus N'} s_j$。

根据引理 3.7 和分割问题是 NP 完全的，可知求解 CIOP 一般是 NP 难的，得到定理 3.9。

定理 3.9　一般情况下，求解 CIOP 是 NP 难的。

说明　在上述的讨论中，我们展示了对任何给定的分割问题实例存在可行分割集合，当且仅当从分割问题归约来的 CIOP 至少满足引理 3.7 中的条件①和条件②中至少一个条件。因此，条件②等价于成本向量 c 是 CIOP 可行解的一个条件。这表明在一般情况下，判定一个给定成本向量是否为 CIOP 的可行解也是 NP 难的。

2. LP1 重构

LP1（第一个线性规划）重构线性化目标函数式（3.27）及约束条件式（3.27a）至式（3.27c）的线性规划，即 CIOP。

引入一些新的变量，$v \in \mathbb{R}$ 表示 $\pi(N;d)$ 值，$s_k^+ \in \mathbb{R}_+$ 和 $s_k^- \in \mathbb{R}_+$ 分别表示 $(d_k - c_k), \forall k \in \{1,2,\cdots,q\}$ 的正数和负数部分，$\alpha_j, j \in N$ 表示成本分配。Q_{xy} 表示 (x,y) 的全部集合，其中 x 是定义的整数规划可行解，$y = y(S)$ 为联盟 $S \in \mathcal{S}$ 的关联向量，即

$$Q_{xy}: \{(x,y): Ax \geqslant By + E, y = y(S),\ \forall S \in \mathcal{S}, x \in \mathbb{Z}^q, y \in \{0,1\}^n\} \tag{3.32}$$

因此获得 CIOP 的 LP1：

$$\text{LP1:}\quad \min \sum_{k=1}^{q} \omega_k s_k^+ + \sum_{k=1}^{q} \omega_k s_k^- \tag{3.33}$$

$$\text{s.t. } d_k - (s_k^+ - s_k^-) = c_k,\quad \forall k \in \{1,2,\cdots,q\} \tag{3.33a}$$

$$\sum_{j=1}^{n} \alpha_j - v = 0 \tag{3.33b}$$

$$\sum_{k=1}^{q} \overline{x}_k d_k - \sum_{j=1}^{n} \overline{y}_j \alpha_j \geqslant 0,\quad \forall (\overline{x},\overline{y}) \in Q_{xy} \tag{3.33c}$$

$$\sum_{k=1}^{q} x_k^0 d_k - v = 0 \tag{3.33d}$$

$$v \geqslant l \tag{3.33e}$$

$$-v \geqslant -u \tag{3.33f}$$

$$\nu \in \mathbb{R}, \quad \alpha \in \mathbb{R}^n, \quad s^+ \in \mathbb{R}_+^q, \quad s^- \in \mathbb{R}_+^q, \quad d \in \mathbb{R}^q \tag{3.33g}$$

因此，约束式(3.33a)保证$s_k^+ + s_k^- = |d_k - c_k|, \forall k \in \{1,2,\cdots,q\}$，目标函数式(3.33)等价于 CIOP 中的目标函数。对$\pi(N;d)$定义的 ILP 任意可行解x，因为满足$Ax \geqslant By(N)+E$，又根据约束式（3.33c）和式（3.32）中Q_{xy}的定义，有$\sum_{k=1}^{q} x_k d_k \geqslant \sum_{j=1}^{n} \alpha_j$，结合约束式（3.33b）有$\sum_{k=1}^{q} x_k d_k \geqslant \nu$。约束式（3.33d）保证$\nu = \pi(N;d)$，再结合约束式（3.33b）与约束式（3.33d），进一步可确定 IM 博弈$(N,\pi(\cdot;d))$核非空，存在相应成本分摊，因此 CIOP 的约束式（3.27a）得以满足。此外，约束式（3.33d）至式（3.33f）保证x^0是$\pi(N;d)$定义整数规划问题的最优解，$\sum_{k=1}^{q} x_k^0 d_k = \nu = \pi(N;d)$且均在$[l,u]$内，因此 CIOP 的约束式（3.27b）和式（3.33c）满足。最终，获得与 CIOP 等价的 LP1 重构。

因此，可以通过求解 LP1 重构来求解 CIOP。LP1 中约束式（3.33c）的数量是$|Q_{xy}|$，即指数量级的约束。自然考虑使用 CP 法（Bertsimas and Tsitsiklis，1997）求解 LP1，见算法 3.7。CP 法以一个有限规模的解集$\hat{Q}_{xy}, \hat{Q}_{xy} \subseteq Q_{xy}$为初始解集，计算去除$(\bar{x},\bar{y}) \in Q_{xy} \setminus \hat{Q}_{xy}$后的约束下的 LP1 松弛问题最优解$(\hat{\nu},\hat{\alpha},\hat{s}^+,\hat{s}^-,\hat{d})$。然后检查$\hat{\alpha}$和$\hat{d}$是否违反已去除$(\bar{x},\bar{y}) \in Q_{xy} \setminus \hat{Q}_{xy}$的约束式（3.33c）。为此，需找到下面子问题的最优解(x',y')：

$$\Delta : \min \left\{ \sum_{k=1}^{q} \hat{d}_k x_k - \sum_{j=1}^{n} \hat{\alpha}_j y_j : (x,y) \in Q_{xy} \right\} \tag{3.34}$$

算法 3.7 求解 CIOP 的 LP1 重构

1：取包含部分$(\bar{x},\bar{y})$的Q_{xy}子集$\hat{Q}_{xy}$，作为初始解集

2：求解去除$(\bar{x},\bar{y}) \in Q_{xy} \setminus \hat{Q}_{xy}$下的约束（3.33d）的松弛 LP1 最优解$(\hat{\nu},\hat{\alpha},\hat{s}^+,\hat{s}^-,\hat{d})$

3：求解式（3.34）定义的子问题，与式（3.35）定义的问题等价并得到其最优目标值Δ及其最优解(x',y')

4：如果$\Delta < 0$，那么将(x',y')加入集合$\hat{Q}_{xy}$中，然后回到第 2 步；否则，$(\hat{\nu},\hat{\alpha},\hat{s}^+,\hat{s}^-,\hat{d})$就是 LP1 的最优解，并返回 CIOP 的最优解$\hat{d}$

从式（3.32）Q_{xy} 的定义和式（3.23）整数线性规划 $\pi(S;\hat{d}), S\in\mathcal{S}$ 的定义可知，式（3.35）的子问题等价于寻找 $S\in\mathcal{S}$ 使得 $\pi(S;\hat{d})-\hat{\alpha}(S)$ 最小，即

$$\varDelta=\min\{\pi(S;\hat{d})-\hat{\alpha}(S):\ S\in\mathcal{S}\} \tag{3.35}$$

如果 $\varDelta<0$，那么 $\hat{\alpha}$ 和 $\hat{d}$ 违反约束 $\hat{d}x'-\hat{\alpha}y'\geqslant 0$，因此将 (x',y') 加到 $\hat{Q}_{xy}$ 中，并再次求解 LP1 的松弛问题。否则 $\varDelta\geqslant 0$ 时，表明 $(\hat{v},\hat{\alpha},\hat{s}^{+},\hat{s}^{-},\hat{d})$ 就是 LP1 的最优解，此时获得 CIOP 的最优解 $\hat{d}$。

算法 3.7 CP 法的核心部分在于有效求解第 3 步中的子问题，从而找到一个被违反的约束 $\hat{d}x'-\hat{\alpha}y'\geqslant 0, \forall(x',y')\in Q_{xy}$。这取决于具体研究的博弈问题。如果这个子问题能高效求解，就可以应用算法 3.7 来获得 CIOP 的最优解。否则，如定理 3.10 所述，仍然可以修改算法 3.7 来获得 CIOP 最优目标值的下界。

定理 3.10　①算法 3.7 返回 CIOP 的最优解；②如果算法 3.7 的第 3 步得到一个上界 $\varDelta$ 和式（3.35）的启发解，返回成本向量 $\hat{d}$ 对应的目标函数值 $\sum_{k=1}^{q}\omega_k\left|\hat{d}_k-c_k\right|$ 是 CIOP 的一个下界。

证明　根据本小节的表述可知，LP1 等价于 CIOP，①得证。对②，当算法 3.7 的第 3 步被修改为仅获得式（3.35）中 $\varDelta$ 的上界以及启发解时，当算法 3.7 停止时，松弛优化解 $(\hat{v},\hat{\alpha},\hat{s}^{+},\hat{s}^{-},\hat{d})$ 不一定满足式（3.35）中的所有约束。这表明 $\sum_{k=1}^{q}\omega_k\left|\hat{d}_k-c_k\right|=\sum_{k=1}^{q}\omega_k\hat{s}_k^{+}+\sum_{k=1}^{q}\omega_k\hat{s}_k^{-}$ 是 LP1 的下界，也是 CIOP 的下界。

此外，使用比算法 3.7 中 CP 法更复杂（Grötschel et al.，2012）的椭球法求解 LP1，有定理 3.11，表明当子问题能在多项式时间内求解时，CIOP 也能在多项式时间内求解。

定理 3.11　使用椭球法求解 LP1 重构时，如果式（3.35）中的子问题能在多项式或伪多项式时间内求解，那么 CIOP 也能在多项式或伪多项式时间内求解。

证明　如果式（3.35）的子问题能在多项式或伪多项式时间内求解，因为 LP1 等同于 CIOP，那么 LP1 就能用椭球法在相应多项式或伪多项式时间内求解（Grötschel et al.，2012），定理 3.11 得证。

3. LP2 的重构

根据定理 3.11，CIOP 的 LP1 重构是否易处理取决于为约束式（3.33c）定义的式（3.34）的子问题是否能够有效求解。但在某些情况下，式（3.34）中的子问

题不易求解，因此设计了一种替代算法，即下面介绍的 CIOP 的 LP2（第二个线性规划）重构。

对整数最小化博弈 $(N,\pi(\cdot;c))$ 中可分配不等式定义的多面体进行分析，用一些可分配不等式替换 LP1 重构中的式（3.33b）和式（3.33c），得到 LP2 重构。Caprara 和 Letchford（2010）首次提出了可分配不等式的概念，这一概念将在定义 3.7 中介绍，其中 $\text{conv}\{x\in\mathbb{Z}^q : Ax\geqslant B1+E\}$ 代表整数规划 $\pi(\cdot;c)$ 可行域的凸包，$\text{conv}\,Q_{xy}$ 代表式（3.32）中集合 Q_{xy} 的凸包。

定义 3.7 如果存在不等式 $ax\geqslant by$ 是使得 $b_1=\eta$ 的 $\text{conv}\,Q_{xy}$ 的有效不等式，那么 $\text{conv}\{x\in\mathbb{Z}^q : Ax\geqslant B1+E\}$ 的有效不等式 $ax\geqslant\eta$ 是可分配的。

用 C_x 表示定义 3.7 中满足所有可分配不等式的点集合 $x\in\mathbb{R}^q$。因为可分配不等式全是线性的，所以 C_x 是 $\mathbb{R}^q$ 上的凸集。由定义 3.7 可知，C_x 包括 $\pi(N;c)$ 定义 ILP 的所有可行解，因此有 $x^0\in C_x$。

Caprara 和 Letchford（2010）指出对任意成本向量 $d\in\mathbb{R}^q$，$dx, x\in C_x$ 的最小值等于满足联盟稳定性约束的成本分摊 $\alpha(N),\alpha\in\mathbb{R}^n$ 的最大值，即

$$\min\left\{\sum_{k=1}^{q}d_kx_k : x\in C_x\right\}=\max\{\alpha(N):\alpha(S)\leqslant\pi(S;d),\forall S\in\mathcal{S},\alpha\in\mathbb{R}^n\}$$

因此，CIOP 的 LP1 重构的约束式（3.33b）和式（3.33c）可以替换为 $\min\sum_{k=1}^{q}\{d_kx_k : x\in C_x\}=\nu$。结合式（3.33d）及 $x_0\in C_x$，$\min\sum_{k=1}^{q}\{d_kx_k : x\in C_x\}=\nu$ 可进一步松弛为 $\min\sum_{k=1}^{q}\{d_kx_k : x\in C_x\}-\nu\geqslant 0$。因此，LP1 重新表示为

$$\min\sum_{k=1}^{q}\omega_k s_k^+ + \sum_{k=1}^{q}\omega_k s_k^- \tag{3.36}$$

$$\text{s.t. } d_k-(s_k^+-s_k^-)=c_k,\quad \forall k\in\{1,2,\cdots,q\} \tag{3.36a}$$

$$\min\left\{\sum_{k=1}^{q}d_kx_k : x\in C_x\right\}-\nu\geqslant 0 \tag{3.36b}$$

$$\sum_{k=1}^{q}x_k^0 d_k-\nu=0 \tag{3.36c}$$

$$\nu\geqslant l \tag{3.36d}$$

$$-\nu\geqslant -u \tag{3.36e}$$

$$\nu\in\mathbb{R},\quad d\in\mathbb{R}^q,\quad s^+\in\mathbb{R}_+^q,\quad s^-\in\mathbb{R}_+^q \tag{3.36f}$$

为进一步线性化式（3.36b），引入引理 3.8。

引理 3.8　点集合 C_x 是 $\mathbb{R}^q$ 上的有界多面体。

证明　为证明 C_x 是 $\mathbb{R}^q$ 上的有界多面体，只要说明 C_x 是 $\mathbb{R}^q$ 的半空间有限交集即可。为此，注意到式（3.23）定义的整数线性规划 $\pi(S;c)$ 对每个 $S \in \mathcal{S}$ 存在非空有界可行域，表明式（3.32）的 Q_{xy} 有界且有限。因此可以用 $\{(\overline{x}_i, \overline{y}_i):1 \leqslant i \leqslant h\}, h \in \mathbb{Z}_+$ 表示 Q_{xy}，用 C_{xy} 表示 Q_{xy} 的锥包，如下：

$$C_{xy} := \left\{ (x,y) \in \mathbb{R}^{q+n} : (x,y) = \sum_{i=1}^{h} \lambda_i (\overline{x}_i, \overline{y}_i), \lambda \in \mathbb{R}_+^h \right\} \tag{3.37}$$

根据 Ziegler（2012）研究中的定理，可知 C_{xy} 是闭线性半空间有限交集，可表示为

$$C_{xy} := \left\{ (x,y) \in \mathbb{R}^{q+n} : \sum_{k=1}^{q} \overline{s}_{i,k} x_k + \sum_{j=1}^{n} \overline{t}_{i,j} y_j \leqslant 0, \forall i = 1,2,\cdots,h' \right\} \tag{3.38}$$

其中，$(\overline{s}, \overline{t}) \in \mathbb{R}^q \times \mathbb{R}^n$ 且 $h' \in \mathbb{Z}_+$。此外，Caprara 和 Letchford（2010）指出 C_x 等价于 $C_{xy} \cap \{(x,y) \in \mathbb{R}^q \times \mathbb{R}^n : y = 1\}$ 在 x 轴的投影，即

$$C_x = \operatorname{proj}_x (C_{xy} \cap \{(x,y) \in \mathbb{R}^q \times \mathbb{R}^n : y = 1\}) \tag{3.39}$$

因此，根据式（3.38）和式（3.39），可得

$$C_x = \left\{ x \in \mathbb{R}^q : -\sum_{k=1}^{q} \overline{s}_{i,k} x_k \geqslant \sum_{j=1}^{n} \overline{t}_{i,j} 1, \forall i = 1,2,\cdots,h' \right\}$$

因此，C_x 是 $\mathbb{R}^q$ 上的半空间有限交集，即是 $\mathbb{R}^q$ 的多面体。

为说明 C_x 有界，由式（3.38）可知，对 $\forall x \in C_x$，存在 $\lambda \in \mathbb{R}_+^h$ 使得

$$\sum_{i=1}^{h} \lambda_i \overline{x}_{i,k} = x_k, \quad k \in \{1,2,\cdots,q\} \tag{3.40}$$

$$\sum_{i=1}^{h} \lambda_i \overline{y}_{i,j} = 1, \quad j \in \{1,2,\cdots,n\} \tag{3.41}$$

根据式（3.32）中 Q_{xy} 的定义及 $\varnothing \notin \mathcal{S}$，有 $\sum_{i=1}^{h}\overline{y}_{i,j} \geqslant 1$。因此，根据式（3.41），有

$$\sum_{i=1}^{h}\lambda_i \leqslant \sum_{i=1}^{h}\sum_{j=1}^{n}\lambda_i\overline{y}_{i,j} = n$$

结合式（3.41），有

$$-n\max_{1\leqslant i\leqslant h}\left|\overline{x}_{i,k}\right| \leqslant \sum_{i=1}^{h}\lambda_i\overline{x}_{i,k} \leqslant n\max_{1\leqslant i\leqslant h}\left|\overline{x}_{i,k}\right|$$

因此，C_x 有界，引理 3.8 得证。

根据引理 3.8，C_x 是有界多面体，因此可以表示为

$$C_x = \{x \in \mathbb{R}^q : \tilde{A}x \geqslant \tilde{B}\} \tag{3.42}$$

其中，$\tilde{A} \in \mathbb{R}^{\tilde{p}\times q}$；$\tilde{B} \in \mathbb{R}^{\tilde{p}}$；$\tilde{p} \in \mathbb{Z}_+$。用 $\rho \in \mathbb{R}_+^{\tilde{q}}$ 表示 C_x 中定义约束 $\tilde{A}x \geqslant \tilde{B}$ 的对偶变量。根据强对偶理论，约束式（3.36b）可被改写为

$$\max\left\{\tilde{B}^{\mathrm{T}}\rho : \tilde{A}^{\mathrm{T}}\rho - d = 0, \rho \in \mathbb{R}_+^{\tilde{q}}\right\} - \nu \geqslant 0$$

因此，可以用约束式（3.43b）和式（3.43c）替换约束式（3.36b）对其线性化，并引入新的变量 $\rho \in \mathbb{R}_+^{\tilde{q}}$，故获得 CIOP 的 LP2 重构，其本质与 CIOP 的 LP1 重构等价，如下：

$$\text{LP2}\quad \min\sum_{k=1}^{q}\omega_k s_k^+ + \sum_{k=1}^{q}\omega_k s_k^- \tag{3.43}$$

$$\text{s.t. } d_k - (s_k^+ - s_k^-) = c_k,\quad \forall k \in \{1,2,\cdots,q\} \tag{3.43a}$$

$$\tilde{B}^{\mathrm{T}}\rho - \nu \geqslant 0 \tag{3.43b}$$

$$\tilde{A}^{\mathrm{T}}\rho - d \geqslant 0 \tag{3.43c}$$

$$\sum_{k=1}^{q}x_k^0 d_k - \nu = 0 \tag{3.43d}$$

$$\nu \geqslant l \tag{3.43e}$$

$$-\nu \geqslant -u \tag{3.43f}$$

$$\nu \in R,\ s^+ \in \mathbb{R}_+^q,\ s^- \in \mathbb{R}_+^q,\ d \in \mathbb{R}^q,\ \rho \in \mathbb{R}_+^{\tilde{q}} \tag{3.43g}$$

因此，为求解 CIOP，可以用算法 3.8 求解 LP2 重构。根据算法 3.8 的第 2 步得出的 LP2 最优解 $(\tilde{v},\tilde{s}^{+},\tilde{s}^{-},\tilde{d},\tilde{\rho})$，获得 CIOP 的最优解 $\tilde{d}$。

算法 3.8　求解 CIOP 的 LP2 重构

1：推导式（3.43）中满足定义 3.7 可分配不等式的点 $x\in\mathbb{R}^q$ 组成的多面体 C_x 的显示表达式 $\{x\in\mathbb{R}^q:\tilde{A}x\geqslant\tilde{B}\}$

2：求解 LP2 的最优解 $(\tilde{v},\tilde{s}^{+},\tilde{s}^{-},\tilde{d},\tilde{\rho})$

3：返回 CIOP 的最优解 $\tilde{d}$

算法 3.8 中的核心部分在于获得第 1 步中多面体 C_x 的显示表达式 $\{x\in\mathbb{R}^q:\tilde{A}x\geqslant\tilde{B}\}$。许多 IM 博弈都能获得 C_x 的显示表达式，如 UFL 博弈、双匹配博弈、无根旅行商博弈（Caprara and Letchford，2010）。如果 C_x 的显示表达式由多项式个可分配不等式组成，那么 LP2 重构可在多项式时间内求解。因此，算法 3.8 能在多项式时间内求解 CIOP（第 4 章会给出 LP2 重构在 UFL 博弈中的应用）。

有些情况下，为获得 C_x 的显式表达式，识别所有可分配约束非常困难或耗时，这时仍可识别部分由可分配约束构成的多面体 $\bar{C}_x=\{x\in\mathbb{R}^q:\bar{A}x\geqslant\bar{B}\}$。借助 $\bar{C}_x$，用 $\bar{A}^{\mathrm{T}}$ 和 $\bar{B}^{\mathrm{T}}$ 替换 $\tilde{A}^{\mathrm{T}}$ 和 $\tilde{B}^{\mathrm{T}}$ 以获得新的线性规划 LP2′，并修改算法 3.8 来求解 LP2′。其可得到 CIOP 的一个可行解以及最优目标值的上界，如定理 3.12 所述。

定理 3.12　①如果可在多项式时间内识别多面体 C_x 的显式表达式 $\{x\in\mathbb{R}^q:\tilde{A}x\geqslant\tilde{B}\}$，并且 $\tilde{A}x\geqslant\tilde{B}$ 由多项式个可分配约束组成，那么算法 3.8 能在多项式时间内返回 CIOP 的最优解；②如果只能识别部分由可分配约束构成的多面体 $\bar{C}_x=\{x\in\mathbb{R}^q:\bar{A}x\geqslant\bar{B}\}$，那么可以修改算法 3.8 来求解 LP2′，并可得到 CIOP 目标 $\sum_{k=1}^{q}\omega_k\left|\bar{d}_k-c_k\right|$ 的一个可行解 $\bar{d}$ 以及最优目标值的上界。

证明　通过本节的表述可知，LP2 等价于 CIOP，①得证。对②，通过 C_x 和 $\bar{C}_x$ 的定义，可得 $C_x\subseteq\bar{C}_x$，这表明 $\min\left\{\sum_{k=1}^{q}d_kx_k:x\in C_x\right\}\geqslant\min\left\{\sum_{k=1}^{q}d_kx_k:x\in\bar{C}_x\right\}$。根

据强对偶理论，可知：

$$\max\left\{\tilde{B}^{\mathrm{T}}\rho:\tilde{A}^{\mathrm{T}}\rho-d=0,\rho\in\mathbb{R}_{+}^{\tilde{q}}\right\}\geqslant\max\left\{\overline{B}^{\mathrm{T}}\rho:\overline{A}^{\mathrm{T}}\rho-d=0,\rho\in\mathbb{R}_{+}^{\tilde{q}}\right\}$$

这表明 LP2 是 LP2′的松弛。因此通过修正后的算法 3.8 获得 LP2′的最优解 $(\overline{v},\overline{s}^{+},\overline{s}^{-},\overline{d},\overline{\rho})$，一定是 LP2 的一个可行解。因为 LP2 是 CIOP 的重构，所以修正后算法 3.8 获得的成本向量 $\overline{d}$ 一定是 CIOP 的可行解，目标函数值 $\sum_{k=1}^{q}\omega_k\left|\overline{d}_k-c_k\right|$ 是 CIOP 最优值的一个上界。

4. 可行性条件

图 3.5 的 UFL 博弈中，CIOP 有可行解。然而，并不是所有的 IM 博弈都成立。考虑有两个参与者 $N=\{1,2\}$ 的 IM 博弈，其特征函数 $\pi(\cdot;c)$ 定义为如下 ILP

$$\pi(S;c)=\min_{x}\{cx:x\geqslant y_1(S)+y_2(S)-1,\forall x\in\{0,1\}\},\quad S\in\mathcal{S}\tag{3.44}$$

其中，初始成本系数 $c=1$。显然 $\pi(N;c)=1$，最优解 $x^*=1$。对预期成本分摊范围 $[l,u]=[0.5,1.5]$ 及预期合作方式 $x^0=x^*=1$ 下博弈定义的 CIOP 不存在可行解：对任意成本系数 $d\in\mathbb{R}$，根据式（3.44），可知若 $d\geqslant 0$，有 $\pi(\{1\};d)=\pi(\{2\};d)=0$ 和 $\pi(\{1,2\};d)=d1=d$；若 $d<0$，有 $\pi(\{1\};d)=\pi(\{2\};d)=\pi(\{1,2\};d)=d1=d$。这表明对 $d\neq 0$，都有 $\pi(\{1\};d)+\pi(\{2\};d)<\pi(\{1,2\};d)$。因此，如果 CIOP 有可行解 d，那么因为 d 满足平衡性约束式（3.27a），有 $d=0$，即 $\pi(N;d)=0\notin[0.5,1.5]$，违反预期成本分摊约束式（3.27c）。因此，CIOP 没有可行解。

为获得 CIOP 的可行条件，首先考虑之前定义的集合 C_x，即定义 3.7 中满足所有可分配不等式所定义的点集合 $x\in\mathbb{R}^q$。根据引理 3.8，可知 C_x 是有界多面体，表明 C_x 的极值点集合有界且有限，可表示为

$$\operatorname{ext}(C_x):=\{x^1,x^2,\cdots,x^{h''}\}\tag{3.45}$$

其中 $h''\in\mathbb{Z}_+$。因此有

$$\min\left\{\sum_{k=1}^{q}d_k x_k:x\in C_x\right\}=\min\left\{\sum_{k=1}^{q}d_k x_k^t:t\in\{1,2,\cdots,h''\}\right\}\tag{3.46}$$

现在对 $\forall v\in[l,u]$，考虑下面的线性规划 LP3 (v)

$$\mathrm{LP3}(v):\min\sum_{k=1}^{q}0d_k\tag{3.47}$$

$$\text{s.t.}\sum_{k=1}^{q}d_k x_k^t-v\geqslant 0,\quad\forall t\in\{1,2,\cdots,h''\}\tag{3.47a}$$

$$\sum_{k=1}^{q} x_k^0 d_k - \nu = 0 \tag{3.47b}$$

$$d \in \mathbb{R}^q \tag{3.47c}$$

引理 3.9 表明判定 CIOP 有可行解等价于判定是否存在 $\nu \in [l,u]$，使得 LP3 (ν) 有可行解。

引理 3.9　当且仅当存在 $\nu \in [l,u]$ 使得 LP3 (ν) 有可行解时，CIOP 存在可行解。

证明　考虑 CIOP 的式（3.36）～式（3.36f）重构。通过式（3.46），可知约束式（3.36c）能用如下式子线性化：

$$\sum_{k=1}^{q} x_k^t d_k - \nu \geqslant 0, \quad \forall t \in \{1,2,\cdots,h''\}$$

因此，CIOP 的式（3.36）～式（3.36f）的重构有可行解，当且仅当存在 $\nu \in [l,u]$ 且 $d \in \mathbb{R}^q$ 时式（3.43a）和式（3.43b）成立。这表明 CIOP 有可行解，当且仅当存在 $\nu \in [l,u]$ 使得 LP3 (ν) 有可行解。引理 3.9 证明完成。

令 β 和 γ 分别为约束式（3.47a）和式（3.47b）的对偶变量，得到 LP3 (ν) 对偶问题 DLP3(ν)

$$\text{DLP3}(\nu): \max \nu \sum_{t=1}^{h''} \beta^t + \nu\gamma \tag{3.48}$$

$$\text{s.t.} \sum_{t=1}^{h''} x_k^t \beta^t + x_k^0 \gamma = 0, \quad \forall k \in \{1,2,\cdots,q\} \tag{3.48a}$$

$$\beta^t \geqslant 0, \quad \forall t \in \{1,2,\cdots,h''\} \tag{3.48b}$$

$$\gamma \in R \tag{3.48c}$$

注意到 DLP3 (ν) 有一个可行解 $\gamma = 0, \beta^t = 0, \forall t \in \{1,2,\cdots,h''\}$，根据强对偶理论，可知对任意 $\nu \in [l,u]$，当且仅当 DLP3 (ν) 有界时，DLP3 (ν) 有可行解。因此得到引理 3.10 以获得 CIOP 的一些不可行充分条件。

引理 3.10　对 $\forall \nu \in [l,u]$，至少满足下列任意一个条件时，CIOP 没有可行解（不可行充分条件）。

（1）$\nu < 0$ 且存在 $\epsilon > 0$ 使得 $(1+\epsilon)x^0 \in C_x$。

（2）$\nu > 0$ 且存在 $\epsilon > 0$ 使得 $(1-\epsilon)x^0 \in C_x$。

（3）$\nu > 0$ 且 $0 \in C_x$。

证明　根据引理 3.10 可知 CIOP 有可行解，当且仅当存在 $\nu \in [l,u]$ 时 LP3 (ν) 有可行解。因此，为证明引理 3.10，仅需要证明对每个 $\nu \in [l,u]$，如果条件（1）、条件（2）、条件（3）中至少有一个被满足，那么 LP3(ν) 不可行。为此，根据强对偶理论，仅需要证明 DLP3(ν) 无界。

如果条件（1）满足，那么 $\nu<0$ 且存在 $\epsilon>0$ 使得 $(1+\epsilon)x^0\in C_x$。因此，注意到式（3.45）有 $\{x^1,x^2,\cdots,x^{h''}\}$，$h''\in\mathbb{Z}_+$ 是 C_x 极点集合，可知对 $t\in\{1,2,\cdots,h''\}$ 存在 $s^t\geqslant 0$ 满足 $\sum_{t=1}^{h''}s^t=1$，使得

$$(1+\epsilon)x_k^0=\sum_{t=1}^{h''}s^t x_k^t,\quad \forall k\in\{1,2,\cdots,q\} \tag{3.49}$$

根据式（3.48a）～式（3.48c）和式（3.49）可知对任意 $\tau>0$，通过设定 $\beta^t=\tau s^t, t\in\{1,2,\cdots,h''\}$ 且 $\gamma=-(1+\epsilon)\tau$，其为 DLP3(ν) 目标值为 $-\nu\epsilon\tau$ 的可行解。因为 $\nu<0$ 且 $\tau>0$，当 τ 趋于 $+\infty$ 时，其趋于 $+\infty$。因此，DLP3(ν) 无界。

如果条件（2）满足，那么 $\nu>0$ 且存在 $\epsilon>0$ 使得 $(1-\epsilon)x^0\in C_x$。与条件（1）的论述过程相似，可知对 $t\in\{1,2,\cdots,h''\}$ 存在 $s^t\geqslant 0$ 满足 $\sum_{t=1}^{h''}s^t=1$，使得

$$(1-\epsilon)x_k^0=\sum_{t=1}^{h''}s^t x_k^t,\quad \forall k\in\{1,2,\cdots,q\} \tag{3.50}$$

根据式（3.48a）～式（3.48c）和式（3.50）可知，对任意 $\tau>0$，通过设定 $\beta^t=\tau s^t, t\in\{1,2,\cdots,h''\}$ 且 $\gamma=-(1-\epsilon)\tau$，可获得 DLP3(ν) 目标值为 $\nu\epsilon\tau$ 的可行解。因为 $\nu>0$，当 τ 趋于 $+\infty$ 时，其趋于 $+\infty$。因此，DLP3(ν) 无界。

如果条件（3）满足，则 $\nu>0$ 且 $0\in C_x$，根据与条件（1）类似的方式，可知对 $t\in\{1,2,\cdots,h''\}$ 存在 $s^t\geqslant 0$ 满足 $\sum_{t=1}^{h''}s^t=1$，使得

$$\sum_{t=1}^{h''}s^t x_k^t=0,\quad \forall k\in\{1,2,\cdots,q\} \tag{3.51}$$

由式（3.48a）～式（3.48c）和式（3.51）可知，对任意 $\tau>0$，通过设定 $\beta^t=\tau s^t, t\in\{1,2,\cdots,h''\}$ 且 $\gamma=0$，可获得 DLP3(ν) 目标值为 $\nu\tau$ 的可行解。因为 $\nu>0$，当 τ 趋于 $+\infty$ 时，其趋于 $+\infty$。因此，DLP3(ν) 无界。引理 3.10 证明完成。

通过运用引理 3.10 中的条件（3），可知由式（3.44）定义的 CIOP 不可行，因为对该问题，首先 $[l,u]=[0.5,1.5]$，表明 $\forall\nu\in[l,u]$ 满足 $\nu>0$，其次 $x=0$ 满足 $x\geqslant 0$ 且 $-x\geqslant -2$，这是 CIOP 的 C_x 仅有的两个可分配约束，表明 $0\in C_x$。

根据引理 3.10，可以得到定理 3.13，即 CIOP 的可行性充分必要条件。

定理 3.13　当且仅当存在$v\in[l,u]$和定义 3.7 中可分配不等式$ax\geqslant\eta$满足$vax^0=v\eta\geqslant 0$，式（3.27）至式（3.27d）定义的 CIOP 有可行解（可行性充分必要条件）。

证明　一方面，证明如果式（3.27a）和式（3.27b）定义的 CIOP 有可行解，那么存在$v\in[l,u]$和可分配不等式$ax\geqslant\eta$（见定义 3.7）使得$vax^0=v\eta\geqslant 0$。为证明这一点，仅需要证明对任意$v\in[l,u]$和每个可分配不等式$ax\geqslant\eta$，都有$vax^0\neq v\eta$或$v\eta<0$，则可得 CIOP 无可行解。为此，注意到如果对任意$v\in[l,u]$和每个可分配不等式$ax\geqslant\eta$，都有$vax^0\neq v\eta$或$v\eta<0$，可知$0\notin[l,u]$，因为$v=0$不是对所有的可分配约束$ax\geqslant\eta$都满足$vax^0\neq v\eta$或者$v\eta<0$。因此，有$l>0$或$v<0$。故仅需要证明 CIOP 在下面两种情况没有可行解。

情况一：$l>0$。在这种情况下，对任意$v\in[l,u]$和任意可分配不等式$ax\geqslant\eta$，如果有$vax^0\neq v\eta$或$v\eta<0$，那么因为$v\geqslant l>0$，以及$ax^0>\eta$（根据定义 3.7），可知对任意可分配约束$ax\geqslant\eta$，其满足$ax^0>\eta$或$\eta<0$。因此，对任意满足$ax^0>\eta$的可分配约束$ax\geqslant\eta$，一定存在$\epsilon\in(0,1)$使得$a[(1-\epsilon)x^0]\geqslant\eta$。此外，对任意满足$ax^0\leqslant\eta$的可分配约束$ax\geqslant\eta$，有$\eta<0$，且结合$ax^0\geqslant\eta$（根据定义 3.7），有$ax^0=\eta$，表明$a[(1-\epsilon)x^0]=(1-\epsilon)\eta>\eta$。可知$(1-\epsilon)x^0\in C_x$。因此，根据引理 3.10 的条件（2），CIOP 没有可行解。

情况二：$u<0$。在这种情况下，对任意$v\in[l,u]$和任意可分配不等式$ax\geqslant\eta$，如果有$vax^0\neq v\eta$或$v\eta<0$，那么因为$v\leqslant u<0$，以及$ax^0\geqslant\eta$（根据定义 3.7），可知对任意可分配约束$ax\geqslant\eta$，其满足$ax^0>\eta$或$\eta>0$。同理可得$(1+\epsilon)x^0\in C_x$。因此，根据引理 3.10 的条件（1），CIOP 没有可行解。

另一方面，下面说明如果存在$v\in[l,u]$和可分配不等式$ax\geqslant\eta$使得$vax^0=v\eta\geqslant 0$，那么 CIOP 有可行解。考虑任意v和可分配不等式$ax\geqslant\eta$。注意到式（3.48）～式（3.48c）定义的 DLP3(v) 有可行解$\gamma=0$和$\beta^t=0,t\in\{1,2,\cdots,h''\}$。因此，如果$v=0$，那么 DLP3($v$) 的目标值等于 0，且根据强对偶理论，式（3.47）～式（3.47c）定义的 LP3(v) 有可行解，结合引理 3.9 可知 CIOP 也有可行解。否则，$v\neq 0$。仅需要证明 CIOP 在下面两种情况有可行解。

情况一：$v>0$。在这种情况下，因为$vax^0=v\eta$，有$ax^0=\eta\geqslant 0$。因此，对式（3.48）～式（3.48c）定义的 DLP3(v) 任意可行解(β,γ)，因为$ax^0=\eta$，且因为每个x^t是C_x的极点，其对$t\in\{1,2,\cdots,h''\}$满足$ax^t\geqslant\eta\geqslant 0$，根据式（3.48a），有

$$\eta\left(\sum_{t=1}^{h}\beta^t+\gamma\right)=\eta\sum_{t=1}^{h}\beta^t+ax^0\gamma\leqslant\sum_{t=1}^{h}ax^t\beta^t+ax^0\gamma=a\left(\sum_{t=1}^{h}x^t\beta^t+x^0\gamma\right)=0$$

结合$\eta \geqslant 0$，我们可以得到$\sum_{t=1}^{t}\beta^t+\gamma \leqslant 0$。因为$\nu>0$，可知$\nu\left(\sum_{t=1}^{h}\beta^t+\gamma\right)\leqslant 0$。因此，DLP3($\nu$)有界且可行。根据强对偶理论，LP3($\nu$)有可行解，结合引理 3.9，可知 CIOP 有可行解。

情况二：$\nu<0$。在这种情况下，有$ax^0=\eta \leqslant 0$。同理可得$\sum_{t=1}^{t}\beta^t+\gamma \geqslant 0$。因此，因为$\nu<0$，可知$\nu\left(\sum_{t=1}^{h}\beta^t+\gamma\right)\leqslant 0$。因此，DLP3($\nu$)有界且可行。根据强对偶理论，LP3($\nu$)有可行解，结合引理 3.9，可知 CIOP 有可行解。定理 3.13 证明完成。

定理 3.13 表明 CIOP 是否可行取决于可分配不等式。但是，有时直接运用定理 3.13 有困难，因为需要检查所有可分配不等式。因此，现在仅考虑式（3.23）$\pi(N;c)$中$Ax\geqslant B1+E$定义的不等式。基于这些易于检查的不等式，可以从定理 3.13 中获得更多 CIOP 的可行性充分条件，见推论 3.1，推论 3.1 将在第 4 章中 IM 博弈中被运用。

推论 3.1　考虑式（3.27）～式（3.27d）定义的 CIOP 以及式（3.23）$\pi(N;c)$中$Ax\geqslant B1+E$定义的不等式。当$0\in[l,u]$或者满足下面任意一个条件时，CIOP 有可行解（可行性充分条件）。

（1）存在$\nu\in[l,u]$和不等式$Ax\geqslant B1+E$定义的一个不等式$ax\geqslant b1+e$，使得$e\geqslant 0, ax^0\geqslant b1+e$，且$\nu(b1+e)\geqslant 0$。

（2）不等式$Ax\geqslant B1+E$定义的不等式中存在两个不等式$ax\geqslant b1+0$和$-ax\geqslant -b1+0$。

证明　为证明推论 3.1，注意到如果$0\in[l,u]$，那么对任意可分配约束$ax\geqslant\eta$（见定义 3.7），有$\nu=0$满足$\nu ax=\nu\eta=0$。因此，根据定理 3.13 可知 CIOP 有可行解。

现在，考虑推论 3.1 中条件（1）或条件（2）两者之一被满足的情况。如果条件（1）被满足，那么存在值$\nu\in[l,u]$和在$\pi(N;c)$定义的 ILP（2）中$Ax\geqslant B1+E$有不等式$ax\geqslant b1+e$使得$e\geqslant 0, ax^0=b1+e$，且$\nu(b1+e)\geqslant 0$。记$\hat{b}_j=b_j+e/n$，$j\in\{1,2,\cdots,n\}$。因此，对$(x,y)\in Q_{xy}$，根据式（3.32）的Q_{xy}的定义，以及$\varnothing\notin\mathcal{S}$，可知$n\geqslant\sum_{j=1}^{n}y_j\geqslant 1$，以及

$$ax\geqslant by+e\geqslant\sum_{j=1}^{n}(b_j+e/n)y_j=\hat{b}y$$

因此 $ax \geqslant \hat{b}y$ 是 $\operatorname{conv} Q_{xy}$ 的有效不等式。此外，对任意 $x \in \operatorname{conv}\{x \in \mathbb{Z}^q : Ax \geqslant B1 + E\}$，有

$$ax \geqslant b1 + e = \sum_{j=1}^{n}(b_j + e/n)y_j = \hat{b}1$$

其表明 $b1 + e = \hat{b}1$，以及 $ax \geqslant \hat{b}1$ 是 $\operatorname{conv}\{x \in \mathbb{Z}^q : Ax \geqslant B1 + E\}$ 的有效不等式。因为 $b1 + e = \hat{b}1$，由定义 3.7 可知 $ax \geqslant b1 + e$ 是可分配不等式。注意到 $ax^0 = b1 + e$ 可得 $vax^0 = v(b1 + e)$，以及 $v(b1 + e) \geqslant 0$，根据定理 3.13 可知 CIOP 有可行解。

如果条件（2）被满足，那么在 $\pi(N;c)$ 定义的 ILP(2) 中 $Ax \geqslant B1 + E$ 存在两个不等式 $ax \geqslant b1 + 0$ 和 $-ax \geqslant -b1 + 0$。因此，对 $\pi(N;c)$ 定义的 ILP(2) 给定可行解 x^0，可知 $ax^0 = b1$。此外，对 $v \in [l,u]$，$v(b1 + 0) \geqslant 0$ 和 $v(-b1 + 0) \geqslant 0$ 这两个不等式中至少有一个不等式被满足。这表明推论 3.1 的条件（1）被满足。根据上面条件（1）的推理，同理可知条件（2）被满足，CIOP 有可行解。推论 3.1 证明完毕。

3.3.3　小结

本节基于逆优化方法，提出一种稳定非平衡博弈大联盟的新工具，即成本调整，并对合作方案和大联盟的总分摊成本施加约束。该工具调整博弈中各联盟优化问题的共同成本系数集合。在通过求解优化问题来评估合作成本之前，需要先完成成本调整。将稳定大联盟成本调整问题建模为有约束的逆优化问题，并证明它是 NP 难的。为求解这一问题，我们构建了基于两个线性规划重构的求解算法，并得到一些易于检验的可行性条件。

第 4 章　大联盟稳定化策略的应用

4.1　河流污水治理问题

河流是人类社会发展中不可或缺的资源，它不仅是交通运输的重要工具，还是食物生产的关键因素。实际上，我们可以说人类社会从河流发源处开始，沿着河流逐渐发展壮大。但是进入工业化社会之后，随着人们的用水量需求不断增大以及工业化污染日益严重，加上水源具有天然的难以界定辖区的性质，河流问题时常成为上下游之间矛盾和冲突的核心。根据不同的使用目的，我们可以将河流上的问题大体分为用水需求问题和污水治理问题，前者考虑的是如何对有限的水资源进行分配，其中以 Ambec 和 Sprumont（2002）的研究为这方面的代表，读者可以参考 Ambec 和 Sprumont（2002）、Demange（2004）、Ambec 和 Ehlers（2008）的研究。后者考虑的是如何确定污水治理指标，以 van den Brink 等（2018）的研究为代表，详见 Ni 和 Wang（2007）、van den Brink 等（2018）的研究。在当今的人类社会中，随着人们的环保意识与对可持续发展的认识越来越深刻，河流污水治理的重要性不言而喻。此外，从某种程度上来说，污水治理的结果也同样影响着用水问题，因此这两类问题也可以进行统一的思考。

我们考虑这样一个场景：有一条线性的河流，在其岸边有着各种“企业”，如旅游景点或工业工厂等，它们的日常生产活动都会产生废弃污染物并以污水的形式排放到河中。政府为了提升河水水源质量、保护自然环境和促进区域的可持续发展，可能会采取以下措施：设立污水治理工厂或要求污水排放企业达到一定的污水处理标准。为了简便起见，我们统一称这些承担污水治理任务的机构为“工厂”。污水治理指标的具体体现是河流固定河段的水质污染水平不能超过规定的限额。由经验性结论可以知道，对于不同的工厂来说，它们治理污水所消耗的单位成本可能并不相同，这就产生了合作的可能性，即对于一些位于上游且具有较低污水处理成本的工厂，可以额外多处理一部分的污水，这样位于下游且具有较高污水处理成本的工厂能够在保证河流污染水平不超过限额的情况下，降低处理的污水量，直观的表现为下游的这些工厂向上游多处理污水的工厂支付相应的费用，在不超过全河流污染限额的情况下，以实现双方的污水治理成本都降低的双赢局面。

上下游工厂间的合作能够在完成污水治理指标的情况下，追逐各自的污水处理成本最小化（或总效益最大化）。但是合作中还存在着一个问题，就是支付一定的成本让上游企业“帮忙”处理污水的方式虽然可行，但是并不有效。在双方确定支付费用的过程中会出现多种情况，很难以找到一种最优的结果。如果能够统一地安排每个工厂的污水处理指标，并制定每个工厂应支付的成本，则能够更有效地达成合作。当然这需要一个有足够公信力和执行力的中央机构来规定相应的污水处理量和成本，但是在现实中，污染水平的限制指标一般都是由工厂所在的当地政府制定，而在一片跨辖区的流域中，并不存在一个强有力的、能够统一安排污水治理量和分摊成本的中央政府。综上，本节将在河流污水治理问题中引入合作博弈理论，结合第 2 章提出的单向成本分摊凸博弈，通过制定成本分摊方案来推动沿河污水治理工厂形成一个稳定的大联盟，以在保护环境的前提下实现整体效益。

4.1.1　河流污水治理成本分摊博弈

1. 问题模型

我们已经介绍了河流污水治理的问题背景以及一个特殊的场景，可以总结出来几个影响污水治理总成本的要素：工厂的污水处理能力、规定的河流污染水平上限、河流的自然属性等。对于一条线性的河流，沿岸会有多条污水支流汇入到河中，为了维护河流水质，在这些汇入点会设立污水处理工厂，将污水支流经过处理之后再排放到河流中。

下面介绍几个模型中重要的参数。$V=\{1,2,\cdots,v\}$ 表示河流沿岸分布的所有污水处理工厂的集合，这些工厂的编号按照从上游到下游的顺序递增。在每个工厂 $i\in V$ 的排污处，e_i 表示污水支流的污染水平，b_i 表示规定的河流污染水平限额，u_i 表示工厂 i 的污水处理能力上限。我们假设存在一个虚拟的中央机构，其任务是对在联盟中的每个工厂的污水处理量进行安排，在满足处理量不超过河流污染水平限额要求和污水处理能力上限的情况下，进行最优的污水处理量安排来最小化集体的总成本，并且将总成本分摊给这些工厂。通过引入合作博弈理论，寻找到稳定的核分配即可得到一个稳定的大联盟，而这就需要求出大联盟的成本以及其所有子联盟的成本。

对每个工厂 $i\in V$，我们用 $f_i(\cdot)$ 表示其关于污水处理量的成本函数。根据经验，治理污水花费的边际成本通常会随着处理的污水量的增加而增加，即存在着边际递增（increasing marginal）的效应，工厂每多处理一单位的污水，就需要支付高于当前单位处理成本的费用。因此，我们假设 f 是一个连续且凸的增函数，以及对所有工厂 $i\in V$ 都有 $f_i(0)=0$。

在建立模型之前，我们要介绍两个河流水质研究问题中重要的概念：一维水质模型（one-dimensional water quality model）和均匀混合模型（uniform mixture model）。首先是一维水质模型。该模型研究的是污染物沿水体流动方向的水质变化，其仅考虑污染物在沿河流的河床长度方向流动时的自然降解，并且认为在河流的河床宽度和深度方向截面的污染水平是均匀的。一维水质模型的公式表示如下：

$$C_d = C_0 \exp\{-\xi t\} = C_0 \exp\{-\xi' u\}$$

其中，C_0表示在河流某一点处的污染水平；C_d表示在下游距离u处的污染水平；t表示河水流动距离 u 所需要的时间；ξ表示污染降解系数。可以看出在一维水质模型下，河流污染水平在水流动方向上是线性相关的。因此我们可以用k_i来表示在河流i到$i+1$处的污染降解率，以及$K_j^i = \prod_{l=j}^{i} k_l$表示河水从$j$流到$i$处时污染物的自然降解率。令$p_j$表示在$j$处污水汇入之后的污染水平，则在$j$到$i$之间没有污水支流汇入的情况下，在$i$处的河流污染水平可以表示为$K_j^{i-1} p_j$。

其次是均匀混合模型。该模型忽略了两种不同水质混合时污染物分子在时间和空间上的弥散过程，并且假设能够立即达到完全均匀的混合状态，即水质交汇处的浓度在空间上是完全均匀的。均匀混合模型的公式表示如下：

$$C = \frac{C_r Q_r + C_p Q_p}{Q_r + Q_p} = C_r + (C_p - C_r)\frac{Q_p}{Q_r + Q_p}$$

其中，C_r和C_p分别表示河流和污水的污染物浓度；Q_r和Q_p分别表示河流和污水的流量；C表示两者混合之后的污染物浓度。在流量恒定的情况下，不难发现C_r与C_p是线性相关的，即污水汇入河流后造成的污染水平的提升可以视为河流初始污染水平与污水污染水平的相加。同样地，假设p_j'表示在j处污水汇入之前的河流污染水平，当j处汇入的污水支流污染水平为e_j时，j处混合后的污染水平为$p_j' + e_j$。

除此之外，因为污水支流是经过处理之后再汇入河流的。在不考虑具体的污染降解工艺流程下，我们粗略地假设河流污染水平的治理是瞬间完成的，即污水在汇入河流时的污染水平是已经被降解过的污染水平。假设工厂j使污水支流的污染水平下降x_j，那么实际汇入河流中的污水的污染水平为$e_j - x_j$。结合两个水质模型背景和假设，河流污染水平限额要求可以表示为对所有$j \in V$满足$p_j' + e_j - x_j \leqslant b_j$。

为了简便起见，我们用一个五元组$\mathcal{T}_V := (b_i, k_i, e_i, u_i, f_i)_{i \in V}$来描述一条线性河流以及其沿岸的所有污水处理工厂的属性。对于大联盟N，虚拟中央机构的目标是在不超过污染限额下最小化联盟总成本，问题具体的模型如下：

$$c(V)=\min\sum_{i\in V}f_i(x_i) \tag{4.1}$$

$$\text{s.t. } 0\leqslant\sum_{j=1}^{i}K_j^{i-1}(e_j-x_j)\leqslant b_i,\quad \forall i\in V \tag{4.1a}$$

$$0\leqslant x_i\leqslant u_i,\quad \forall i\in V \tag{4.1b}$$

其中，当 $j>i$ 时，$K_j^i=1$。为了能够保证污水处理量非负，在通常情况下，各地政府设立的污水处理工厂的处理能力都可以保证能够独立将污染水平降到限额以下，即对所有工厂 $i\in V$，都有 $u_i\geqslant e_i+k_{i-1}b_{i-1}-b_i$。不难发现，在各工厂独自处理污水而不进行合作的情况下，我们可以得到式（4.1）的一个初始可行解 θ 和初始河流污染水平 d，对所有 $i\in V$，其表达式如下

$$d_i=\min\{k_{i-1}d_{i-1}+e_i,b_i\}$$
$$\theta_i=\max\{0,e_i+k_{i-1}d_{i-1}-b_i\}$$

其中，$d_0=0$。在 θ 的基础上，我们可以找到一个降低联盟成本的方向。如果存在两个相邻的工厂 $i,i+1$ 满足 $f_i'(\theta_i)<k_if_{i+1}'(\theta_{i+1})$，则我们可以通过找到一个极小值 δ，让工厂 i 处理 $\theta_i+\delta$ 的污水，同时让 $i+1$ 处理 $\theta_{i+1}-k_i\delta$ 的污水，此时联盟的成本变化为

$$\begin{aligned}\Delta_c&=f_i(\theta_i)+f_{i+1}(\theta_{i+1})-f_i(\theta_i+\delta)-f_{i+1}(\theta_{i+1}-k_i\delta)\\&\approx k_i\delta f_{i+1}'(\theta_{i+1})-\delta f_i'(\theta_i)>0\end{aligned}$$

将其拓展到全部联盟 V 中，对于一个可行解 $(x_i)_{i\in V}$，当其满足如下等式时，则在不改变 v 处污染水平的情况下联盟的成本无法进一步地降低。

$$K_1^{i_1-1}f_{i_1}'\left(x_{i_1}\right)=K_1^{i_2-1}f_{i_2}'\left(x_{i_2}\right),\quad i_1,i_2\in V \tag{4.2}$$

我们将式（4.2）称为污水处理量的平衡方程（balance equation）。

定理 4.1　对于式(4.1)的一个可行解 $(x_i)_{i\in V}$，如果其满足 $\sum_{i\in V}K_i^{v-1}(e_i-x_i)=d_v$ 和平衡方程式（4.2），则 $(x_i)_{i\in V}$ 是式（4.1）的最优解。

平衡方程给出了一个得到 $c(V)$ 最优解的充分条件，同时也可以作为一个降低联盟成本的优化方向。接下来，我们考虑对于大联盟的任意子联盟 $S\subseteq V$，找到其最低的污水处理成本。在中央机构安排最优的污水处理方案时，不仅需要考虑联盟中工厂的污水处理量，因为河流有会将污染从上游带到下游的自然属性，还需要考虑联盟外工厂的污水处理量对联盟的总成本的影响。有关于这方面的模型，目前使用最广泛的是 Chander 和 Tulkens（1997）提出的 γ-特征函数，其基本思想为联盟外的局中人都独立地进行决策，不达成合作，并且只考虑自身利益的最大化。

对于任意的子联盟 $S \subseteq V$，我们用 $s = |S|$ 表示其包含工厂的数量。S^h 表示 S 中从上游开始的第 h $(h < s)$ 个工厂，例如，S^1 表示 S 中最上游的工厂，S^s 则表示最下游的工厂。任取两个工厂 i_1 和 i_2，$[i_1 : i_2]$ 表示一段连续的河段 $\{i_1, i_1+1, \cdots, i_2\}$，并且 $S^{[1:s]}$ 表示联盟 S 所覆盖的河段 $[S^1 : S^s]$。

在 $V \setminus S^{[1:s]}$ 中的工厂，它们的唯一目标就是使河流的污染水平不超过限额。而对于联盟 S，同样地，其目的也是尽可能降低联盟的污水成本。因此对所有的 $i \in V \setminus S^{[1:s]}$，都有 $x_i = \theta_i$ 和 $p_i = d_i$。最小化 S 的成本只需要考虑在河段上的工厂的污水处理量即可。

结合初始河流污染水平 d，联盟 S 产生的污水处理成本 $c(S)$ 为

$$c(S) = \min \sum_{i \in S} f_i(x_i) \tag{4.3}$$

并且各工厂的污水处理量受到环境污染限额和工厂处理能力两类约束：

$$\text{s.t.}\ 0 \leqslant \sum_{j=S^1}^{i} K_j^{i-1}(e_j - x_j) + K_{S^1-1}^{i-1} d_{S^1-1} \leqslant b_i, \quad \forall i \in S^{[1:s]} \tag{4.3a}$$

$$x_i = \max\left\{ \sum_{j=S^1}^{i-1} K_j^{i-1}(e_j - x_j) + e_i + K_{S^1-1}^{i-1} d_{S^1-1} - b_i, 0 \right\}, \quad \forall i \in S^{[1:s]} \setminus S \tag{4.3b}$$

$$0 \leqslant x_i \leqslant u_i, \quad \forall i \in S \tag{4.3c}$$

对于一条线性河流，通过式（4.1）和式（4.3）这两种非线性优化问题，我们可以得到使得相应联盟总成本最小的污水处理量安排。虽然 $c(V)$ 和 $c(S)$ 都是非线性优化问题，但是基于它们特殊的污染水平限额约束式（4.1a）和式（4.1b），河流界面的污染水平只与其上游汇入的污水有关，我们可以设计算法在多项式时间内求得最优精确解。

2. *河流污水治理博弈*

在河流污水治理问题中，虚拟中央机构可以被视为联盟的管理中心，它负责安排联盟中所有工厂的污水处理量，并先统一支付污水治理的成本，随后再按照某一具体的分摊方式向这些工厂收取一定费用。然而，在现实中，这种中央机构一般是不存在的，因此无法强制要求每个工厂额外多处理一部分污水。实际上，更常见的合作方式是，联盟中的各个工厂需要商讨并提前确定每个工厂的污水处理量以及它们应该承担的具体成本，以达成在合作中各工厂的具体成本分摊协议。通过引入合作博弈理论，可以得到现实的管理意义。其中核成本分摊这一解可以提供启发，并且作为让所有工厂都认同的商讨结果，来使得它们自发地形成稳定的大联盟。

给定一条具有属性 $\mathcal{T}_V$ 的河流，我们用可转移效用博弈 (V,c) 来描述相应的河

流污水治理博弈。其中V是所有局中人的集合，也是大联盟。$c(\cdot):2^V \to \mathbb{R}$为联盟成本函数，具体模型为式（4.3）。但是正如第 1 章中所提到的，核的联盟稳定性约束具有指数量级。幸运的是，我们可以通过证明河流污水治理博弈是单向成本分摊凸博弈，来得到其稳定的核成本分摊，如定理 2.3 中的$\left(\alpha_i^{\psi}(V)\right)_{i\in V}$。

4.1.2 基于贪心的求解算法

对于$c(S)$，其中在$S^{[1:s]}\setminus S$中的工厂的污水处理量的定义域表达式为式（4.3b），是一个动态规划的形式。但是因为在河流沿岸但是没有加入联盟的那些工厂尽可能地希望减少它们的污水处理量，所以我们可以得到如下的引理。

引理 4.1　给定式（4.2）的最优解$\left(x_i^*\right)_{i\in S^{[1:s]}\setminus S}$，对于每个$i\in S^{[1:s]}\setminus S$，其污水处理量$x_i^*$只等于$\theta_i$或$0$。

证明　假设存在一个$i_1\in S^{[1:s]}\setminus S$，其在式（4.2）下的最优解为$x_{i_1}^*$且有$0<x_{i_1}^*<\theta_i$。则一定有$\sum_{j=S^1}^{i_1}K_j^{i_1-1}x_j^*+K_{S^1-1}^{i_1-1}d_{S^1-1}=b_{i_1}$。那么我们考虑另外一个可行解$X'=\left(x_{S^1}^*-\delta,\cdots,x_{i_1}^*+K_{S^1-1}^{i_1-1}\delta,\cdots,x_{S^s}^*\right)$，其中$\delta$是一个极小的正数。因为成本函数是增函数，所以有

$$\sum_{i\in S}f_i\left(x_i'\right)=f_{S^1}\left(x_{S^1}^*-\delta\right)+\sum_{i\in S\setminus\{S^1\}}f_i\left(x_i^*\right)\leqslant\sum_{i\in S}f_i\left(x_i^*\right)$$

这与$\left(x_i^*\right)_{i\in S^{[1:s]}\setminus S}$是最优解矛盾，证明完毕。

由此，式（4.2）可以被视为是一个混合整数规划问题。并且，由于特征函数$c(\cdot)$对于任意两个不相交的子联盟是次可加的，即$c(S_1\cup S_2)\leqslant c(S_1)+c(S_2)$，其中$S_1,S_2\subset V$且$S_1\cap S_2=\varnothing$。结合这些性质，我们可以很容易地想到使用一个迭代的过程来求解联盟成本值。如果对于一个联盟S，存在工厂$i_1\in S^{[1:s]}\setminus S$在$c(S)$下的污水处理为$\theta_i$，则这意味着该工厂的上下游之间实际并没有进行污水处理的合作，即$c(S)=c(\{i:i<i_1,i\in S\})+c(\{i:i<i_1,i\in S\})$。另外，我们需要注意在$S^{[1:s]}\setminus S$中的工厂并不一定都能够达到 0 的污水处理量，所以考虑一个极限的合作状态来代替$(x_i=0)_{i\in S^{[1:s]}\setminus S}$这种情况。在这种极限的合作状态下，联盟会先尽可能地降低

$S^{[1:s]}\setminus S$ 中工厂的污水处理量，然后再最小化联盟的成本，此时的联盟成本用 $c'(S)$ 表示。如果存在一组 S 的子联盟，如 $S_1+S_2+\cdots+S_s=S$，且这些联盟的成本 $c(S_1)+c(S_2)+\cdots+c(S_s)$ 低于 $c'(S)$，则意味着联盟 S 的最优污水处理就是按照 $S_1,S_2,\cdots,S_s$ 各自形成子联盟。反之，则表示 $S^{[1:s]}\setminus S$ 中的工厂的污水处理量全部为 0。

下面通过一个简单的例子来介绍我们求解 $c(S)$ 的迭代方法。

例 4.1 对于一个 3-局中人联盟 $\{1,3,5\}$，它们的成本函数分别为 $f_1=5x+x^2$，$f_3=10x+x^2$ 以及 $f_5=20x+3x^2$。河流的污水汇入量、环境污染限制和工厂的污水处理能力分别为 $e=6$、$b=(4,8,12,16,20)$ 和 $u=(5,2,3,2,2)$。为了方便说明，我们假设河流的污染降解率为 $k=1$。

首先求解 $c'(1,3,5)$，我们可以令 $x_2=x_4=0$，此时联盟最小的成本及污水处理量分别为 $c'(1,3,5)=141$ 和 $(5,0,3,0,2)$。然后将 $c'(1,3,5)$ 与 $\{1,3,5\}$ 的子联盟成本和进行比较，其中部分结果如表 4.1 所示。

表 4.1 $c'(1,3,5)$ 与 $\{1,3,5\}$ 的子联盟成本和污水处理量的比较

子联盟成本	污水处理量
$c'(1,3)=479/8$	$(17/4,0,7/4,2,2)$
$c(1)=14$	$(2,2,2,2,2)$
$c(3)=24$	$(2,2,2,2,2)$
$c(5)=52$	$(2,2,2,2,2)$

其中因为在 $\{1,5\}$ 中无法令 2，3，4 的污水处理量都为 0，在 $\{3,5\}$ 中也无法满足 $x_4=0$。因此，我们可以得到 $c(1,5)=c(1)+c(5)=66, c(3,5)=c(3)+c(5)=76$。对于 $\{1,3\}$，则有 $c(1,3)=\min\{c'(1,3),c(1)+c(3)\}=38$。最终有

$$c\left(1,3,5\right)=\min\{c'(1,3,5),c(1,3)+c(5),c(1,5)+c(3),c(3,5)+c(1)\}=90$$

以及最优解为 $(2,2,2,2,2)$。在这个例子中，最优的污水处理方案为 θ。

不难看出，实际上 $c'(S)$ 等价于在 $\mathcal{T}'_{S^{[1:s]}}$ 下的式(4.1)，其中 $\mathcal{T}'_{S^{[1:s]}}$ 是通过调整 $\mathcal{T}_{S^{[1:s]}}$ 中的 $(f_i)_{i\in S^{[1:s]}\setminus S}$ 得到的。但是通过例 4.1 我们发现在求解联盟成本时需要计算其全部子联盟的成本值，这样指数量级的计算实际上是难以实现的。通过定理 4.2，可以来简化求解的复杂度。

定理 4.2 $c(S)$ 可以通过如下的递归式求得

$$c(S)=\min\left\{c'(S),\max_{j\in\{1,2,\cdots,l-1\}}\left\{c\left(\bigcup_{i=1}^{j}S_i\right)+c\left(\bigcup_{i=j+1}^{l}S_i\right)\right\}\right\}$$

其中，$S_1,S_2,\cdots,S_l$ 表示将 S 划分为最小数量的连续且不相交的子联盟。

证明　对所有的 $j\in 1,2,\cdots,l$，令 M_j,R_j 表示两个不相交的集合且有 $M_j\cup R_j=S_j$，$M:\bigcup_{i=1}^{l}M_j$，$R:\bigcup_{j=1}^{l}R_j$。我们用 $\left(x_i^*(\cdot)\right)_{i\in S^{[1:s]}}$ 表示 $c(\cdot)$ 的最优解。则在最优解 $\left(x_i^*(M)\right)_{i\in S^{[1:s]}}$ 和 $\left(x_i^*(R)\right)_{i\in S^{[1:s]}}$ 下，可以得到：

$$j^*=\min\left\{j:\sum_{t=S^1}^{i}K_t^{i-1}x_i^*(M)=\sum_{t=S^1}^{i}K_t^{i-1}x_i^*(M)=d_i,i=\max S_j,j\in 1,2,\cdots,l\right\}$$

令 $\tilde{S}_j^i:=[\min S_j:\max S_i]$ 表示覆盖 S_j 到 S_i 的连续河段，以及 $\hat{S}_j^i:=\bigcup_{t=j}^{i}S_t$。如果 $j^*=l$，则 $\left(x_i^*(M)\right)_{i\in S^{[1:s]}\setminus R}\cup\left(x_i^*(R)\right)_{i\in R}$ 是 $c'(S)$ 的可行解。否则，有 $\left(x_i^*(M)\right)_{i\in\hat{M}_1^{j^*}\setminus\hat{R}_1^{j^*}}$ $\cup\left(x_i^*(R)\right)_{i\in\hat{R}_1^{j^*}}$ 是 $c\left(\hat{S}_1^{j^*}\right)$ 的可行解，$\left(x_i^*(M)\right)_{i\in\tilde{M}_{j^*+1}^{l}\setminus\tilde{R}_{j^*+1}^{l}}\cup\left(x_i^*(R)\right)_{i\in\tilde{R}_{j^*+1}^{l}}$ 是 $c\left(\hat{S}_{j^*+1}^{l}\right)$ 的可行解。因此，对于任意的 M 和 R，有

$$c(M)+c(R)\geqslant\min\left\{c'(S),\max_{j\in\{1,2,\cdots,l-1\}}\left\{v\left(\bigcup_{i=1}^{j}S_i\right)+v\left(\bigcup_{i=j+1}^{l}S_i\right)\right\}\right\}$$

不需要计算 S 全部的不相交子集的联盟成本，只用计算 $2l-2$ 个子联盟的成本即可得到 $c(S)$。证明完毕。

通过定理 4.2，我们可以得到一个更快速的递归迭代的算法来求解所有的联盟成本，如算法 4.1 所示。

算法 4.1　递归迭代的算法

输入：联盟 S 和 $(b,k,e,u,f)_i$，对所有 $i\in S^{[1:s]}$，以及 $k_{S^1-1}d_{S^1-1}$

输出：最优污水处理方案 X，联盟成本 $c(S)$

1：$b_0\leftarrow k_{S^1-1}d_{S^1-1}$

2：$(x_i)_{i\in S}\leftarrow\text{SUBVALUE}(S,b_0)$

$c(S) \leftarrow \sum_{i \in S} f_i(x_i)$

返回 $(x_i)_{i \in S}$， $c(S)$

其中的函数 SUBVALUE (S, b_0) 的具体细节如算法 4.2 所示。

算法 4.2　SUBVALUE (S, b_0)

$\mathcal{T}'_{S^{[1:s]}} \leftarrow \mathcal{T}_{S \setminus \{S^1\}} \cup (b_i, k_i, e_i, u_i, Mx_i)_{i \in S^{[1:s]} \setminus S}$，其中 M 是一个极大值

$\left((x_i)_{i \in S^{[1:s]}}, c'(S)\right) \leftarrow \mathrm{LI}\left(\mathcal{T}'_{S^{[1:s]}}, b_0\right)$

if S 是一个不连续的联盟 then

将 S 划分为最小数量的连续的子联盟， $S_1, S_2, \cdots, S_l$

for $i \in \{1, 2, \cdots, l-1\}$ do

$(\tilde{x}_i)_{i \in \bigcup_{j \in \{1,2,\cdots,i\}} S_j} \leftarrow \mathrm{SUBVALUE}\left(\bigcup_{j \in \{1,2,\cdots,i\}} S_j, b_0\right)$

$(\hat{x}_i)_{i \in \bigcup_{j \in \{i+1,i+2,\cdots,l\}} S_j} \leftarrow \mathrm{SUBVALUE}\left(\bigcup_{j \in \{i+1,i+2,\cdots,l\}} S_j, k_{S^1_{i+1}-1} d_{S^1_{i+1}-1}\right)$

if $\sum_{i \in \bigcup_{j \in \{1,2,\cdots,i\}} S_j} f_i(\tilde{x}_i) + \sum_{i \in \bigcup_{j \in \{i+1,i+2,\cdots,l\}} S_j} f_i(\hat{x}_i) < c'(S)$ do

$(x_i)_{i \in S} \leftarrow (\tilde{x}_i)_{i \in \bigcup_{j \in \{1,2,\cdots,i\}} S_j} \cup (\hat{x}_i)_{i \in \bigcup_{j \in \{i+1,i+2,\cdots,l\}} S_j}$

$c'(S) \leftarrow \sum_{i \in \bigcup_{j \in \{1,2,\cdots,i\}} S_j} f_i(\tilde{x}_i) + \sum_{i \in \bigcup_{j \in \{i+1,i+2,\cdots,l\}} S_j} f_i(\hat{x}_i)$

end if

end for

end if

返回 $(x_i)_{i \in S}$

$c'(S)$ 的求解可以视为求解式（4.1），而只需要将 $\mathcal{T}_{S^{[1:s]}}$ 中 $S^{[1:s]} \setminus S$ 的成本函数改为具有极大处理成本的函数即可，同样能够达到让这些工厂尽可能地少处理污水的目的。接下来通过递归的方法，在次可加的性质下得到联盟的污水处理成本。算法 4.2 中的 $\mathrm{LI}\left(\mathcal{T}'_{S^{[1:s]}}, b_0\right)$ 为求解 $c(V)$ 的算法。

我们再回到对式（4.1）的求解。因为约束具有非常特殊的性质，其约束矩阵是一个三角阵，所以我们可以借助目标函数特殊的性质来找到求解这个非线性规划的特殊方法。结合平衡方程式（4.2），我们想到了一个贪心的策略：让每个工厂的污水处理量从它们的最大污水处理量开始下降，并且在下降的过程中保持平衡方程的成立，直到没有工厂的污水处理量能够继续下降为止，此时的解即式（4.1）的最优解。通过图 4.1 我们可以更好地理解这个策略。

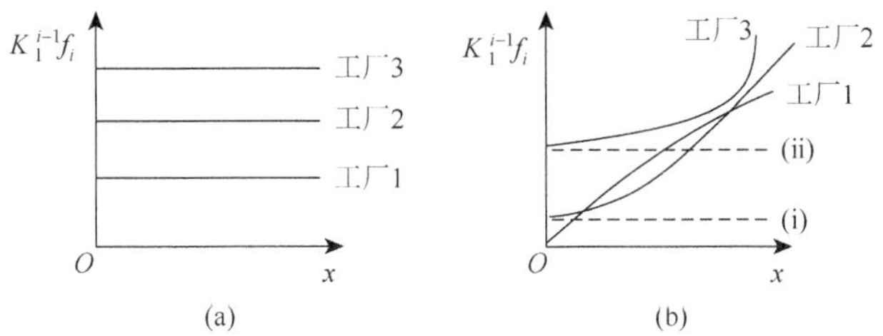

图 4.1　边际成本

考虑一个极端的情况，所有工厂的成本函数都为线性函数，如图 4.1（a）所示。因为它们的边际成本不会随着污水处理量变化，所以优先让工厂 1 处理污水能产生更低的污水处理成本，直到工厂 1 无法再继续处理污水，如污染水平已经降低到 0 或者处理的污水已经达到工厂能力上限。然而，在处理一般的凸成本函数时，情况稍有区别，如图 4.1（b）所示。工厂 1 的初始边际成本最低，让它先处理污水是最优的选择。但是随着污水处理量的增加，同时其边际成本也会逐渐增加，直到与工厂 2 的边际成本相同，如虚线（i）。此时遵循平衡方程，同时增加工厂 1 和工厂 2 的污水处理量，直到虚线增长达到（ii），与工厂 3 的边际成本相同。再同时增加这三个工厂的污水处理。直到继续增加污水处理量会导致违背环境污染限制，我们就可以得到联盟最优的污水处理解。这样的贪心策略我们将其称为按层增加（layer-increased）排放。

通过 LI 算法，可以得到连续工厂的联盟成本 $c(V)$ 以及其污水处理解 $(x_i)_{i\in V}$。

算法 4.3　$\mathrm{LI}(\mathcal{T}_V, b_0)$

1：$e_1 \leftarrow e_1 + b_0$

2：$S_1 \leftarrow \varnothing, S_2 \leftarrow V$，以及 $x_i = 0,\ i \in V$

3：repeat

4：$I^* \leftarrow \arg\min\left\{K_1^{i-1} f_i'\ (x_i) : i \in S_2\right\}$ 和 $i^* \leftarrow \min\{i, i \in I^*\}$

5：在满足平衡方程的情况下同时增加 $(x_i)_{i\in S_1}$

6：until $S_1 = V$ or $S_2 = \varnothing$

7：返回 $(x_i)_{i\in V}, c(V)$

在 LI 算法的第 5 步，我们可以直接求解边际成本相等的污水处理量，通过选择一个基准工厂 i^*，根据平衡方程，其他工厂的污水处理增量可以表示为基准工厂的污水处理的函数。当 i^* 的污水处理量增长了 Δx_{i^*} 时，对 $j \in I^*$，污水处理增量为

$$\Delta x_j = \left(f_j'\right)^{-1}\left(\frac{K_1^{i^*-1}}{K_1^{j-1}} f_{i^*}'\left(x_{i^*} + \Delta x_{i^*}\right)\right) - \left(f_j'\right)^{-1}\left(\frac{K_1^{i^*-1}}{K_1^{j-1}} f_{i^*}'\left(x_{i^*}\right)\right)$$

关于基准工厂的污水处理增量则需要考虑三种情况：①有新的工厂可以加入 I^* 共同处理污水；②在 I^* 中的工厂达到了污水处理能力上限；③在某个工厂所处河流位置，该区域的污染水平降低到了限额。针对这三种情况，i^* 的污水处理增量分别为

$$\sigma_1 = \left(f_{i^*}'\right)^{-1}\left(\xi / K_1^{i^*-1}\right) - x_{i^*}, \quad \xi = \max\left\{K_1^{i-1} f_i'(x_i), i \in S_2 \setminus I^*\right\}$$

$$\sigma_2 = \min\left\{(u_j - x_j) / K_{i^*}^{j-1}, j \in I^*\right\}$$

$$\sigma_3 = \max\left\{\Delta x_{i^*} : \sum_{i\in I^*}^{i\leqslant j} K_i^{j-1}\Delta x_i + b_j \leqslant \sum_{i=1}^{j} K_i^{j-1}(e_i - x_i), j \in [i^* : S^s]\right\}$$

因此，每一次循环都有 $\Delta x_{i^*} = \min\{\sigma_1, \sigma_2, \sigma_3\}$。令 j^* 为取 σ_2 或 σ_3 时对应的 j 值，当 $\Delta x_{i^*} = \sigma_1$ 时，进入下一次循环；当 $\Delta x_{i^*} = \sigma_2$ 时，令 $S_2 \leftarrow S_2 \setminus j^*$，进入下一次循环；当 $\Delta x_{i^*} = \sigma_3$ 时，令 $S_2 \leftarrow [j^*+1, v], S_3 \leftarrow [1 : j^*]$，进入下一次循环。

在算法 4.1、算法 4.2 和算法 4.3 的结合下，可以在多项式时间内求出任意联盟的成本值。

4.1.3 污水治理博弈性质

在联盟中，虽然我们假定每个工厂的污水处理量是由一个中央机构进行统一的分配，但是从经济学的角度来看，联盟的最优污水处理可以被视为交易的结果。在线性河流上，每个工厂的初始污水处理量 θ 可以被视为分配给每个工厂的环保任务额度。处在下游的工厂为了降低自己的污水处理量，可以向上游的工厂寻求帮助，让它们多处理一些污水，同时给这些上游的工厂一定的报酬。

按照这个思路，并结合河流只能从上游流向下游的特性，我们设定一个交易规则：从一个联盟 S 最上游的工厂开始，S^1 与 S^2 先组成一个子联盟，然后按照从上游到下游的顺序，S 中的工厂依次加入子联盟 $\{S^1, S^2\}$。在这个规则下，在联盟

S 下工厂 i_1 和 i_2 的交易我们用合作量 $\Delta^S_{i_1,i_2}$ 表示。我们可以重新表示 $c(S)$ 的最优解［式（4.4）］，并且得到下面的引理。

$$x_i^S = \theta_i - \sum_{j\in S, j\leqslant i} \Delta^S_{j,i} + \sum_{j=i+1}^{S^s} K_i^{j-1}\Delta^S_{i,j}, \quad \forall i \in S \tag{4.4}$$

引理 4.2　对于两个工厂 $i_1, i_2 \in V$，如果 $i_1 \notin S$ 或 $i_2 \geqslant i_1$ 有 $\Delta^S_{i_1,i_2} = 0$；如果 $\Delta^{S\backslash S^s}_{i_1,i_2} > 0$ 有 $\Delta^S_{i_1,i_2} = \Delta^{S\backslash S^s}_{i_1,i_2}$。

证明　根据定义，很显然只有上游工厂会在与下游工厂的合作中增加自己的污水处理量。并且根据合作规则，在下游工厂加入已经形成的子联盟时，子联盟内的合作已经达到了最优的状态。因此我们只需要证明当 $\Delta^{S\backslash S^s}_{i_1,i_2} > 0$ 时，$x^S_{i_1} < x^{S\backslash S^s}_{i_1}$ 和 $x^S_{i_2} > x^{S\backslash S^s}_{i_2}$ 不会同时成立。

当 $\Delta^{S\backslash S^s}_{i_1,i_2} > 0$ 时，根据平衡方程，有以下两种情况。

（1）i_1 和 i_2 边际成本相等：$f'_{i_1}\left(x^{S\backslash S^s}_{i_1}\right) = K_{i_1}^{i_2-1} f'_{i_2}\left(x^{S\backslash S^s}_{i_2}\right)$。

（2）无法再继续交易：$f'_{i_1}\left(x^{S\backslash S^s}_{i_1}\right) < K_{i_1}^{i_2-1} f'_{i_2}\left(x^{S\backslash S^s}_{i_2}\right)$，此时 $x^{S\backslash S^s}_{i_1} = u_i$ 或 $x^{S\backslash S^s}_{i_2} = 0$。

假设在情况（1）下 $x^S_{i_1} < x^{S\backslash S^s}_{i_1}$ 和 $x^S_{i_2} > x^{S\backslash S^s}_{i_2}$ 同时成立，则根据成本函数凸性，有

$$f'_{i_1}(x^S) < f'_{i_1}\left(x^{S\backslash S^s}_{i_1}\right) \leqslant K_{i_1}^{i_2-1} f'_{i_2}\left(x^{S\backslash S^s}_{i_2}\right) < K_{i_1}^{i_2-1} f'_{i_2}\left(x^S_{i_2}\right)$$

此时，存在另一个可行解 $\left\{x^S_{i_1} + K_{i_1}^{i_2-1}\xi, x^S_{i_2} - \xi\right\}$，$\xi$ 是一个极小的正数。这个可行解可以得到比 $\left\{x^S_{i_1}, x^S_{i_2}\right\}$ 更小的成本，这与其最优解相悖。因此当 $\Delta^{S\backslash S^s}_{i_1,i_2} > 0$ 时，$x^S_{i_1} < x^{S\backslash S^s}_{i_1}$ 和 $x^S_{i_2} > x^{S\backslash S^s}_{i_2}$ 无法同时成立。证明完毕。

从引理 4.2 可以得出：下游新加入联盟的工厂并不会对联盟中已经形成的交易产生影响。从其他角度也可以理解为，在联盟中已经产生交易的工厂可以被视为一个整体，当一个新的下游工厂加入联盟时，那些已经完成交易的工厂作为一个整体与这个新加入的工厂进行交易，它们的污水处理量将共同增加或者减少。通过这个

性质，可以得到河流污水治理成本分摊博弈的特征函数的一个特殊的性质。

定理 4.3 对河流污水治理成本分摊博弈(V,c)，特征函数$c(\cdot)$对于联盟是弱凹的。

证明 对于两个联盟$S\subset T\subset V$，并且S是T的上游子联盟，即$\min\{i:i\in T\setminus S\}>\max\{i:i\in S\}$。令$j\in V\setminus T$是一个满足$j>S^1$的工厂，为了简化表达形式，在下面的证明中将联盟与工厂的集合运算简化，例如，将$S\cup\{j\}$简化为$S\cup j$。如果$c(S\cup j)=c(S)+c(j)$，则显然有

$$c(T\cup j)-c(T)\leqslant c(j)=c(S\cup j)-c(S)$$

下面将在$c(S\cup j)<c(S)+c(j)$的前提下，对三种情况进行讨论。

第一种情况，当$j>\max\{i:i\in T\}$时，可以得到在$[S^s+1:j-1]$中的工厂在联盟下的污水处理量均为 0，所以$\left(x_i^T\right)_{i\in T\setminus S}\cup\left(x_i^{S\cup j}\right)_{i\in S\cup j}$是$c(T\cup j)$的一个可行解。又因为$S$在$c(T)$中需要帮$T\setminus S$中的工厂多处理污水，这导致花费的成本不会低于在$c(S)$中产生的成本，可得

$$\begin{aligned}c(T\cup j)-c(T)&\leqslant\sum_{i\in S}\left(f_i\left(x_i^{S\cup j}\right)-f_i\left(x_i^T\right)\right)+f_j\left(x_j^{S\cup j}\right)\\&\leqslant c(S\cup j)-c(S)\end{aligned}$$

第二种情况，当$S^s<j<T^t$时，令$R_1=\{i:i\in T\setminus S,i<j\}$和$R_2=\{i:i\in T\setminus S,i>j\}$。如果$c(S\cup R_1)+c(R_2)=c(T)$，则根据第一种情况的结果有

$$\begin{aligned}c(S\cup j)-c(S)&=c(S\cup j)-c(S)+c(R_2)-c(R_2)\\&\geqslant c(S\cup R_1\cup j)-c(S\cup R_1)+c(R_2)-c(R_2)\\&\geqslant c(T\cup j)-c(T)\end{aligned}$$

如果$c(S\cup R_1)+c(R_2)>c(T)$，则类似地，可以得到$\left(x_i^T\right)_{i\in T}\cup(x_j=0)$是$c(T\cup j)$的一个可行解

$$c(S\cup j)-c(S)\geqslant f_j(0)\geqslant c(T\cup j)-c(T)$$

第三种情况，当$S^1<j<S^s$时，如果$c(S)+c(T\setminus S)=c(T)$，则易得

$$c(T\cup j)-c(S\cup j)\leqslant c(T\setminus S)=c(T)-c(S)$$

下面讨论$c(S)+c(T\setminus S)>c(T)$的情况。根据引理 4.2，一个已经形成交易关系的工厂联盟可以被视为一个整体，联盟S可以表示若干个不相交的整体子

联盟，如 $S=S_1+S_2+\cdots+S_m$，且这些子联盟之间不存在河段覆盖关系。当 j 加入 S 后，$c(S\cup j)<c(S)+c(j)$ 意味着在 j 上游的子联盟有机会继续增加污水处理量，在 j 下游的子联盟也可以进一步降低它们的污水处理量。令 $m_1=\max\{l:l\in\{1,2,\cdots,m-1\},\max\{i\in S_l\}<j\}$，则对 $i\in\tilde{S}_{m_1}$ 有 $x_i^{S\cup j}\leqslant x_i^{\tilde{S}_{m_1}}$，其中 $\tilde{S}_{m_1}=S_{m_1+1}+\cdots+S_m$。构造一个 $c(T\cup j)$ 的解：

$$Y=\left(x_i^{S\cup j}\right)_{i\in S\cup j\setminus\tilde{S}_{m_1}}\cup\left(x_i^{S\cup j}-\left(x_i^{\tilde{S}_{m_1}}-x_i^T\right)\right)_{i\in\tilde{S}_{m_1}}\cup\left(x_i^T\right)_{i\in T\setminus S}$$

结合成本函数的凸性以及 $\left(x_i^T\right)_{i\in S\setminus\tilde{S}_{m_1}}$ 是 $c\left(S\setminus\tilde{S}_{m_1}\right)$ 的可行解，有

$$\begin{aligned}
c(T\cup j)-c(S\cup j)&\leqslant\sum_{i\in T\cup j}f_i(y_i)-\sum_{i\in S\cup j}f_i\left(x_i^{S\cup j}\right)\\
&=\sum_{i\in\tilde{S}_{m_1}}\left(f_i\left(x_i^{S\cup j}-\left(x_i^{\tilde{S}_{m_1}}-x_i^T\right)\right)-f_i\left(x_i^{S\cup j}\right)\right)\\
&\quad+\sum_{i\in T\setminus S}f_i\left(x_i^T\right)+\sum_{i\in S\setminus\tilde{S}_{m_1}}f_i\left(x_i^T\right)-\sum_{i\in S\setminus\tilde{S}_{m_1}}f_i\left(x_i^T\right)\\
\text{（成本函数的凸性）}&\leqslant\sum_{i\in\tilde{S}_{m_1}}\left(f_i\left(x_i^{\tilde{S}_{m_1}}-\left(x_i^{\tilde{S}_{m_1}}-x_i^T\right)\right)-f_i\left(x_i^{\tilde{S}_{m_1}}\right)\right)\\
&\quad+\sum_{i\in T\setminus S}f_i\left(x_i^T\right)+\sum_{i\in S\setminus\tilde{S}_{m_1}}f_i\left(x_i^T\right)-c\left(S\setminus\tilde{S}_{m_1}\right)\\
&=\sum_{i\in\tilde{S}_{m_1}}f_i\left(x_i^T\right)+\sum_{i\in T\setminus S}f_i\left(x_i^T\right)+\sum_{i\in S\setminus\tilde{S}_{m_1}}f_i\left(x_i^T\right)\\
&\quad-c\left(\tilde{S}_{m_1}\right)-c\left(S\setminus\tilde{S}_{m_1}\right)\\
&\leqslant c(T)-c(S)
\end{aligned}$$

综上，可得河流污水治理成本分摊博弈 (V,c) 的特征函数 $c(\cdot)$ 对于联盟满足弱凹性，证明完毕。

结合 2.1 节的内容，弱凹的特征函数保证了河流污水治理成本分摊博弈是单向成本分摊凸博弈。因此，定理 2.3 提出的成本分摊的凸组合可以作为污水治理博弈的核分配，根据各工厂不同的偏好，选择合适的分配方式，实现在没有外部干预的情况下，沿河的所有工厂自发地形成稳定的大联盟，以达到在完成污水处理任务的前提下，最小化各自所花费的成本，从而实现社会福利最大化。

4.1.4 小结

在本节中，我们主要对河流污水治理这一现实中常见的问题进行研究和探讨。河流只能从上游向下游单向流动的特征，使得在线性河流沿岸的污水处理工厂存在着合作的可能性，并且模型中特殊的约束条件保证了可以通过贪心策略在多项式时间内得到一个非线性规划的最优精确解。同时污染物无法逆向流动的特性使得下游的工厂在合作中占有着更重要的地位。在引入合作博弈理论之后，我们通过证明发现了河流污水治理博弈是单向成本分摊凸博弈，这也意味着可以通过第 2 章提到的成本分摊方式，在不需要政府干预的情况下实现所有工厂合作以形成稳定大联盟。

4.2 灾后运输网络修复问题

社会经济的发展与许多不同种类的运输网络息息相关，如交通运输网、电力输送网、远程通信网等。然而，各种灾难时有发生，上述网络遭到破坏后，轻则降低人们的生活水平，重则威胁到人类的生命安全，灾后运输网络修复的研究就变得尤为重要。修复受损网络会涉及多方合作，并且运送救灾物资会产生相应的运输成本，如何将成本进行合理的分摊，促使多方达成合作，正是合作博弈研究的范畴。

本节在灾后运输网络被破坏的背景下，定义出最短路修复（shortest paths recovery，SPR）合作博弈问题。针对该博弈中的 OCAP，提出了一种最短路修复合作博弈成本分摊算法，与以往基于线性松弛理论的求解方法不同，本算法基于拉格朗日松弛理论，可避免依赖于可分配约束的局限性。其核心思想是将最短路修复合作博弈分解为子博弈 1 和子博弈 2，其中子博弈 1 为简单的有核合作博弈，其局中人的最优成本分摊就是每个局中人自身的运输成本；子博弈 2 虽然为空核合作博弈，但可通过列生成算法高效地获得其最优成本分摊。将子博弈 1 和子博弈 2 的最优成本分摊相加，即可获得原博弈的一个近似最优的稳定成本分摊方案。然后，我们通过对随机仿真数据和玉树地震灾区的真实模拟数据进行验证，验证了该算法的有效性。结合玉树地震灾区的实际数据进行模拟，这一研究思路和结果可以为今后解决类似实际问题提供一定的借鉴。

4.2.1 最短路修复合作博弈成本分摊问题

交通运输网等现实中的网络，都可抽象为运筹学中网络图的概念，即设施、地点等可看作点，输送线路、道路等可看作边，点和边共同组成网络。基于此，灾后运输网络修复的研究背景大致可分为点的修复和边的修复。Liu 等（2016）

曾以运输网络中的受损道路为研究对象，提出了多条最短路修复成本优化问题。该研究的主要内容是，在考虑毁坏道路修复前后运输成本不同的情况下，针对现有多批物资运输任务，中央决策者需要在有限的道路修复资源的情况下，决策哪些道路需要修复，以最小化总运输成本。下面以图 4.2 为例，对灾后运输网络中的多条最短路修复成本优化问题进行简单的描述。

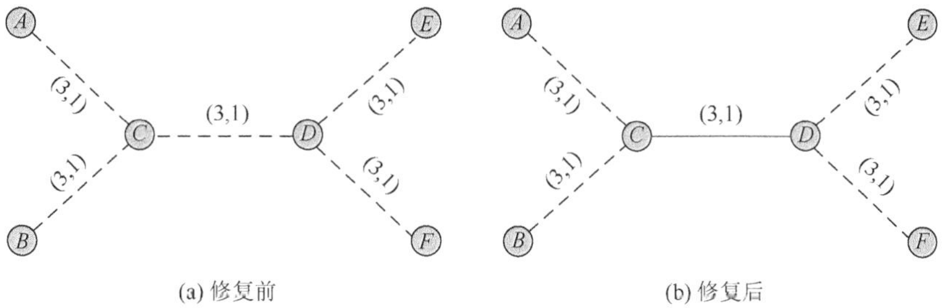

图 4.2　灾后运输网络中的多条最短路修复成本优化问题示意图

例 4.2　如图 4.2 所示，灾后运输网络包括 6 个地点，分别为$\{A，B，C，D，E，F\}$，有 5 条道路将以上 6 个地点连接在一起，分别为$\{AC, BC, CD, DE, DF\}$，这 5 条道路均为受损道路，修复其中任意一条道路所消耗的资源量均为 1，图 4.2 中的（3,1）表示每条道路修复前后的运输成本，分别为 3 和 1。现有两批物资，分别需要从 A 地点运往 F 地点，从 B 地点运往 E 地点，每批物资的权重均为 1，中央决策者拥有的可用来修复毁坏道路的总资源量为 1，即仅能选择图中的某一条道路修复，依次选择其中某一条道路修复后，完成两批运输任务的总运输成本分别为$C_{AC}=16$，$C_{BC}=16$，$C_{CD}=14$，$C_{DE}=16$，$C_{DF}=16$。显然，中央决策者应该选择受损道路 CD 修复，修复后总运输成本最小，为 14。

灾后运输网络可以构建为无向网络图$G=(M,E)$，其中M是节点的集合，E是受损道路的集合，即边的集合。每条边$(i,j)\in E$都有一个较高的灾后运输成本c_{ij}和较低的灾前运输成本c'_{ij}，其中$0\leqslant c'_{ij}\leqslant c_{ij}$。每条边可以通过消耗一定量的道路恢复资源$r_{ij}$，从受损状态修复到灾前正常状态。

有n批起止点可能不同的加权物资运输任务。每批物资的运输者，即最短路修复合作博弈的局中人，在不增加自身分摊的成本的基础上，可以选择其他运输者结盟，将各自拥有的修复毁坏道路资源R^k合并使用，使得联盟的总加权运输成本$\sum_{k=1}^{m}w^k\varnothing^k$最小。其中，$w^k$表示第$k$批物资运输任务的权重，为正值；$\varnothing^k$表示运输网络修复后，完成$k$批物资运输任务$(o^k,d^k)$所行驶的最短距离（沿该最短路径行驶的总运输成本最小）。

本节所用到的符号如表 4.2 所示。

表 4.2　灾后运输网络中的最短路修复合作博弈成本分摊研究符号说明

符号	符号的含义
M	节点的集合，$M=\{1,2,\cdots,m\}$
E	毁坏道路的集合
N	局中人（指物资运输者）的集合，$N=\{1,2,\cdots,n\}$
S	局中人形成联盟的集合，$S=\{s\subseteq N:s\neq\varnothing\}$
R	所有局中人可用来修复毁坏道路的资源总量
c_{ij}	从节点 i 到节点 j 的毁坏道路运输成本
c'_{ij}	从节点 i 到节点 j 的正常道路运输成本
r_{ij}	修复边 (i,j) 所消耗的资源量
o^k	第 k 个局中人完成物资运输任务 (o^k,d^k) 的起点，$\forall k\in N$
d^k	第 k 个局中人完成物资运输任务 (o^k,d^k) 的终点，$\forall k\in N$
w^k	第 k 个局中人完成物资运输任务 (o^k,d^k) 的权重，$\forall k\in N$
R^k	每个局中人拥有的可用来修复毁坏道路的资源，$\forall k\in N$
γ^s	示性向量 $\gamma^s=\left[\gamma_1^s,\gamma_2^s,\ldots,\gamma_m^s\right]^{\mathrm{T}}$，若第 k 个局中人在联盟 S 中，则 $\gamma_k^s=1$，否则 $\gamma_k^s=0$，$\forall k\in N,s\in S$
x_{ij}^k	决策变量，若已被修复的边 (i,j) 在完成物资运输任务 (o^k,d^k) 的最短路径上，则 $x_{ij}^k=1$，否则，$x_{ij}^k=0$，$\forall(i,j)\in E,\ k\in N$
y_{ij}^k	决策变量，若未被修复的边 (i,j) 在完成物资运输任务 (o^k,d^k) 的最短路径上，则 $y_{ij}^k=1$，否则，$y_{ij}^k=0$，$\forall(i,j)\in E,k\in N$
z_{ij}	决策变量，若边 (i,j)被修复，则 $z_{ij}=1$，否则，$z_{ij}=0$，$\forall(i,j)\in E,k\in N$

定义 4.1　定义 (N,c_{SPR}) 为最短路修复合作博弈，其中，N 表示全体局中人，特征函数 $c_{\text{SPR}}(s)$ 为如下整数规划问题：

$$c_{\text{SPR}}(s)=\min_{x;y;z}\sum_{k\in N}w^k\sum_{(i,j)\in E}\left(c'_{ij}\,x_{ij}^k+c_{ij}y_{ij}^k\right)\tag{4.5}$$

$$\text{s.t.}\ \sum_{j:(i,j)\in E}\left(x_{ij}^k+y_{ij}^k\right)-\sum_{j:(i,j)\in E}\left(x_{ji}^k+y_{ji}^k\right)=\begin{cases}\gamma_k^s, & i=o^k\\ -\gamma_k^s, & i=d^k\\ 0, & i\notin\{o^k,d^k\}\end{cases},\quad\forall i\in M,\quad k\in N$$

（4.5a）

$$\sum_{(i,j)\in E}r_{ij}z_{ij}\leqslant\sum_{k\in N}R_k\gamma_k^s\tag{4.5b}$$

$$x_{ij}^k \leqslant z_{ij}, \quad \forall (i,j) \in E, \quad k \in N \tag{4.5c}$$

$$x_{ij}^k, y_{ij}^k, z_{ij} \in \{0,1\}, \quad \forall (i,j) \in E, \quad k \in N \tag{4.5d}$$

其中，目标函数式（4.5）表示最小化总加权运输成本；式（4.5a）是网络流约束，即对于网络流上的任意一点来说，若其中存在某些点满足网络流约束式（4.5a），就可以定义出每个局中人的物资运输任务 (o^k, d^k) 从起点 o^k 到终点 d^k 的一条路径；式（4.5b）是预算平衡约束，表示消耗的总资源量 $\sum_{(i,j)\in E} r_{ij} z_{ij}$ 不能超过联盟中的每个局中人可用来修复毁坏道路的资源量之和 $\sum_{k\in N} R^k \gamma_k^s$；式（4.5c）表示只有当某条毁坏的边 (i,j) 被修复以后，才能在一些物资运输任务的最短路径中被当作正常的边使用；式（4.5d）表示决策变量均为 0-1 变量。注意，变量 y 与变量 z 之间存在一定的相互制约关系，不过他们的关系是由式（4.5a）和式（4.5c）联立共同体现的。

本节研究的重点就是寻找最短路修复合作博弈的最优成本分摊，即求解最短路修复合作博弈中的 OCAP。然而，在求解时遇到两个难点：一是对其特征函数 $c_{\mathrm{SPR}}(s)$ 直接求解非常困难，因为即使该问题只包含式（4.5）、式（4.5b）和式（4.5c），其本身就构成一个只能在伪多项式时间内求解的背包问题（Andonov et al., 2000），加入其他约束会导致问题变得更难直接求解；二是 OCAP 的约束数量是指数级的。针对这两个难点，本文提出 LRB 理论的最短路修复合作博弈成本分摊算法。

4.2.2　拉格朗日成本分解算法

1. 博弈分解

在拉格朗日松弛过程中，通过松弛约束 $\{A'x \geqslant B'\gamma^s + D'\}$，即 $c_{\mathrm{SPR}}(s)$ 中的式（4.5c），将该约束乘以非负的拉格朗日乘子 λ 后代入目标函数式（4.5），可推导出最短路修复合作博弈的拉格朗日松弛特征函数 $c_{\mathrm{LR\_SPR}}(s,\lambda)$ 如下：

$$c_{\mathrm{LR\_SPR}}(s,\lambda) = \min_{x;y;z} \sum_{k\in N} w^k \sum_{(i,j)\in E} \left(c'_{ij} x_{ij}^k + c_{ij} y_{ij}^k \right) - \sum_{k\in N} \sum_{(i,j)\in E} \lambda_{ij}^k \left(x_{ij}^k - z_{ij} \right) \tag{4.6}$$

$$\text{s.t.} \sum_{j:(i,j)\in E} \left(x_{ij}^k + y_{ij}^k \right) - \sum_{j:(i,j)\in E} \left(x_{ji}^k + y_{ji}^k \right) = \begin{cases} \gamma_k^s, & i = o^k \\ -\gamma_k^s, & i = d^k \\ 0, & i \notin \{o^k, d^k\} \end{cases}, \quad \forall i \in M, \quad k \in N \tag{4.6a}$$

$$\sum_{(i,j)\in E} r_{ij} z_{ij} \leqslant \sum_{k\in N} R_k \gamma_k^s \tag{4.6b}$$

$$x_{ij}^k, y_{ij}^k, z_{ij} \in \{0,1\}, \quad \forall (i,j) \in E, \quad k \in N \tag{4.6c}$$

该松弛函数可以转化为

$$c_{\mathrm{LR\_SPR}}(s,\lambda)=\min_{x;y;z}\sum_{k\in N}w^k\sum_{(i,j)\in E}\left[\left(c'_{ij}+\frac{\lambda_{ij}^k}{w^k}\right)x_{ij}^k+c_{ij}y_{ij}^k\right]-\sum_{k\in N}\sum_{(i,j)\in E}\lambda_{ij}^k\left(x_{ij}^k-z_{ij}\right)$$

$$\text{s.t.}\,(4.6\mathrm{a}),(4.6\mathrm{b}),(4.6\mathrm{c})$$

其中，λ 表示一个非负的 $m\times m\times k$ 矩阵。

根据拉格朗日对偶理论，对于任意的非负拉格朗日乘子 λ，$c_{\mathrm{LR\_SPR}}(N;\lambda)$ 是初始特征函数 $c_{\mathrm{SPR}}(N)$ 最优目标值的下界。为了找到最大下界，需要求解拉格朗日对偶问题 $d_{\mathrm{LR\_SPR}}(N;\lambda)$，并在此过程中，可以找到使 $c_{\mathrm{LR\_SPR}}(N;\lambda)$ 最大化的最优拉格朗日乘子 λ^*。其中拉格朗日对偶问题 $d_{\mathrm{LR\_SPR}}(N;\lambda)$ 如下：

$$d_{\mathrm{LR\_SPR}}(N;\lambda)=\max_{\lambda\geqslant 0}c_{\mathrm{LR\_SPR}}(N,\lambda)$$

$$\text{s.t.}\sum_{j:(i,j)\in E}\left(x_{ij}^k+y_{ij}^k\right)-\sum_{j:(i,j)\in E}\left(x_{ji}^k+y_{ji}^k\right)=\begin{cases}\gamma_k^s, & i=o^k\\ -\gamma_k^s, & i=d^k\\ 0, & i\notin\{o^k,d^k\}\end{cases},\quad \forall i\in M,\quad k\in N$$

$$\sum_{(i,j)\in E}r_{ij}z_{ij}\leqslant R$$

$$x_{ij}^k\leqslant z_{ij},\quad \forall(i,j)\in E,\quad k\in N$$

$$x_{ij}^k,y_{ij}^k,z_{ij}\in\{0,1\},\quad \forall(i,j)\in E,\quad k\in N$$

本算法结合了次梯度方法，在每次迭代中更新 λ，最终计算得到使 $d_{\mathrm{LR\_SPR}}(N;\lambda)$ 最优的拉格朗日乘子 λ^*。

其递归公式如下：

$$\lambda_{ij}^{k(t+1)}=\left\{\lambda_{ij}^{k(t)}+\theta^{(t)}\left[x_{ij}^{k(t)}-z_{ij}^{(t)}\right]\right\}^+,\quad \forall(i,j)\in E,\quad k\in N \tag{4.7}$$

其中，$\{a\}^+$ 表示 a 的正部，即 $\{a\}^+=\max\{0,a\}$；$\lambda^{k(t)}$ 和 $\lambda^{k(t+1)}$ 分别表示拉格朗日乘子 λ 在第 t 次和第 $t+1$ 次的迭代值；向量 $[x^{1(t)}-z^{(t)},x^{2(t)}-z^{(t)},\cdots,x^{n(t)}-z^{(t)}]$ 表示在点 $(\lambda^{(t)},L(\lambda^{(t)}))$ 的梯度；$\theta^{(t)}$ 表示第 t 次迭代的步长，即

$$\theta^{(t)}=\frac{\rho^{(t)}\left[\mathrm{UB}-c_{\mathrm{LR\_SPR}}(N;\lambda^{(t)})\right]}{\sum_{k=1}^{n}\|x^{k(t)}-z^{(t)}\|^2},$$

其中，UB 表示特征函数 $c_{\mathrm{SPR}}(N)$ 的上界，即通过 t 次迭代后，$c_{\mathrm{SPR}}(N)$ 所能获得的最小目标函数值；$c_{\mathrm{LR\_SPR}}(N;\lambda^{(t)})$ 表示第 t 次迭代的拉格朗日松弛特征函数值；$\rho^{(t)}$ 表示一个标量，初始值设定为 2，若在给定的迭代次数内，最大的拉格朗日松弛特征函数值 $c_{\mathrm{LR\_SPR}}\left(N;\tilde{\lambda}^{(t)}\right)$ 停止增大，则 $\rho^{(t)}$ 减半。

在每次迭代的过程中，通过引入拉格朗日乘子 $\lambda^{(t)}$，可以获得一个可行解 $z^{(t)}$，并以此计算获得 $c_{\mathrm{SPR}}(N)$ 的目标函数值以更新 UB，继而迭代计算出第 $t+1$ 次的拉格朗日乘子 $\lambda^{(t+1)}$。重复该过程，直到上界 UB 和最大的拉格朗日松弛特征函数值 $c_{\mathrm{LR\_SPR}}(N;\lambda^{(t)})$ 之间的差距接近于 0，或者迭代次数达到设定的最大限制。通过上述次梯度法，可以获得使 $c_{\mathrm{LR\_SPR}}(N;\lambda)$ 最大化的最优拉格朗日乘子 λ^*。

给定任一非负拉格朗日乘子 λ，可以将拉格朗日松弛特征函数 $c_{\mathrm{LR\_SPR}}(\cdot;\lambda)$ 分解为两个子特征函数 $c_{\mathrm{LR1\_SPR}}(\cdot;\lambda)$ 和 $c_{\mathrm{LR2\_SPR}}(\cdot;\lambda)$，满足 $c_{\mathrm{LR\_SPR}}(\cdot;\lambda)=c_{\mathrm{LR1\_SPR}}(\cdot;\lambda)+c_{\mathrm{LR2\_SPR}}(\cdot;\lambda),\forall s\in S$。其中，定义子博弈 1 为 $(N;c_{\mathrm{LR1\_SPR}}(\cdot;\lambda))$，其特征函数如下：

$$c_{\mathrm{LR1\_SPR}}(s;\lambda)=\min_{x;y}\sum_{k\in N}w^k\sum_{j:(i,j)\in E}\left(c''_{ij}\,x_{ij}^k+c_{ij}y_{ij}^k\right)$$

$$\text{s.t.}\ \sum_{j:(i,j)\in E}\left(x_{ij}^k+y_{ij}^k\right)-\sum_{j:(i,j)\in E}\left(x_{ji}^k+y_{ji}^k\right)=\begin{cases}\gamma_k^s, & i=o^k\\ -\gamma_k^s, & i=d^k\\ 0, & i\notin\{o^k,d^k\}\end{cases},\quad \forall i\in M,\quad k\in N$$

$$x_{ij}^k,y_{ij}^k\in\{0,1\},\quad \forall(i,j)\in E,\quad k\in N$$

其中 $c''_{ij}=c'_{ij}+\dfrac{\lambda_{ij}^k}{w_k}$。

定义子博弈 2 为 $(N;c_{\mathrm{LR2\_SPR}}(\cdot;\lambda))$，其特征函数如下：

$$c_{\mathrm{LR2\_SPR}}(s;\lambda)=\min_{z}-\sum_{k\in N}\sum_{(i,j)\in E}\lambda_{ij}^k z_{ij}^k$$

$$\text{s.t.}\ \sum_{(i,j)\in E}r_{ij}z_{ij}\leqslant\sum_{k\in N}R_k\gamma_k^s$$

$$z_{ij}\in\{0,1\},\quad \forall(i,j)\in E,\quad k\in N$$

定理 4.4　给定任意的非负拉格朗日乘子 λ，若 $\alpha_{\mathrm{LR1\_SPR}}^{\lambda}$ 和 $\alpha_{\mathrm{LR2\_SPR}}^{\lambda}$ 分别是子博弈 $(N;c_{\mathrm{LR1\_SPR}}(\cdot;\lambda))$ 和 $(N;c_{\mathrm{LR2\_SPR}}(\cdot;\lambda))$ 的稳定成本分摊，则原博弈 $(N;c_{\mathrm{SPR}})$ 的一个稳定成本分摊是 $\alpha_{\mathrm{LR\_SPR}}^{\lambda}=\alpha_{\mathrm{LR1\_SPR}}^{\lambda}+\alpha_{\mathrm{LR2\_SPR}}^{\lambda}$。

证明　对任意 $s\in S$，$\alpha_{\mathrm{LR1\_SPR}}^{\lambda}$ 和 $\alpha_{\mathrm{LR2\_SPR}}^{\lambda}$ 是稳定成本分摊，表明其满足以下条件：

$$\sum_{k\in s}\left[\alpha_{\mathrm{LR1\_SPR}}^{\lambda}(k)+\alpha_{\mathrm{LR2\_SPR}}^{\lambda}(k)\right]\leqslant c_{\mathrm{LR1\_SPR}}(s;\lambda)+c_{\mathrm{LR2\_SPR}}(s;\lambda)\leqslant c_{\mathrm{SPR}}(s)$$

由此可得出：

$$\sum_{k\in s}\alpha_{\mathrm{LR\_SPR}}^{\lambda}(k)=\sum_{k\in s}\left[\alpha_{\mathrm{LR1\_SPR}}^{\lambda}(k)+\alpha_{\mathrm{LR2\_SPR}}^{\lambda}(k)\right]\leqslant c_{\mathrm{SPR}}(s)$$

其满足联盟稳定性条件的定义。证毕。

根据定理 4.4，给定任意的非负拉格朗日乘子 λ，可通过求解子博弈 1 和子博弈 2 的 OCAP，从而得到原博弈的稳定成本分摊。值得一提的是，我们在求解子博弈 2 的 OCAP 的过程中发现，即使所有子联盟的成本 $c_{\mathrm{LR2\_SPR}}(s;\lambda)$ 都由最优的拉格朗日乘子 λ^* 代入求解获得，也不一定能得到子博弈 2 的最优成本分摊值 $\sum_{k\in N}\alpha_{\mathrm{LR2\_SPR}}^{\lambda}(k)$。基于上述情况，为了获得子博弈 2 更优的成本分摊值，本节提出以下算法。

算法 4.4 求解最短路修复合作博弈 $(N;c_{\mathrm{SPR}})$ 的成本分摊算法

1：构造最短路修复合作博弈 $(N;c_{\mathrm{SPR}})$ 的拉格朗日特征函数 $c_{\mathrm{LR\_SPR}}(\cdot;\lambda)$，然后利用次梯度法，求解其拉格朗日对偶问题 $d_{\mathrm{LR\_SPR}}(N;\lambda)$ 的最优拉格朗日乘子 λ^*，并在迭代过程中将拉格朗日乘子存入集合 $\Lambda=\{\lambda_1,\lambda_2,\cdots,\lambda_p\}$

2：利用每个 $\lambda\in\Lambda$，将拉格朗日特征函数 $c_{\mathrm{LR\_SPR}}(\cdot;\lambda)$ 分解为两个子特征函数 $c_{\mathrm{LR1\_SPR}}(\cdot;\lambda)$ 和 $c_{\mathrm{LR2\_SPR}}(\cdot;\lambda)$

3：求解两个子博弈 $(N;c_{\mathrm{LR1\_SPR}}(\cdot;\lambda))$ 和 $(N;c_{\mathrm{LR2\_SPR}}(\cdot;\lambda))$ 的最优稳定成本分摊 $\alpha_{\mathrm{LR1\_SPR}}^{\lambda}$ 和 $\alpha_{\mathrm{LR2\_SPR}}^{\lambda}$

4：计算博弈 $(N;c_{\mathrm{SPR}})$ 的稳定成本分摊 $\alpha_{\mathrm{LR\_SPR}}^{\lambda}=\alpha_{\mathrm{LR1\_SPR}}^{\lambda}+\alpha_{\mathrm{LR2\_SPR}}^{\lambda}$，并在 $\lambda\in\Lambda$ 对应的 $\alpha_{\mathrm{LR\_SPR}}^{\lambda}$ 中找到分摊成本最多的稳定成本分摊

值得一提的是，在选择拉格朗日乘子方面并没有理论研究，本书是依照仿真结果总结出的经验，从不同的迭代中选择三个拉格朗日乘子，分别计算其对应的 $\alpha_{\mathrm{LR2\_SPR}}^{\lambda}$，然后进行比较取最优值。

2. 子博弈 1

本节介绍如何求解子博弈 1 $(N;c_{\mathrm{LR1\_SPR}}(\cdot;\lambda))$ 的最优成本分摊方案，下面给出具体的求解过程，并通过引理 4.3 给出该过程步骤 4 的理论推导。首先，从算法 4.4 步骤 1 的集合 Λ 中选择一个 λ，并将选定的 λ 拆分为 n 个 $m\times m$ 维矩阵 $\lambda^k:k\in N$；其次，选择 c_{ij}'' 和 c_{ij} 中的较小值来更新每条边 $(i,j)\in E$ 的运输成本；再次，将 λ^k 依次代入特征函数 $c_{\mathrm{LR1\_SPR}}(\cdot;\lambda)$ 并求解，求解每个特征函数相当于求解一个最短路问题，即利用 Dijkstra（迪杰斯特拉）算法可在多项式时间内获得子博弈 1 中每个局中人的成本 $f(\lambda^k)=c_{\mathrm{LR1\_SPR}}(\cdot;\lambda^k):k\in N$；最后，通过每个局中人的成本可以获得子博弈 1 的最优成本分摊方案 $\alpha_{\mathrm{LR1\_SPR}}^{\lambda}$。

引理 4.3　若向量 $\alpha_{\mathrm{LR1\_SPR}}^{\lambda}$ 满足：

$$\alpha_{\mathrm{LR1\_SPR}}^{\lambda}(k)=f(\lambda^{k}):k\in N$$

则 $\alpha_{\mathrm{LR1\_SPR}}^{\lambda}$ 在子博弈 1 $(N;c_{\mathrm{LR1\_SPR}}(\cdot;\lambda))$ 的核心中。

证明　因为每个局中人的成本分摊为

$$\alpha_{\mathrm{LR1\_SPR}}^{\lambda}(k)=f(\lambda^{k}):k\in N$$

所以

$$\sum_{k\in s}\alpha_{\mathrm{LR\_SPR}}^{\lambda}(k)=\sum_{k\in s}f(\lambda^{k})=c_{\mathrm{LR1\_SPR}}(s;\lambda),\quad \forall s\in S$$

由此，我们可以发现成本分摊方案 $\alpha_{\mathrm{LR\_SPR}}^{\lambda}\in\mathbb{R}^{n}$ 既能满足联盟稳定性条件：

$$\sum_{k\in s}\alpha_{\mathrm{LR\_SPR}}^{\lambda}(k)\leqslant c_{\mathrm{LR1\_SPR}}(s;\lambda),\quad \forall s\in S$$

又能同时满足预算平衡约束条件：

$$\sum_{k\in N}\alpha_{\mathrm{LR\_SPR}}^{\lambda}(k)=c_{\mathrm{LR1\_SPR}}(N;\lambda)$$

即 $\alpha_{\mathrm{LR\_SPR}}^{\lambda}\in\mathbb{R}^{n}$ 为子博弈 1 $(N;c_{\mathrm{LR1\_SPR}}(\cdot;\lambda))$ 的核心。证毕。

由引理 4.3 可得，给定最优拉格朗日乘子，通过每个局中人的成本可以直接获得子博弈 1 $(N;c_{\mathrm{LR1\_SPR}}(\cdot;\lambda))$ 的核心。换言之，该成本分摊方案已使得子博弈 1 大联盟的总成本分摊达到最大值，即该成本分摊方案是最优的，此处最优指的就是总成本分摊最大。

3. 子博弈 2

本节的目标是求解子博弈 2 $(N;c_{\mathrm{LR2\_SPR}}(\cdot;\lambda))$ 的最优稳定成本分摊，本节给出一种基于列生成算法的求解算法，其核心思想是通过将每个联盟作为如式（4.9）所定义的主规划问题的一列，来重新构造主规划问题。

寻找子博弈 2 的最优稳定成本分摊，就是计算下列 OCAP 的最优解：

$$\max_{\alpha}\sum_{k\in N}\alpha_{\mathrm{LR2\_SPR}}^{\lambda}(k) \tag{4.8}$$

$$\text{s.t.}\sum_{k\in s}\alpha_{\mathrm{LR2\_SPR}}^{\lambda}(k)\leqslant c_{\mathrm{LR2\_SPR}}(s;\lambda),\quad \forall s\in S \tag{4.8a}$$

经过拉格朗日松弛过程以后，$c_{\mathrm{LR2\_SPR}}(s;\lambda)$ 在计算上，相对 $c_{\mathrm{SPR}}(s;\lambda)$ 更容易求解。为求解式（4.8）的 OCAP，考虑求解其对偶问题：

$$\min_{\beta}\sum_{k\in N}c_{\mathrm{LR2\_SPR}}(s;\lambda)\beta_{s} \tag{4.9}$$

$$\text{s.t.} \sum_{s\in S}\gamma_k^s\beta_s = 1, \quad \forall k \in N \tag{4.9a}$$

$$\beta_s \geqslant 0, \quad \forall s \in S \tag{4.9b}$$

其中，$\{\beta_s : \forall s \in S\} \in \mathbb{R}^{(2^n)\times 1}$ 表示决策变量。根据强对偶理论，式（4.8）等价于式（4.9）。根据标准的列生成算法，本书提出算法 4.5 求解式（4.9），并得到子博弈 2 最优稳定成本分摊。

算法4.5 求解子博弈 2 $(N;c_{\text{LR2\_SPR}}(\cdot;\lambda))$ 的最优稳定成本分摊 $\alpha_{\text{LR2\_SPR}}^{\lambda}(k)$ 的基于列生成算法

1：给定集合 $S' \subset S$ 含有多项式数目的元素，求解主规划问题式（4.9）的最优对偶解 π^*

2：找到定价子问题（pricing sub-problem）的最优联盟 s^*

$$\min_{s\in S\setminus S'}\left\{c_{\text{LR2\_SPR}}(s;\lambda) - \sum_{k\in N}\gamma_k^s\pi_k^*\right\} \tag{4.10}$$

在计算上述定价子问题时，为计算方便，需要对原问题进行改造，为保证改造后的问题和原问题保持一致，在原问题中加入两组约束条件，这两组约束条件如下：

$$z_{ij}^k \leqslant \gamma_k^s, \quad \forall (i,j)\in E, \quad k\in N \tag{4.11}$$

$$z_{ij}^k \leqslant z_{ij}, \quad \forall (i,j)\in E, \quad k\in N \tag{4.12}$$

原定价子问题最终被改造为如下优化问题：

$$\min_{\gamma;z;z^k} -\sum_{k\in N}\sum_{(i,j)\in E}\lambda_{ij}^k z_{ij}^k - \sum_{k\in N}\gamma_k^s\pi_k^* \tag{4.13}$$

$$\text{s.t.} \sum_{(i,j)\in E} r_{ij}z_{ij} \leqslant \sum_{k\in N}R_k\gamma_k^s \tag{4.13a}$$

$$z_{ij}^k \leqslant z_{ij}, \quad \forall (i,j)\in E, \quad k\in N \tag{4.13b}$$

$$z_{ij}, z_{ij}^k, \gamma_k^s \in \{0,1\}, \quad \forall (i,j)\in E, \quad k\in N \tag{4.13c}$$

3：若存在代入式（4.13）的值为负数的联盟 s^*，将其添加到集合 S'，然后返回步骤 1；若不存在，则对偶问题式（4.9）已求得最优解，进行步骤 4

4：根据更新的联盟集合 S' 和其对应的特征函数值 $\{c_{\text{LR2\_SPR}}(s;\lambda) : \forall s \in S'\}$，下面的线性规划问题可以求得博弈 $(N;c_{\text{LR2\_SPR}}(\cdot;\lambda))$ 的最优稳定成本分摊 $\alpha_{\text{LR2\_SPR}}^{\lambda}$

$$\max_{\alpha}\sum_{k\in N}\alpha_{\text{LR2\_SPR}}^{\lambda}(k)$$

$$\text{s.t.} \sum_{k\in s}\alpha_{\text{LR2\_SPR}}^{\lambda}(k) \leqslant c_{\text{LR2\_SPR}}(s,\lambda), \quad \forall s \in S'$$

值得一提的是，算法 4.5 的步骤 1 中初始集合 S' 的选取不会影响最优解，选取不同的初始集合 S' 产生的最优解都是相同的，并且等于取所有集合 S' 计算获得的最优解。算法 4.5 最终生成的列的集合（属于所有列的集合 S ），一定包含所有会对最优解产生影响的列的最小子集，同时也包含初始集合 S' 。我们在选取初始集合 S' 时，是从经验的角度，尽量选取会对目标函数值产生影响的列组成初始集合 S' 。选取不同的初始集合 S' 只会稍微影响求解时间，即初始集合 S' 选得越好，计算效率越高，但选取不同的初始集合 S' 并不会对最优解的值产生影响。

定理 4.5　通过基于列生成算法求得的向量 $\alpha^{\lambda}_{\mathrm{LR2\_SPR}}$ 是子博弈 2 $(N;c_{\mathrm{LR2\_SPR}}(\cdot;\lambda))$ 的最优稳定成本分摊。

在以上的基于列生成算法中，难点是求解定价子问题，即式（4.10）。

针对最短路修复合作博弈的子博弈 1 和子博弈 2，在分别求得其最优的稳定成本分摊 $\alpha^{\lambda}_{\mathrm{LR1\_SPR}}$ 和 $\alpha^{\lambda}_{\mathrm{LR2\_SPR}}$ 后，可以通过定理 4.4 求得最短路修复合作博弈的成本分摊。

更重要的是，由定理 4.5 可知，如果 λ^* 是最优的拉格朗日乘子，并且 $\left(N;c_{\mathrm{LR2\_SPR}}(\cdot;\lambda^*)\right)$ 有一个非空的核心，则相应的拉格朗日成本分摊 $\sum_{k\in N}\alpha^{\lambda^*}_{\mathrm{LR\_SPR}}(k)$ 等于拉格朗日下界 $c_{\mathrm{LR\_SPR}}(N;\lambda^*)$ 。

值得注意的是，若联盟中的每个局中人所拥有的可用来修复毁坏道路的资源 R_k ，满足以下两个条件之一：① $R_k \to 0, \forall k \in N$ ；② $R_k \geqslant \sum_{(i,j)\in E} z_{ij}, \forall k \in N$ 。则该最短路修复合作博弈一定有核。换言之，当联盟中的每个局中人拥有的可用来修复毁坏道路的资源极少（即使是所有局中人的资源总量，也不够修复任意一条道路），或者资源极多（每个局中人的资源都足够修复所有受损道路），则所有局中人的成本分摊之和就等于大联盟总成本（满足预算平衡约束），并且每个局中人的成本分摊，就等于其自身所花费的运输成本（满足联盟稳定性约束）。

4.2.3　数值仿真结果

1. 不同规模下的算法仿真结果

本节所有的仿真实验均在同一台计算机上进行，其系统版本是 Windows 10 专业版，中央处理器规格为 Intel Core i7-8700，8.00G RAM，3.20GHz CPU。所有的算法均由 Matlab R2019a 编辑运行。下面给出本书提出的 LRB 理论的最短路修复合作博弈成本分摊算法在不同情形下的计算效果。

在小规模情形下，本书随机仿真三组不同规模的交通网络。每组网络分别包含 10 个节点、20 个节点和 30 个节点，网络密度均为 50%左右，即三组网络图分别对应 20 条边、100 条边和 200 条边，对应的局中人人数分别为 5 人、10 人和 15 人。灾前运输成本 $\{c'_{ij}:\forall(i,j)\in E\}$ 服从[10，30]上的整数均匀分布，灾后运输成本 c_{ij} 等于 c'_{ij} 和服从[1，2]上均匀分布的一个实值的乘积，边 (i,j) 的修复所消耗的资源量 r_{ij} 服从[10，30]上的整数均匀分布，所有局中人的权重向量 w 服从[5，15]上的整数均匀分布。在不同的交通网络中，设定每个局中人拥有可用于修复道路的资源量，均服从[5，15]上的整数均匀分布，即修复毁坏路径的总资源量期望分别为 50、100、150。小规模情形下的仿真结果如表 4.3 所示。

表 4.3　小规模情形下的仿真结果

(m,n)	OCA/GCC/%			LRCA/GCC/%			CPU 运行时间/秒	
	avg.	max.	min.	avg.	max.	min.	T_{OCA}	T_{LRCA}
(10,5)	99.22	100.00	96.21	96.03	98.63	92.72		38.46
(20,10)	99.55	100.00	97.80	93.65	97.32	88.33		156.10
(30,15)	99.80	100.00	99.52	92.05	93.61	88.92		442.61

注：avg.表示平均值，max.表示最大值，min.表示最小值

在中规模情形下，本书同样随机仿真三组不同规模的交通网络，每组网络分别包含 40 个节点、60 个节点和 80 个节点，网络密度均为 50%左右，即三组网络图分别对应 400 条边、900 条边和 1600 条边，对应的局中人人数分别为 20 人、30 人和 40 人，其他参数设定与小规模情形相同。中规模情形下的仿真结果如表 4.4 所示。

表 4.4　中规模情形下的仿真结果

(m,n)	LRCA/LB/%			LB/UB/%			CPU 运行时间/秒	
	avg.	max.	min.	avg.	max.	min.	T_{OCA}	T_{LRCA}
(40,20)	99.68	99.93	99.39	90.14	92.41	86.31		38.46
(60,30)	99.88	99.99	99.68	88.38	90.88	85.73		156.10
(80,40)	99.95	99.99	99.79	86.93	88.40	84.45		442.61

在大规模情形下，本书随机仿真的交通网络均包含 100 个节点，均有 50 个局中人负责运送物资。不同的是，这三组网络图分别包含 500、1500 和 4500 条边。在不同的交通网络中，设定每个局中人拥有可用于修复毁坏道路的资源，分别服从区间[5，15]、[15，25]、[25，35]上的均匀分布，即修复毁坏路径的总资源分别为 500、1000 和 1500。换言之，大联盟的总资源平均分别可以修复 25 条边、50 条边和 75 条边。大规模情形下的仿真结果如表 4.5、表 4.6 和表 4.7 所示。

表 4.5　大规模情形下的仿真结果（100 个节点，50 个局中人，500 条边）

R	LRCA/LB/%			LB/UB/%			CPU 运行时间/秒
	avg.	max.	min.	avg.	max.	min.	
500	99.98	99.99	99.95	85.31	88.28	83.54	1300.88
1000	95.22	98.57	93.46	89.83	93.10	86.98	1687.64
1500	86.07	88.77	83.27	96.17	97.97	94.34	1633.76

表 4.6　大规模情形下的仿真结果（100 个节点，50 个局中人，1500 条边）

R	LRCA/LB/%			LB/UB/%			CPU 运行时间/秒
	avg.	max.	min.	avg.	max.	min.	
500	99.97	100.00	99.92	85.52	88.03	82.53	1045.64
1000	89.60	92.64	86.79	92.14	94.80	89.97	1024.83
1500	80.28	84.28	77.41	98.81	99.66	97.15	1062.01

表 4.7　大规模情形下的仿真结果（100 个节点，50 个局中人，4500 条边）

R	LRCA/LB/%			LB/UB/%			CPU 运行时间/秒
	avg.	max.	min.	avg.	max.	min.	
500	98.75	99.98	94.98	87.04	89.50	84.43	941.11
1000	83.98	87.17	80.79	96.00	97.18	94.32	904.30
1500	77.46	81.65	73.78	99.98	100.00	99.67	974.56

在本节的各表中，OCA 表示最优成本分摊；GCC 表示大联盟总运输成本的最优值；LRCA 表示通过基于拉格朗日松弛的最短路修复合作博弈成本分摊算法求得的最大成本分摊；LB 表示通过该算法获得的大联盟总运输成本的下界；UB 表示通过该算法获得的大联盟总运输成本的上界。其中 OCA 和 GCC 的结果，是

通过商用优化求解器 Gurobi 9.1.1 运算求解的。

本书根据商用优化求解器 Gurobi 9.1.1 求解 OCA 的平均运算时间区分小规模和中大规模情形。在每组 20 次随机仿真实验中，如果最优成本分摊 OCA 的平均求解时间在 2 小时以内，则将该组随机仿真定义为小规模情形。当最优成本分摊 OCA 的平均求解时间超过 2 小时的时候，根据运输网络中的节点数目区分中大规模情形，如果运输网络中的节点在 100 个以下，则该随机仿真为中规模情形，否则为大规模情形。

表 4.3 和表 4.4 展示了中小规模情形下的运算结果，其中，(m,n) 表示仿真网络的规模，即有 m 个节点和 n 个局中人；T_{OCA} 表示通过商用优化求解器求解成本分摊的运行时间；T_{LRCA} 表示 LRB 的最短路修复合作博弈成本分摊算法的运行时间。

表 4.5、表 4.6 和表 4.7 呈现了大规模情形下的运算结果，其中，R 表示大联盟中的所有局中人拥有可用于修复道路的总资源量；CPU 运行时间表示通过本书提出的 LRB 的最短路修复合作博弈成本分摊算法的运行时间。

针对上述每一组交通网络，本书分别进行 20 次仿真实验，并统计获得以上仿真计算结果。通过观察这些结果，可以得出如下结论。

第一，该最短路修复合作博弈的成本分摊问题是空核的。在表 4.3 的小规模情形下，三组仿真实验均有空核的情况存在。例如，10 个节点、5 个局中人的 20 次仿真实验中，有 9 次的 OCA/GCC 不到 100.00%。

第二，在表 4.3 的小规模情形下，Gurobi 9.1.1 求解的最优成本分摊和大联盟总运输成本比值 OCA/GCC 的平均值，均在 99%以上，本算法计算的最大成本分摊和大联盟总运输成本比值 LRCA/GCC 的平均值，均在 92%以上。在表 4.4 的中规模情形下，商用优化求解器 Gurobi 9.1.1 计算 OCA 的平均运行时间已超过 2 小时（7200 秒），本算法用 LRCA/LB 替代 OCA/GCC，其比值均在 99%以上，LB/UB 的平均值，均在 85%以上。本算法的计算精度较高，在所有中规模情形下的仿真实验中，均可以在 10 分钟内解决问题；本算法相比于通过商用优化求解器求最优成本分摊的方法，在运算时间上具有明显的优势。

第三，在表 4.5～表 4.7 的大规模情形下，本算法计算的 LB/UB 的平均值，随着每个局中人汇总的修复道路资源量增大而增大，随着运输网络密度增大而增大。LB/UB 的值越大，表示拉格朗日松弛上下界越接近最优成本，上下界的计算效果越好。当资源量和运输网络密度足够大时，可以看到 LB/UB 的值几乎均达到 100.00%。由此可以看出，局中人汇总的修复毁坏道路的资源量和运输网络密度越大，上下界的计算效果越好。

第四，在表 4.5～表 4.7 的大规模情形下，本算法计算的 LRCA/LB 的平均值，随着每个局中人汇总的修复毁坏道路的资源量减小而增大，随着运输网络密度减小而增大。如果我们定义 LRCA/LB 越接近 100%，代表大联盟合作越容易达成，那么产生 LRCA/LB 计算结果的原因可能是，局中人汇总的修复毁坏道路的资源量和运输网络密度越小，大联盟合作越容易达成。

2. 基于玉树地震灾区现实数据的算法仿真结果

2010 年 4 月 14 日上午 7 时 49 分，我国青海玉树发生里氏 7.1 级地震。当地的运输网络遭到严重毁坏，同时灾区资源匮乏，主要救灾及灾后恢复重建物资基本依靠外部输入。根据交通运输部相关通知要求，玉树灾后恢复重建运输保障工作由青海省政府总负责，统筹调配救援及重建物资，同时其周边的四川、西藏等省份和自治区，要建立应急运输协调机制，共同合作完成玉树灾后恢复重建工作。

在玉树灾后恢复重建运输保障工作中，救援及重建物资主要从青海西宁、四川甘孜、西藏昌都和玉树机场四地，沿主要公路干道送往受灾程度不同的各乡镇灾区。在实际的运输过程中，每批物资由一个车队（局中人）负责运输，并且每个局中人均拥有一定的道路修复资源。若每个局中人能集中各自的道路修复资源，合作完成灾区受损道路的修复及物资运输保障工作，可使得总体运输成本最小。为促使所有局中人达成合作，需要对每个局中人完成任务所花费的运输成本进行合理的分摊，分摊完成后的总成本和大联盟总运输成本的缺口，由中央政府给予一定的财政补贴。

基于玉树地震背景，本书收集了玉树地震灾区的现实数据，并对玉树灾区物资运输进行模拟仿真，验证了本书提出的 LRB 理论的成本分摊算法的有效性。主要数据来源如下。

（1）网络图。玉树地震涉及青海省玉树藏族自治州玉树市、称多县、治多县、杂多县、囊谦县、曲麻莱县和四川省甘孜藏族自治州石渠县等 7 个县市的 27 个乡镇。本网络图以受灾的 27 个乡镇及通往灾区的西宁、甘孜、昌都和玉树机场为关键节点。节点之间若有道路相连通，则将节点连接，构造网络图。

（2）路径的运输成本。以当前的实际运输时间作为修复后的运输成本。修复前的运输成本由目前运输时间乘以路径两端点的受灾等级对应的系数确定（玉树地震波及范围划分为极重灾区、重灾区、一般灾区和灾害影响区三类，其系数分别对应为 2、1.5、1.2）。

（3）修复路径所需资源。灾后余震不断，沿途经常有零星塌方。路径越长，受灾程度越严重，所需要的资源越多。因此路径修复所需资源，由路径长度乘以路径两端点的受灾等级对应的系数确定。

（4）物资运输任务。起点为玉树机场、西宁、甘孜、昌都。终点为极重灾区——结古镇、重灾区——隆宝镇、重灾区——仲达乡、重灾区——安冲乡、重灾区——巴塘乡。任务共计 20 个。

（5）各项车队的资源。每个车队拥有的可用于修复毁坏道路的资源，根据运输任务的起点物资量以及终点需求量进行比例分配。在实际的运输过程中，由于西宁至玉树的公路等级高，昌都、甘孜至玉树的公路等级低，因此主要的物资由西宁运输，因此将玉树机场、西宁、甘孜、昌都的物资比例设定为1∶7∶1∶1。根据灾区受灾人口比例确定极重灾区——结古镇、重灾区——隆宝镇、重灾区——仲达乡、重灾区——安冲乡、重灾区——巴塘乡的需求为16∶1∶1∶1∶1。

（6）各项任务的权重。每个运输任务的权重根据运输任务的起点权重以及终点权重相乘确定。终点权重根据灾区受灾人口比例确定，起点权重考虑到机场运输的物资为紧急物资，将玉树机场、西宁、甘孜、昌都的权重比例设定为4∶4∶1∶1。

基于以上分析，本节首先根据玉树地震现实情况，建立灾后运输网络中的最短路修复合作博弈问题模型；其次根据拉格朗日松弛过程和博弈分解的方法，将问题拆解为子博弈1和子博弈2；再次根据引理4.3求得子博弈1的最优稳定成本分摊，根据算法4.5求得子博弈2的最优稳定成本分摊；最后将子博弈1和子博弈2的最优稳定成本分摊进行加和，获得分摊的总成本α，以及每个地点分摊的成本α_i。本节用α_i表示从i地点出发的车队（局中人）分摊的成本之和；用每个局中人都不进行合作时，从每个地点出发的车队（局中人）花费的运输成本之和β_i和总运输成本β作为对照组；用r_i表示大联盟合作以后，每个地点成本下降的比例；用r表示总成本下降的比例。其中，$r_i = (\alpha_i - \beta_i) / \beta_i$。角标$\{i = \mathrm{A,B,C,D}\}$分别表示玉树机场、西宁、甘孜、昌都四地。主要结果如表4.8和表4.9所示。

表4.8　基于玉树地震灾区现实数据的算法仿真结果

成本和比例	A	B	C	D	大联盟
局中人分摊的总成本：α	1 852.16	49 189.00	19 029.90	11 973.35	82 044.41
局中人总运输成本：β	6 292.00	50 448.35	22 029.28	13 462.30	92 231.93
总成本下降的比例：r	70.56%	2.5%	13.62%	11.06%	11.05%

表4.9　大联盟最优运输成本计算结果

成本	UB	LRB	GCC	α/GCC	CPU运行时间/s
最优运输成本	83 460.00	83 460.00	83 460.00	98.30%	19.61

由表4.8中可知，在合作博弈方面，当大联盟进行合作以后，每个地点的成本都有所下降，其中大联盟的总成本下降的比例为11.05%，玉树机场总成本下降的比例r_{A}达到了70.56%，由此可以看出，合作会减少社会资源的消耗。在求解精

度方面，本算法不仅精确求得大联盟的最优运输成本（UB = LRB = GCC），而且在已知该博弈的核心为空的情形下，α/GCC 达到 98.30%。在运算时间方面，对于给定玉树地震灾区现实数据 31 个节点和 20 个局中人的实际问题，仅用 19.61 秒就得到成本分摊。本书提出的 LRB 理论的成本分摊算法在求解精度和运算时间上都取得较好的效果，实际应用价值较高。

4.2.4　小结

本节在灾后运输网络被破坏的背景下，定义了最短路修复合作博弈问题。针对该博弈中的 OCAP，本节提出了一种 LRB 的成本分摊算法，不同于以往基于线性松弛理论的求解方法，本算法可避免依赖于“可分配”约束的局限性。该算法的主要思想为将最短路修复合作博弈分解为两个子博弈，其中子博弈 1 为简单的有核合作博弈，其局中人的最优成本分摊就是每个局中人自身的运输成本；子博弈 2 虽然为空核合作博弈，但可通过基于列生成算法高效地获得其最优成本分摊。将子博弈 1 和子博弈 2 的最优成本分摊相加，即可获得原博弈的一个近乎最优的稳定成本分摊方案，使其在满足联盟稳定性的条件下，尽可能地覆盖大联盟的总成本。然后，本节通过随机仿真数据以及玉树地震灾区的现实模拟数据对该算法进行了验证，结果表明无论是仿真数据还是现实数据，该算法都能在短时间内为最短路修复合作博弈提供稳定的成本分摊方案。本节通过结合玉树地震灾区的实际数据进行模拟，成功地解决了灾后运输网络中的最短路修复合作博弈成本分摊问题。这个过程为今后类似的现实问题提供了一些借鉴意义。

4.3　并行机调度问题

调度问题是一个古老的问题，自 20 世纪 50 年代开始，调度问题吸引了数学、运筹学等领域的研究学者的关注。这些学者通过应用线性规划、约束规划和动态规划等优化方法，成功地解决了许多具有代表性的优化问题。随着时间的推移，调度理论在 20 世纪 70 年代得到建立，逐渐演化为一门系统的数学学科。调度问题也开始在实际工业中引起人们的重视，发生了从理论向应用的阶段转变。目前，调度领域已经具有很多成熟的理论研究，同时与其他学科的交叉融合也为调度领域注入了新的活力，出现了各种数学模型和优化算法。了解调度问题的基本知识，有助于更深入地研究机器调度合作博弈。调度问题根据加工环境中的机器特征主要可以分为最简单的调度模型——单机调度、多台机器可以同时加工的并行机调度、需要少量工序的流水车间调度、工作种类多的作业车间调度和工序顺序任意的开放车间调度。单机调度，即工作环境中只有一台机器和一道工序。当所有工作在机器上完成时，这个调度的任务就结束了。并行机调度是将单机调度中的一台机器扩展到多台机器，在工作环境中，每件工作在任意一台机器上进行加工都可完成。相对于单机调度，并行机调度需要考虑每件工作分配到哪台机器上以及它们在机器上的加工排序。本节在机器调度合作博弈中考虑的对象是相同并行机器。

在调度问题中常见的启发式算法有：最短加工时间规则和最长加工时间法则（longest processing time，LPT）。最短加工时间规则将工作按照加工时间从短到长的顺序进行加工，常用于调度问题的目标函数为总完工时间的情形；最长加工时间法则将工作按照加工时间从长到短的顺序进行加工。此外还有最早到达时间规则和先到先服务规则等。本节将调度合作博弈中调度问题的目标函数设置为总完工时间，因此使用了最短加工时间规则进行调度优化，这为后续的性质研究和计算提供了帮助。

4.3.1 未加权作业的相同并行机器调度合作博弈模型

一个可转移效用的合作博弈被称为未加权作业的相同并行机器调度合作博弈（identical parallel machine scheduling of unweighted jobs，IPMSU）博弈，如果特征函数满足如下的表示：

$$c(s,P)=\min\sum_{k\in s}\sum_{j\in O}c_{kj}x_{kj}+P\sum_{k\in s}x_{k1}$$

$$\text{s.t.}\sum_{j\in O}x_{kj}-y_k^s=0,\quad \forall k\in V$$

$$\sum_{k\in V}x_{kj}\leqslant m,\quad \forall j\in O$$

$$x_{kj}\in\{0,1\},\quad \forall k\in V,\quad \forall j\in O$$

$$y_k^s=1,\quad k\in s,\quad y_k^s=0,\quad k\notin s$$

在这样的机器调度博弈中，每一个局中人 k 都有一个工作需要在 m 个相同机器中的一台上处理。用 $c(s,P)$ 表示 s 在定价为 P 时的特征函数值，每一个子联盟 s 的目的是安排 s 中每个局中人在机器上的工作处理顺序，以使得工作的总时长最小，即目标函数表示最小化时间成本 cx 和设施成本 Pm。其中，P 表示设施的定价；m 表示最大可使用的机器数量。$M=\{1,2,\cdots,m\}$ 表示所有可用的机器数量。$x_{kj}=1$ 表示作业 j 交给 k 完成，c_{kj} 表示作业 j 在 k 上进行处理的成本。第一组约束 $\sum_{j\in O}x_{kj}-y_k^s=0,\forall k\in V$ 表示只有 s 中的工作被包括并且只处理一次。注意到 $y_k^s=1$，$k\in s$，则该组约束等价于 $\sum_{j\in O}x_{kj}-1=0,\forall k\in s$。第二组约束 $\sum_{k\in V}x_{kj}\leqslant m,\forall j\in O$ 表示

最多会有 m 台机器会被用到，这确保了没有工作会在同一时间在同一台机器上被处理。注意到 j 表示在机器上的处理顺序，所以当 $j=1$ 时，$\sum_{k\in s} x_{k1}$ 表示联盟 s 最优的机器使用数量。

定义当大联盟 V 使用 i 台机器实现调度最优时，对应的定价区间为 $[P_L(i,V),P_H(i,V)]$，并且稳定 IPMSU 博弈的定价有效区间为 $[0,P^*]$，即我们定义的价格应该有实际的意义，价格为负不在我们的考虑范围内。因此，每台机器的最小定价为 0。同时，每台机器的最大定价 P^* 理论上可以是正无穷，之后我们会给出一个更具意义的定价上限。相似地，我们定义当联盟 s 使用 i 台机器时价格区间为 $[P_L(i,s),P_H(i,s)]$。

基于以上分析，我们知道 $c(s,P)=\min_{i\in M}\left\{\sum_{k\in s} C_k(i)+Pi\right\}$。定义一个无定价的特征函数 $c_0(s,i)$，该函数与联盟 s 以及联盟 s 所使用的机器数量 i 有关。同时，$c_0(V,i)$ 表示大联盟使用 i 台无定价机器时的最小成本，当工作的处理时间已知时，它将被 i 确定。因此，原特征函数可以被表达为两个部分 $c(s,P)=c_0(s,m^*)+P^*m^*$，其中 m^* 是联盟 s 的最优机器使用数量。

我们将机器数量保持不变的定价区间设置为 I_i，$i\in\{1,2,\cdots,v\}$，分别对应于使用 i 台机器。假设最优调度是大联盟使用 i 台机器，每台机器的价格是 P^i，属于区间 I_i。然后根据特征函数的定义，我们可以得到以下两个不等式：

$$c_0(V,i)+P^i i\leqslant c_0(V,i-1)+P^i(i-1)$$

$$c_0(V,i)+P^i i\leqslant c_0(V,i+1)+P^i(i+1)$$

因此，我们可以得到定价 P^i 满足 $c_0(V,i)-c_0(V,i+1)\leqslant P^i\leqslant c_0(V,i-1)-c_0(V,i)$，即 P^i 至少属于区间 $[c_0(V,i)-c_0(V,i+1),c_0(V,i-1)-c_0(V,i)]$。我们将探索这个区间和 I_i 之间的关系。

假设处理时间满足 $t_1\geqslant t_2\geqslant\cdots\geqslant t_v$，然后有 $c_0(V,i)=\sum_{k=1}^{v}[k/i]t_k$，其中 $[x]$ 表示大于 x 的最小整数。根据 $c_0(V,i)=\sum_{k=1}^{v}[k/i]t_k$，容易得知加工时间前的乘数 $[k/i]$ 随着使用机器数量的增加而减小。除此之外，我们还能证明 $\sum_{k=1}^{v}\left(\frac{k}{i}-\frac{k}{i+1}\right)t_k<\sum_{k=1}^{v}\left(\frac{k}{i-1}-\frac{k}{i}\right)t_k$。

所以我们有定理 4.6。

定理 4.6　对于 IPMSU 博弈，无定价特征函数 $c_0(V,i)$ 是单调递减的，并且是关于i的凹函数，或者说，$c_0(V,i)$满足下面的不等式：

$$c_0(V,i)-c_0(V,i-1)<0,\quad i\in\{2,3,\cdots,v\}$$

$$c_0(V,i)-c_0(V,i+1)<c_0(V,i-1)-c_0(V,i),\quad i\in\{2,3,\cdots,v-1\}$$

证明 在启动成本为P_i时，有式$c_0(V,i)+i+P_i=c_0(V,i-1)+P_i(i-1)$成立。则若要保证$P_i\geqslant 0$，需有$c_0(V,i-1)-c_0(V,i)\geqslant 0$，说明当最优机器使用数量变化时，机器定价是正值保证了特征函数关于使用的机器数量是递减的。

根据$c_0(V,i)$的定义，$c_0(V,i)=\sum_{k=1}^{v}[k/i]t_k$，很容易得到$c_0(V,i)-c_0(V,i-1)<0$，$i\in\{2,3,\cdots,v\}$。同时因为$P_{i+1}<P_i$，当启动成本分别为$P_i$和$P_{i+1}$时，$c_0(V,*)$满足等式$c_0(V,i)+P_i i = c_0(V,i-1)+P_i(i-1)$和$c_0(V,i+1)+P_{i+1}(i+1) = c_0(V,i)+P_i i$，因此可得$c_0(V,i)-c_0(V,i+1)<c_0(V,i-1)-c_0(V,i),\ i\in\{2,3,\cdots,v-1\}$。

下面我们证明$c_0(V,i)-c_0(V,i+1)<c_0(V,i-1)-c_0(V,i)$。令$p_i(k)$表示$\lceil k/i\rceil$，$t_k$表示第$k$项前的系数。首先有$p_{i-1}(i)-p_i(i)=0$或$1$。$t_i$的系数之差为$p_{i-1}(i)-p_i(i)=1$，当$p_i(i)-p_{i+1}(i)=0$。同时，$t_{i+1}$的系数之差为$p_{i-1}(i+1)-p_i(i+1)=0$和$p_i(i+1)-p_{i+1}(i+1)=1$。然而，因为$t_i>t_{i+1}$，将上两式合在一起可以得到

$(p_{i-1}(i)-p_i(i))t_i+(p_{i-1}(i+1)-p_i(i+1))t_{i+1}>(p_i(i)-p_{i+1}(i))t_i+(p_i(i+1)-p_i(i+1))$

t_{i+1}。上述关系成立，当序数k满足$k=(l-1)i, l=\{2,3,\cdots,i\}$。当$k>(l-1)i$时，有

$p_{i-1}(k)-p_i(k)\geqslant p_i(k)-p_{i+1}(k)$。对于其他情况，则容易证明有$p_{i-1}(k)-p_i(k)\geqslant p_i$

$(k)-p_{i+1}(k)$。由此，可以得到$\sum_{k=1}^{v}\left(\left\lceil\frac{k}{i}\right\rceil-\left\lceil\frac{k}{i+1}\right\rceil\right)t_k<\sum_{k=1}^{v}\left(\left\lceil\frac{k}{i-1}\right\rceil-\left\lceil\frac{k}{i}\right\rceil\right)t_k$，即

$c_0(V,i)-c_0(V,i+1)<c_0(V,i-1)-c_0(V,i)$。

推论 4.1 将不等式中的V替换为s，$s\subset V$，定理依然成立。

根据定理 4.6，$c_0(V,i)-c_0(V,i+1)<0$保证了定价是非负数。同时，$c_0(V,i)$是关于i的凹函数则保证了定价区间是非空的，即$I_i=[c_0(V,i)-c_0(V,i+1),c_0(V,i-1)-c_0(V,i)]$。并且定义$I_1=[c_0(V,1)-c_0(V,2),P^*]$和$I_v=[0,c_0(V,v-1)-c_0(V,v)]$，此时，有效定价区间$[0,P^*]$被分为了$v$个不重叠的子区间$I_i, i\in V$。

注 4.1 分别用$P_L(i,V),P_H(i,V)$来表示区间I_i的左右端点，且容易知道$P_L(i,V)=P_H(i+1,V), i\in\{1,2,\cdots,v-1\}$

注 4.2　注意到 $P_L(i,V), P_H(i,V)$，为了提高后文的简洁和可读性，我们在后文中使用 P_{i+1} 来替代 $P_L(i,V)$ 或 $P_H(i+1,V)$，其中 $i\in\{1,2,\cdots,v-1\}$。

注 4.3　同时为了表述得方便，令 $P_1 = P^*$，$P_L(v,V)=0$ 并且 $P_i = P_H(i,V) = P_L(i-1,V)$，$P_i$ 表示机器数量从 $(i-1)\to i$ 时对应的定价。因此，有效区间 $[0,P^*]$ 被 $P_i, i\in\{2,3,\cdots,v\}$ 分成了 v 个不重叠的子区间。

注 4.4　P^* 是当大联盟在 IPMSU 博弈中稳定并且在最优调度方案中只使用一台机器时的最小定价，即 $P^*\in(P_L(1,V),P_H(1,V))$ 并且 IPMSU 博弈 $(V,c(\cdot,P^*))$ 有非空核。

引理 4.4　当 $P=P_1$ 时，则可以得到 $\alpha(s')\leqslant c_0(s',1)+P_1$ 对于 $|s'|<v-1$ 总是成立的。

证明　当 $P=P_1$ 时，有 $\alpha(V)\leqslant c_0(V,1)+P_1$，此时最优机器使用数量为 1。并且此时，对于子联盟 s，$|s|=v-1$，有式 $\alpha(s)\leqslant c_0(s,1)+P_1$ 成立。

对于 $|s|=v-1$ 时的 v 个等式并且结合 $\alpha(V)=c_0(V,1)+P_1$ 可以得到 $\alpha(i)$ 的取值，

则对任意 $|s'|<v-1$，假设 $s'=\{i,\cdots,j\}$，则需证

$$\alpha(\{i,\cdots,j\})\leqslant c_0(\{i,\cdots,j\},1)+P_1 \tag{4.14}$$

代入 $P_1=\alpha(V)-c_0(V,1)$，记 $c_0(-i,1)=c(\{1,\cdots,i-1,i+1,\cdots,v\})$，可以得到 $\alpha(i)=c_0(V,1)-c_0(-i,1)$。将上式代入式（4.14）中，则只需证明下式：

$$\sum_i^{V\backslash s'} c_0(-i,1)\leqslant\left(v-1-|s'|\right)c_0(V,1)+c_0(s',1)$$

$$c_0(-k,1)-c_0(s',1)\leqslant\left(v-1-|s'|\right)c_0(V,1)-\sum_i^{V\backslash s'} c_0(-i,1)$$

则根据 $c_0(s,1)$ 满足超模性，我们有下列一组不等式：

$$\begin{cases} c_0(V,1)-c_0(-j,1)\geqslant c_0(-k,1)-c_0(-k-j,1) \\ c_0(V,1)-c_0(-k,1)\geqslant c_0(-k-j,1)-c_0(-k-j-k,1) \\ \qquad\vdots \\ c_0(V,1)-c_0(-l,1)\geqslant c_0(s'\cup l,1)-c_0(s',1) \end{cases}$$

将这 $\left(v-1-|s|\right)$ 个不等式相加后，得到 $\left(v-1-|s|\right)c_0(V,1)-\sum_i^{V\backslash s'} c_0\ (-i,1)+c_0\ (s',1)$

$\geqslant 0$。故引理 4.4 成立，即对 $\forall s'$，当 $|s'|<v-1$ 时，$\alpha(s')\leqslant c_0(s',1)+P_1$ 均成立。

该引理说明了在 $P=P_1$ 处，其余所有的子联盟最优机器使用数量不会大于 1 台机器，即对于 $|s|<n-1$ 的子联盟均为满意联盟。

定理 4.7　对于任何子联盟，其最优机器使用数量不会超过大联盟，即

$m^*(s) \leqslant m^*(V)$。

证明 假设此时大联盟最优机器使用数量为 $m^*(V)$，并且存在子联盟 s' 最优机器使用数量为 $m^*(s')$，其中 $m^*(s') = m^*(V) + 1$ 台机器是最优的，则有 $c_0(s', m^*(s')) + m^*(s')P < c_0(s', m^*(V)) + m^*(V)P \Rightarrow P < \dfrac{c_0(s', m^*(V)) - c_0(s', m^*(s'))}{m^*(s') - m^*(V)} = (c_0(s', m^*(V)) - c_0(s', m^*(V)+1))$。已知大联盟最优机器使用数量为 $m^*(V)$，可得 P 满足 $P_{m^*(V)+1} \leqslant P \leqslant P_{m^*(V)}$，而 $P_{m^*(V)+1} = c_0(V, m^*(V)) - c_0(V, m^*(V)+1)$，则有 $c_0(V, m^*(V)) - c_0(V, m^*(V)+1) \leqslant P < c_0(s', m^*(V)) - c_0(s', m^*(V)+1)$。下面将说明不等式左边不比右边小。注意到 $c_0(V, i) = \sum_{k=1}^{v} [k/i] t_k$，$c_0(s', i) = \sum_{k \in s'} [O(k, s')/i] t_k$，其中，$O(k, s')$ 为 k 在 s' 中按从小到大排列的序数，若 k 不在 s' 中那么该项为 0，则 $c_0(V, i) - c_0(s', i) = \sum_{k \in V} \left(\dfrac{k}{i} - \dfrac{O(k, s')}{i} \right) t_k$，很显然 $c_0(V, i) - c_0(s', i)$ 随着 i 增加而减小，因此 $c_0(V, m^*(V)) - c_0(s', m^*(V)) \geqslant c_0(V, m^*(V)+1) - c_0(s', m^*(V)+1)$。与 $c_0(V, m^*(V)) - c_0(V, m^*(V)+1) \leqslant P < c_0(s', m^*(V)) - c_0(s', m^*(V)+1)$ 相矛盾。

同时，根据定理 4.6 的推论，对于子联盟 s' 来说，使用更多的机器，对应的成本会更大。因此假设不成立，即不存在给定定价 P 时，子联盟最优机器使用数量比大联盟多。

4.3.2 未加权作业的相同并行机器调度合作博弈性质

特征函数可以分为两部分 $c(s, P) = c_0(s, m^*(s)) + Pm^*(s), s \in S$。值得注意的是，同时对于任何联盟 $s \in S \setminus \{V\}$，都有 $\alpha(s, P) \leqslant c_0(s, m^*(s)) + Pm^*(s)$。特别地，我们称满足 $\alpha(s, P) = c_0(s, m^*(s)) + Pm^*(s)$ 的联盟 s 为最不满意联盟。同时定义 $S^{\alpha P} = \{s_1^{\alpha P}, s_2^{\alpha P}, \ldots, s_h(\alpha, P)^{\alpha P}\}$ 表明所有不满意联盟的集合，其中 $h(\alpha, P) = \left| S^{\alpha P} \right|$，$s_1^{\alpha P} \cup s_2^{\alpha P} \cup \cdots \cup s_h(\alpha, P)^{\alpha P} = V$。该式表明不满意联盟的集合包含所有的局中人，体现了在成本分摊中的一种公平性。

对于提到的定价补贴函数 $\omega(P)$，作为一种常用的技巧，可以得到它的对偶表达式如下：

$$
\begin{aligned}
\omega^*(P) = \max_{\rho} \Bigg\{ & \sum_{s \in S} -\rho_s [c_0(s, m^*(s)) + Pm^*(s)] + c_0(V, m^*(V)) \\
& + Pm^*(V) : \sum_{s \in S : k \in s} \rho_s = 1, \forall k \in V, \rho_s \geqslant 0, \forall s \in S \Bigg\}
\end{aligned}
\tag{4.15}
$$

对 $\omega^*(P)$ 关于 P 求导可得引理 4.5。

引理 4.5　在 P_i 处左右两侧的斜率绝对值之和为 1。

证明　由式（4.15），我们知道在启动成本为 P_i 时的斜率值为 $m^*(V)-\sum_{s\in S\setminus\{V\}}\rho_s m^*(s)$。在 P_i 左侧，最优机器使用数量 $m^*(V)=i$。因此斜率为正且绝对值为 $i-\sum_{s\in S\setminus\{V\}}\rho_s m^*(s)$。在 P_i 右侧，最优机器使用数量 $m^*(V)=i-1$，因此斜率为负且绝对值为 $\sum_{s\in S\setminus\{V\}}\rho_s m^*(s)-(i-1)$。所以 P_i 左右两侧斜率绝对值之和为 1。

对于式（4.15），此时我们可以看出，当 $m^*(V)$ 为某个固定整数时，$\omega(P)$ 是一组直线的逐点最大值，意味着 $\omega(P)$ 在对应的区间内是凸函数，并且在 P 处的斜率为 $m^*(V)-\sum_{s\in S\setminus\{V\}}\rho_s m^*(s)$。

定理 4.8 揭示了该方程的性质。

定理 4.8　$\omega(P)$ 在每一个子区间 $[P_i+1,P_i]$，$i\in\{1,2,\cdots,v-1\}$ 内是分段线性的凸函数并且有有限数量的断点。

证明　通过对式（4.15）求导，能够看出 $\omega(P)$ 实际上是一组直线，$m^*(V)P-\sum_{s\in S\setminus\{V\}}\rho_s m^*(s)P-\sum_{s\in S\setminus\{V\}}\rho_s c_0(s,m^*(s))+c_0(V,m^*(V))$ 是直线上的逐点最大值，其斜率为 $m^*(V)-\sum_{s\in S\setminus\{V\}}\rho_s m^*(s)$，对于 $\left\{\rho:\sum_{s\in S\setminus\{V\}:k\in s}\rho_s=1,\forall k\in V,\rho_s\geqslant 0,s\in S\setminus\{V\}\right\}$ 的 ρ 成立。同时易知 $m^*(s)$ 随着定价 P 增加是不变的。当 $m^*(V)$ 是一个固定整数时，$\omega(P)$ 是关于 P 的凸函数。

为了展示 $\omega^*(P)$ 是一个有有限数量断点的分段线性函数，注意到 $m^*(V)$ 的存在不会影响断点的数量，线性规划式（4.15）中 $\omega^*(P)$ 没有 $m^*(V)$ 的部分，记为 $\omega'(P)$，$\omega'(P)=c_0(V,m^*(V))-\sum_{s\in S\setminus\{V\}}\rho_s m^*(s)P-\sum_{s\in S\setminus\{V\}}\rho_s c_0(s,m^*(s))$。它的可行域是一个凸多面体，表示为 $\hat{R}$。可以看出 $\hat{R}$ 有有限数量的极点并且独立于 P。对于任何给定的 $P\in[0,P^*]$，通过线性规划式（4.15）我们知道 $\hat{R}$ 中一定存在一个极点

ρ使得$\omega'(P)$等于$c_0(V,m^*(V))-\sum_{s\in S\setminus\{V\}}\rho_s m^*(s)P-\sum_{s\in S\setminus\{V\}}\rho_s c_0(s,m^*(s))$，并且$\omega'(P)$在$P$处的导数等于$\sum_{s\in S\setminus\{V\}}-\rho_s m^*(s)$。因此，$\omega'(P)$对于$P\in[0,P^*]$的导数只能有有限个可能的取值。并且由于$\omega'(P)$的凸性，$\omega'(P)$关于$P$的导数值是非减的。因而当定价从 0 增加到$P^*$时，$\omega'(P)$的导数值只能改变有限数量的次数。综上，$\omega(P)$是具有有限数量断点的分段线性凸函数。

当大联盟使用的机器数量为某个固定的整数时，定价补贴函数是关于定价P的分段线性凸函数。当加工时间$t_i, i\in\{1,2,\cdots,v\}$已知，则定价区间$I_i$的大小可以 通过计算得到。这些区间的端点分别记录为P_i，表示使用机器数量从i变为i–1 时的定价。特别地，$P_1=P^*$表示整个区间的右端点，即最优调度方案使用一台机器且补贴等于零时的定价。

注意到，所有指数个的联盟成本可以通过使用 SPT 规则来计算，由此可以得到引理 4.6。

引理 4.6 子区间I_i端点处的定价P_i（2≤i≤v）可以通过 SPT 规则在多项式时间内得到。

证明 事实上，根据 SPT 规则，给定一个大联盟和固定数量的机器，对应着唯一确定的一种工作在机器上加工的排序顺序，这样就有一个确定的成本。因而通过比较大联盟使用相邻机器数量$(i,i+1)$时的成本即可得到相应的启动成本P_i。

根据引理 4.6，我们可以到子区间的所有端点值。当定价从P_i^-（略小于P_i）增加到P_i^+（略大于P_i）时，大联盟最优机器使用数量将减少一台。

定理 4.9 边界定价P^*或P_1等于$\sum_{i=2}^{v}P_i$，并且计算结果可在多项式时间内得到。

证明 为了表述方便，我们设工作的处理时间满足$t_1\geqslant t_2\geqslant\cdots\geqslant t_v$。当最优机器使用数量改变时定价区间端点处的值为$P_2,P_3,\cdots,P_v$，并且$P_i$分别表示当最优机器使用数量从$i$变为$i$–1 时定价的大小。特别地，$P_1$表示当最优机器使用数量为 1 并且对应的补贴为 0 时的最小定价。于是有下面的等式：

$$P_1=P_2+P_2+\cdots+P_v=\sum_{i=2}^{v}P_i$$

注意到

$$(v-1)\sum_{s\in S\setminus\{V\}}\rho_s\geqslant\sum_{k\in V}\sum_{s\in S\setminus\{V\}:k\in s}\rho_s=v$$

左边的不等式意味着对于每一个ρ_s可以最多出现（$v-1$）次，当且仅当对于每

一个 $\rho_s>0$ 出现（$v-1$）次时，等式成立。这就是说，所有包含（$v-1$）个局中人的联盟均为最大的不满意联盟。这样，由互补松弛性我们就可以得到 $\begin{pmatrix} v \\ v-1 \end{pmatrix}=v$ 个等式：

$$\begin{cases} \alpha_1+\alpha_2+\cdots+\alpha_{v-1}=x_1 \\ \alpha_1+\alpha_3+\cdots+\alpha_v=x_2 \\ \vdots \\ \alpha_2+\alpha_3+\cdots+\alpha_v=x_v \end{cases}$$

其中，α_i 表示局中人 i 的成本分配；x_i 表示数值符号标记。将这 v 个等式加在一起，可以得到：

$$(v-1)(\alpha_1+\alpha_2+\cdots+\alpha_n)=\sum_{i=1}^{v}x_i$$

当定价为 P_1 时，有 $P_1=P_2+P_3+\cdots+P_v=\sum_{i=2}^{v}P_i$，此时 x_1，$x_2,\cdots$，x_n 可以被表示为如下的形式：

$$\begin{cases} x_1=P_1+t_1+2t_2+\cdots+(v-1)t_{v-1} \\ x_2=P_1+t_1+2t_3+\cdots+(v-1)t_v \\ x_n=P_1+t_1+2t_3+\cdots+(v-1)t_v \end{cases}$$

根据 SPT 规则，$P_1=\sum_{k=1}^{v}(k-1)t_k=P_2+P_3+\cdots+P_v$。

定理 4.9 建立了 P_1 与 $P_2,P_2,\cdots,P_v$ 之间的关系。利用定理 4.9，可得到定价区间 $[0, P^*]$的右端点值。

定理 4.10　当大联盟 V 的最优机器使用数量大于 v_2 时，$\omega(P)$ 值为零。

证明　为保持上下文一致，令 $t_1\geqslant t_2\geqslant\cdots\geqslant t_n$，同时令 $t_n=0$。对于相同并行机器调度博弈大联盟，当最优机器使用数量为 $m^*\left(m^*>\dfrac{v}{2}\right)$ 时，定价 P 必须满足 $t_{m^*+1}\leqslant P<t_{m^*}$，这可以从 P_k（$v_2<k\leqslant v$）的计算过程得到，其中 $P_k=t_k$。当 $m^*>v_2$ 时，最优调度方案意味着对于 $(v-m^*)$ 台机器每台必须处理两项工作，而剩下的 $(2m^*-v)$ 台机器，每台只需要处理一项工作。设最优机器使用数量为 m^*，此时定价 $P=P_0$，可以找到下面满足 $\alpha(s)\leqslant c(s)$，$s\in S$ 的分配：

$$\alpha(1)=2t_v,\alpha(2)=2t_{v-1},\cdots,\alpha(v-m^*)=2t_{m^*+1}$$

$$\alpha(v-m^*+1)=P_0+t_{m^*},\cdots,\alpha(m^*)=P_0+t_{v-m^*+1}$$

$$\alpha(m^*+1)=P_0+t_{v-m^*},\cdots,\alpha(v)=P_0+t_1$$

其中，$t_{m^*+1}\leqslant P_0\leqslant t_{m^*}$。此时，$\alpha(1)$，$\alpha(2)$, $\cdots$，$\alpha(v)$ 不能再变大，即 $\max\alpha(V)=c(V,P)$，因此补贴等于 $c(V,P)-\alpha(V)=0$。

换言之，当最优机器使用数量超过局中人数量的一半时，大联盟不需要外部的任何补贴便可以稳定。

定义单机调度合作博弈（single machine scheduling game，SMSG）模型如下：

$$c(s,P',m'=1)=\min\sum_{k\in V}\sum_{j\in O}c_{kj}x_{kj}+P$$

$$\text{s.t.}\sum_{j\in O}x_{kj}-y_k^s=0,\quad \forall k\in V$$

$$\sum_{k\in V}x_{kj}\leqslant 1,\quad \forall j\in O$$

$$x_{kj}\in\{0,1\},\quad \forall k\in V,\quad \forall j\in O$$

$$y_k^s=1,\quad k\in s,\quad y_k^s=0,\quad k\notin s$$

定理 4.11 对于 SMSG，给定 $P\in[P_2,P^*]$（或$[P_2,P_1]$），对于函数 $\omega(P)$，区间中每一段的斜率范围在$\left(-1,-\dfrac{1}{v-1}\right]$中。

证明 当最优机器使用数量为 1 时，斜率为$1-\sum_{s\in S\setminus\{V\}}\rho_s m^*(s)$。由于 $m^*(s)\leqslant m^*(V)$，故$m^*(s)=1$，斜率值为$1-\sum_{s\in S\setminus\{V\}}\rho_s$，又因为函数 $\omega(P)$ 在 P_2 处左右两侧斜率绝对值之和为 1，故右侧斜率绝对值小于 1。同时又由定理 4.12，有

$$(v-1)\sum_{s\in S\setminus\{V\}}\rho_s\geqslant\sum_{k\in V}\sum_{s\in S\setminus\{V\}:k\in s}\rho_s=v$$

$\sum_{s\in S\setminus\{V\}}\rho_s$ 的最小值为 $v-1$，相对应的斜率最大值为$1-\sum_{s\in S\setminus\{V\}}\rho_s$。

定理 4.11 表示，当最优机器使用数量为 1 时，斜率的取值范围为$\left(-1,-\dfrac{1}{v-1}\right]$。

上述内容已描述了定价补贴函数的主要性质。接下来以 $v=10$ 的模型图像为例来展示最优机器使用数量和补贴随着定价的变化，如图 4.3 所示。

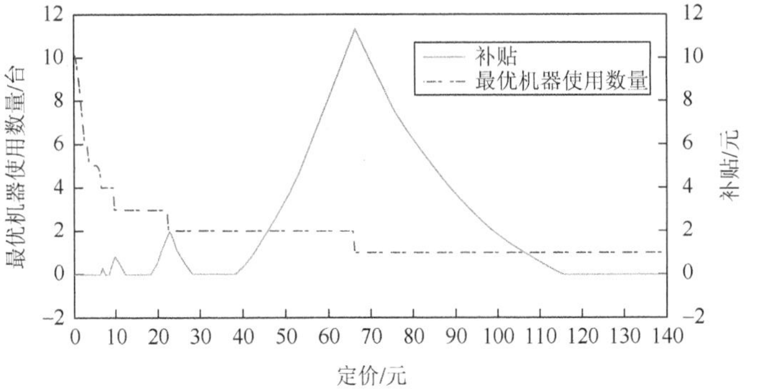

图 4.3　定价补贴的函数性质

所有作业的处理时间分别为 1 小时、1.5 小时、2 小时、2.5 小时、3.5 小时、4 小时、4 小时、6.5 小时、6.5 小时、7 小时。虚线表示最优机器使用数量，随着定价增加，它是离散减小的。实线表示补贴，在最优机器使用数量不变的区间内，它是分段线性的凸函数。横坐标表示定价，最优机器使用数量和补贴则共用纵坐标。

最优机器使用数量从 3→2 对应的定价为 P_3，从 2→1 对应定价为 P_2，当最优机器使用数量为 1，同时补贴值第一次降到 0 时对应的定价记为 P_1。

注 4.5　当可用机器数 m 大于局中人人数 v 时，图像是完整的，如图 4.3 所示。但是，当可用机器数 m 小于 v 时，图像将被截断，这意味着应该从图 4.3 中删除价格小于 P_{m+1} 的相应部分，而其余部分的属性仍将保持不变。

与传统的特征函数 $c(s)$相比，IPMSU 博弈中定义的特征函数包含联盟 s 对应的最优机器使用数量，最优机器使用数量的不确定性给求解带来了更多的困难。

为了解决这个问题，建立了定理 4.12。

定理 4.12　定义：

$$\omega_1(P)=\min_{\alpha}\{c(V,P)-\alpha(V):\alpha(s)\leqslant c(s,P,1),\forall s\in S,\alpha\in\mathbb{R}^v\}$$

求解原问题 $\omega(P)$ 等价于求解 $\omega_1(P)$。

证明　已知当 P 处于 (P_2,P_1) 之间时（由于此时大联盟最优使用一台机器），所有小联盟 s 均使用一台机器，则当 P 逐渐减小，如从 $P_2\to P_3$ 时，假设某一时现子联盟 s'（其中$|s'|\geqslant 2$）使用 2 台机器是最优的情形。此时有 $\alpha(s')=c_0(s',2)+2P$，则可以找到两个子联盟 $s_1,s_2,s_1\cup s_2=s',\ s_1\cap s_2=\varnothing$ 使得它们满足 $c_0(s',2)=\sum_{k\in s'}O(k,s')/2t_k=c_0(s_1,1)+c_0(s_2,1)$。其中，$s_1,s_2$ 就是 s' 在两台机器上的最优调度方案。

此时 s' 可以被这两个子联盟所分解，且问题退化为使用一台机器的情形，即 s' 对应的联盟稳定约束条件可以被子联盟 s_1, s_2 的两个约束条件所代替。对于多于两台机器的情形，同样可以由最优调度方案中每台机器上局中人形成的子联盟所分解。因而在联盟稳定性约束中设置子联盟均使用一台机器，求解 $\omega_1(P)$ 便可以得到与原问题一样的结果。

联盟稳定性约束有指数个不等式约束，非常复杂，我们必须找出一种消除冗余约束的方法来获得最优结果。根据定理 4.12，当改变定价 P 时，有效的不等式对应的小联盟最优机器使用数量一定为 1，这就为我们简化了求解 $c(s,P)$ 的烦琐过程，我们只需要设计算法删去联盟稳定性约束中冗余的不等式，加速求解过程。在第 4.3.3 节中我们将利用割平面法消除多余的不等式，同时结合别的算法对任意给定 P 在多项式时间内求得 $\omega_1(P)$。

4.3.3 求解算法

为了构造 $\omega(P)$ 在 $[0, P^*]$ 中的完整图像，对于任何给定的 P，需要得到 $\omega(P)$ 的具体补贴值。这个补贴值在每个子区间内都是分段线性和凸的。只要在每个子间隔内找到所有断点，按顺序连接这些断点便可以得到整张图。首先，根据大联盟可使用的机器数量将 $[0, P^*]$ 划分为 v 个子间隔；其次，不需要计算区间 $[0, P_{v/2}+1]$，因为在这一部分，相应的补贴总是 0。

动态规划用于根据 SPT 规则得到分离问题，筛选出有效的联盟稳定约束。结合割平面法，对于任意给定的 P 值可以得到 $\pi(P)$，进而得到 $\omega(P)$。然后只需要在子区间上应用交点计算算法就可以得到断点。在获得所有断点后，依次连接所有断点便能得到补贴定价函数的具体图像。

算法计算流程见图 4.4，其中使用到的方法具体阐述如下。

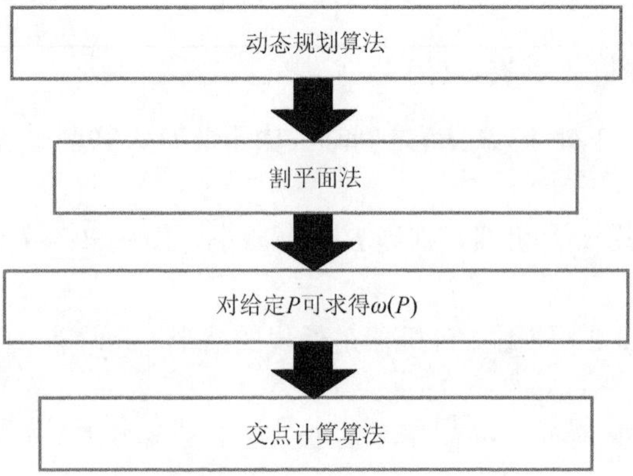

图 4.4 算法计算流程

1. 动态规划算法求解分离问题

动态规划算法作为求解调度优化问题的一种精确求解方法，最初由 Bellman（1952）在研究多阶段决策过程的优化问题时提出。经典的最短路问题、背包问题，用动态规划算法通常比用其他方法求解更为方便。能够利用动态规划算法求解的问题通常具有最优子结构的性质，例如，最短路问题中最短路的一条子路径在子问题对应的起点到终点的所有路径中也是最短的。这是能够利用动态规划算法求解问题的关键。求解过程也可以看作是一个多阶段的过程，只要定义好阶段和状态，找到状态转移之间的关系，应用动态规划算法便可以解决原本非常复杂的问题。下面将应用动态规划算法来求解机器调度合作博弈中的分离问题。

为不失一般性，假设 $t_1 \geqslant t_2 \geqslant \cdots \geqslant t_v$。给定分离问题 $\delta - \min\{c(s,P,1) - \overline{\alpha}(s): \forall s \in S \setminus \{V\}\}$。注意到如果某个局中人 $k \notin s$，则将其加入 S 中，同时 S 满足 $|S|=u$，δ 的增加量为 $(u+1)\ t_k - \alpha_k$，这一步将在算法 4.6 的步骤 3 中体现。

算法 4.6　动态规划算法求解分离问题

1：初始化，令 $D(k,u)$ 表示限制分离问题 δ 的最小目标值，其中 k 为大联盟的某个局中人，u 为 S 中包含的局中人数量。同时，k,u 分别满足 $k \in \{1,2,\cdots,v\}$ 和 $u \in \{0,1,\cdots,v\}$

2：给定初始条件 $D(1,0) = P$ 和 $D(1,1) = t_1 - \alpha_1 + P$。同时边界条件为 $D(k,u) = \infty$，如果 $u > k$，对于所有 $k \in V$ 成立

3：给定递归表达式为

$$D(k,u) = \min\begin{cases} D(k-1,u), & k \notin s^* \\ D(k-1,u-1) + ut_k - \alpha_k, & k \in s^* \end{cases}$$

4：得到分离问题的最优目标值为 $\delta = \min\{D(v,u): u \in \{0,1,\cdots,v-1\}\}$。返回 δ 值

注意到在 $D(k,u)$ 中 $k \in \{1,2,\cdots,v\}$，$u \in \{0,1,\cdots,v\}$，因此该动态规划的时间复杂度为 $O(v^2)$。

在整个过程中，首先我们把目标问题转化成了一个个较为容易求解的子问题，对每个子问题求最小值，其次根据递归表达式逐步求解更为复杂的问题，最后解决了目标问题。

2. 割平面法计算补贴值

割平面法最初由 GoMory（戈莫利）在 20 世纪 50 年代提出，主要用于求解整数规划问题。涉及割平面法的主要概念如图 4.5 所示。

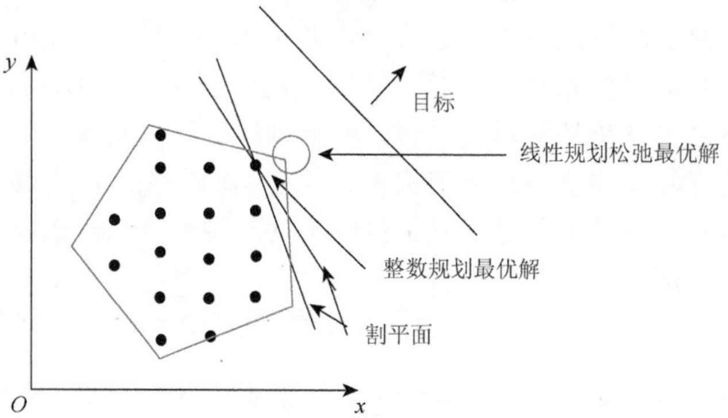

图 4.5　割平面法

图 4.5 中的多边形区域是线性规划对应的连续可行域，多边形中的离散点为整数规划的可行解。线性规划松弛最优解为目标函数方向上的多边形的顶点，而我们的目标是要求得满足整数约束的最优解。对于存在整数约束的规划问题，割平面法的基本流程是先求解对应的线性规划问题。如果此时求得的最优解是整数解，则此解就是该整数规划问题的最优解。否则，添加一个新的约束条件，该约束条件在几何上就是如图 4.5 所示的割平面。产生的约束条件越好，则继续求解该问题得到的解越精确。最好的生成约束条件的方式是使用整数规划来得到最优解的约束条件，但这在大规模整数规划问题上往往是很难实现的，因为一般无法刻画整数解形成的凸包。线性规划可行解形成的凸包为图 4.5 中的连续可行域，使用割平面法需要割掉线性规划凸包多出整数解构成凸包的部分，在此基础上割掉的部分越多，得到的约束就越好，就越能帮助找到更好的解。

割平面法的主要步骤是生成有效的约束，如果从更宏观的角度来看，其实是在系统矩阵中不断地生成行，因此可以看作对应于经典列生成法的行生成方法。行在系统矩阵中就指的是线性约束不等式，每找到一个割平面就增加了一个线性不等式。因而对于较为复杂的整数规划问题，通常需要进行如下的处理：对于原始问题的一个表述，先抽象出主问题，松弛原来的整数条件并形成限制主问题。子问题通常用于产生新的行加入主问题中，整个问题的难点就在于子问题分离问题如何求解（分离问题一般是指行生成中的子问题）。对于不同的问题，则通常需要具体分析来抽象出子问题，好的子问题容易求解，可以减少不必要的计算量。

首先需要明确的是，求解分离问题是为了生成更好的约束加入联盟稳定约束 $c(s) \leqslant \alpha(s)$。

设 $\pi(P)$ 表示以下线性规划的最优目标值：

$$\pi(P) = \max_{\alpha}\{\alpha(V,P):\ \alpha(s) \leqslant c_0(s,1) + P, \forall s \in S \setminus \{V\}, \alpha \in \mathbb{R}^v\} \tag{4.16}$$

$\pi(P)$ 的值可以被解释为给定任何子联盟的偏离惩罚是 P，稳定大联盟 V 需要分担的最大总成本。

算法 4.7　割平面法计算 $\omega_1(P)$

1：令 $S' \subseteq S \setminus \{V\}$ 表示一个限制联盟集合，包括初始联盟集，如 $\{1\},\{2\},\cdots,\{v\}$

2：松弛线性规划式（4.16）得到其对应的受限制问题：

$$\max_{\alpha \in R^v}\{\alpha(V,P):\ \alpha(s,P) \leqslant c_0(s,1) + P, \forall s \in S'\} \tag{4.17}$$

对于线性规划式（4.17），找到最优解 $\bar{\alpha}(\cdot,P)$

3：对于下面的分离问题，找到其最优解 s^*：

$$\delta = \min\{c_0(s,1) + P - \bar{\alpha}(s,P) : \forall s \in S \setminus \{V\}\}$$

4：如果 $\delta < 0$，将 s^* 添加到 S' 中，并返回步骤 2；否则，返回值 $\omega_1(P) = c(V,P) - \bar{\alpha}(V,P)$

其次我们提出了计算任意给定 P 的 $\omega_1(P)$ 值的割平面法，它们可进一步用于计算 $\omega_1(P)$ 的导数。我们使用割平面法求解基于上式的 $\pi(P)$。先生成一个限制联盟集 $S' \subseteq S \setminus \{V\}$，修改式（4.16）中相应的限制条件为 $\alpha(s,P) \leqslant c_0(s,1) + P, \forall s \in S'$，并且定义最优解为 $\bar{\alpha}(\cdot,P)$。然后检查 $\bar{\alpha}(\cdot,P)$ 对于剩下的子联盟 $s \in S \setminus \{V\} \setminus S'$ 是否违反了限制条件 $\alpha(s,P) \leqslant c_0(s,1) + P$，如果某个子联盟 s^* 违反限制条件，则将 s^* 加入 S' 中。继续前述的步骤，直至得到的最优解不再违反限制条件，此时 $\bar{\alpha}(\cdot,P)$ 为式（4.16）的最优解。根据定理 4.12，从而 $\omega(P) = \omega_1(P) = c(V,P) - \bar{\alpha}(\cdot,P)$。

3. 交点计算算法构造定价补贴函数

令 $S^{\alpha P} = \left\{s_1^{\alpha P}, s_2^{\alpha P}, \ldots, s_h(\alpha,P)^{\alpha P}\right\}$ 表明所有不满意联盟的集合，其中 $h(\alpha,P) = \left|S^{\alpha P}\right|$。同时，记 $\Pi^{\alpha P} = \left\{\rho: \sum_{s \in S \setminus \{V\}: k \in s} \rho_s = 1, \forall k \in V, \rho_s \geqslant 0, \forall s \notin S^{\alpha P}\right\}$。由互补松弛条件可知每一个 $\rho \in \Pi^{\alpha P}$ 是 $\Pi^{\alpha P}$ 的一个最优解。定义：

$$K_1^P = \min\left\{\sum_{s \in S \setminus \{V\}} -\rho_s : \rho \in \Pi^{\alpha P}\right\} \tag{4.18}$$

$$K_{\mathrm{r}}^{P}=\max\left\{\sum_{s\in S\backslash\{V\}}-\rho_{s}:\rho\in\Pi^{\alpha P}\right\} \tag{4.19}$$

分别为在点$(P,\omega(P))$的左导数和右导数。基于这些性质，接着我们使用交点计算算法来构造 PSF，即在最优机器使用数量一样的定价区间$[P_{k-1},P_{k}]$内，分别计算在P_{k-1}处的右导数值和P_{k}处的左导数值。根据求得的导数，画出过两点的直线，如果其中一条直线通过两点则说明该区间没有断点。否则，两条直线将交于中间一点P'，计算$\omega(P')$值并将其与交点纵坐标进行比较，若相等则说明P'为断点，加入P'到断点集合中进行更新。不管P'是否为断点，都从定价区间集合中移除$[P_{k-1},P_{k}]$，同时加入$[P_{k-1},P']$和$[P',P_{k}]$。再分别在新的区间中继续上述步骤重复生成P'，直至没有区间包含断点。最终我们通过连接断点就可以构造这个分段线性的函数 PSF。

算法 4.8　交点计算算法构造 PSF 函数

1：初始化，设置$I^{*}=\{P_{L},P_{H}\}$和$I=\{[P_{L},P_{H}]\}$

2：如果I非空，通过下面步骤更新

3：对于I^{*}中的值进行排序为$P_{0}<P_{1}<\cdots<P_{q}$，其中$P_{0}=P_{L},P_{q}=P_{H}$，$q=\left|I^{*}\right|-1$

4：从I中选择任意区间，标记为$[P_{k-1},P_{k}]$，其中k满足$1\leqslant k\leqslant q$

5：构造两个线性函数$R_{k-1}(P)$和$L_{k}(P)$使得$R_{k-1}(P)$以等于$\omega(P)$在P_{k-1}处的右导数$K_{\mathrm{r}}^{P_{k-1}}$的斜率通过$(P_{k-1},\omega(P_{k-1}))$，并且$L_{k}(P)$以等于$\omega(P)$在$P_{k}$处的左导数$K_{1}^{P_{k}}$的斜率通过$(P_{k},\omega(P_{k}))$

6：如果$R_{k-1}(P)$经过$(P_{k},\omega(P_{k}))$或者$L_{k}(P)$经过$(P_{k-1},\omega(P_{k-1}))$，然后通过移除$[P_{k-1},P_{k}]$更新$I$。否则，$R_{k-1}(P)$和$L_{k}(P)$一定会在$P=P'$处有一个唯一的交点。计算$\omega(P')$值并与交点纵坐标进行比较，若相等则说明$P'$为断点，加入$P'$到$I^{*}$中进行更新。不管$P'$是否为断点，都从$I$移除$[P_{k-1},P_{k}]$，同时加入$[P_{1},P']$和$[P',P_{\mathrm{r}}]$

7：回到步骤 2

8：通过连接$P\in I^{*}$中的所有点$(P,\omega(P))$，得到一个分段线性函数

在每个定价区间应用交点计算算法可以构造完整的 PSF。当 $t = [7,6.5,6.5,4,4,3.5,2.5,2,1.5,1]$时，图 4.6 和图 4.7 分别为大联盟最优机器使用数量为 2、1 时的定价补贴函数。

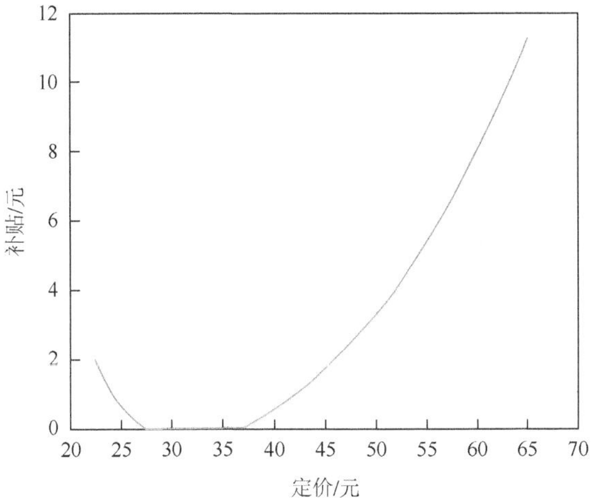

图 4.6　$m^*(V) = 2$ 时的定价补贴函数

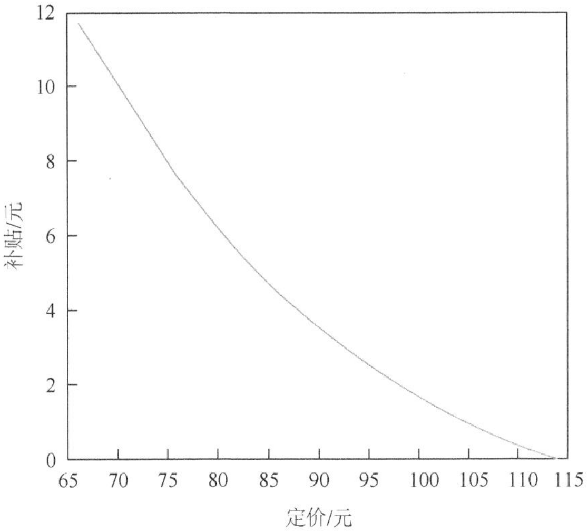

图 4.7　$m^*(V) = 1$ 时的定价补贴函数

4.3.4　加权作业的相同并行机器调度合作博弈

本节将合作博弈模型、分析和算法应用于加权作业的相同并行机器调度

（identical parallel machine scheduling of weighted jobs，IPMSW）问题，即 IPMSW 博弈。在该博弈中，每一个工作 $k \in V$ 有一个处理时间 t_k 和一个权重 ω_k。注意该博弈的性质与无权重的博弈是相似的，下面将简要介绍其主要性质。

推论 4.2　$c(s,P)$ 和 $P_i(2 \leqslant i \leqslant v)$ 的值可以通过分析 t_k / ω_k 的顺序得到。

推论 4.3　$\omega(P)$ 在每个子区间内都是分段线性和关于定价 P 的凸函数。

推论 4.4　交点计算算法和割平面法可以被用来构造函数 $\omega(P)$。

已知 $P_i, i = 2,3,\cdots,v$ 可以通过引理 4.6 得到，P_1 可以根据定理 4.9 通过求解 v 个等式来计算得到。然后可以遵循上面提到的算法步骤，先用割平面法得到所有最大不满意的联盟以及点 $(P,\omega(P))$ 处的左右导数。之后使用交点计算算法，返回 $[0, P^*]$ 内所有的断点及其对应的补贴值 $\omega(P)$。

定价的目标为大联盟不需要外部的补贴便可以稳定自身。定义补贴和定价增加量之间的差值为 $D(P) = \omega(P) - \Delta P m^*(V)$。最初，对每台机器都有一个初始价格，将其设置为 P_0。根据式（4.15），差值 $D(P)$ 可以被表达为 $\omega^*(P)-(P-P_0)m^*(V)$。同时，根据定理 4.12，我们知道可以设置所有子联盟的最优机器使用数量为 $m^*(s) = 1$。因此 $D(P) = c_0(V, m^*(V)) + P_0 m^*(V) - \sum_{s \in s} \rho_s [c_0(s,1) + P]$，在每个子区间内仍然是分段线性和凸的。

补贴和定价增加量之间的差值与定价的关系见图 4.8。图像在每个定价区间内是单调递减且凸的，在区间的断点处不连续，如图 4.8 中标注出的 P_2 和 P_3，这是由于大联盟在断点左侧比在断点右侧多使用一台机器。

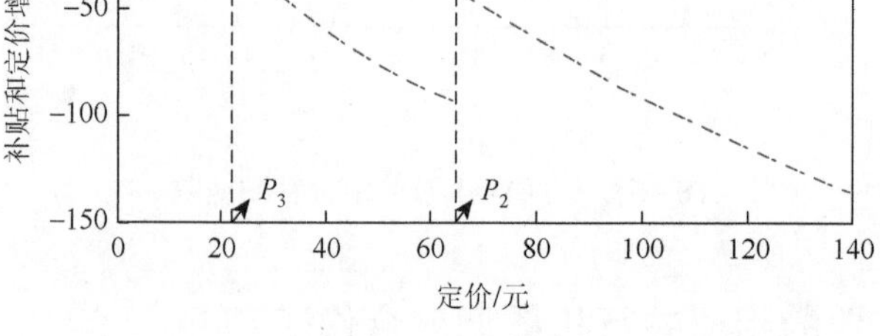

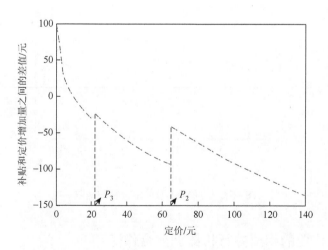

图 4.8　补贴和定价增加量之间的差值与定价的关系

令 $D(P)=0$，然后有 $c_0(V,m^*(V))+P_0m^*(V)=\sum_{s\in S}\rho_s[c_0(s,1)+P]$。然而{ $s\in S$: $\rho_s>0$ }很难得到，因此可以用其他方法求解能够满足 $D(P)=0$ 的定价。

给定一个初始定价 P_0，可以使用二分法来计算 $D(P)=0$ 的解。

算法 4.9　二分法求解 $D(P)=0$

1：初始化，给定初始定价 P_0，计算最优调度方案和相应大联盟使用的机器数量 m^*

2：得到最优调度的价格区间 $[P_{m^*+1},P_{m^*}]$。计算相应的补贴定价差 $D(P_{m^*+1})$ 和 $D(P_{m^*})$。如果 $D(P_{m^*+1})>0$，继续步骤 3。否则，跳至步骤 4

3：记价格区间为 $[a,b]$，$a=P_{m^*+1},b=P_{m^*}$，其中点为 $c=(a+b)/2$。计算 $D(c)$，如果值小于 0，更新区间为 $[a,b=c]$；否则，区间为 $[a=c,b]$。再次令 $c=(a+b)/2$，继续该过程直到 $D(c)$在可接受范围内接近 0，然后得到 $P^*=c$

4：在下一段区间 $[P_{k^*+1},P_{k^*}]$ 上应用同样的方法，$k=m,m-1,\cdots,2$，直到某个 k 满足 $D(P_{k^*})<0$，继续步骤 5

5：输出通过上述步骤计算得到的 P^*

算法 4.9 给出了在无外部补贴的情况下求稳定大联盟定价的方法。由于 $D(P)$ 在每个子区间内都是递减的。因此，在不改变原调度方案的情况下，最多只存在一个定价使得大联盟稳定。可能存在多个定价能够实现我们的目标，这通常取决于各局中人工作的加工时间。此时，只需要按照算法 4.9 中的步骤 4 在下一个定价区间进行二分法求解即可。

值得注意的是，在讨论未加权和加权作业的相同并行机器调度合作博弈时，虽然我们将每台机器设置为相同的，但实际上只是每台机器的定价增加量一样。当每台机器的初始定价 P_0 不同时，同样可以应用该方法进行求解。

4.3.5　数值仿真结果

1. 仿真实验环境和程序调用流程

为了显示 4.3.3 节中介绍的算法的有效性和高效性，本节使用这些算法来构造定价补贴函数，并将其运行计算的时间与直接求解 OACP 问题的计算时间进行了比较。结果显示，随着待加工的工作数量增加，利用提出的新算法进行计算具有巨大的优势，这是因为新算法避免了求解具有指数量级的约束的线性规划问题。

本书中提到的算法均在 Matlab R2019a 版本中进行了运算。实验环境为操作系统 Windows10 的主机电脑，处理器为主频是 3.2GHz 的 Intel Corei7-8700，内存为 8GB。

算法程序调用流程如图 4.9 所示。

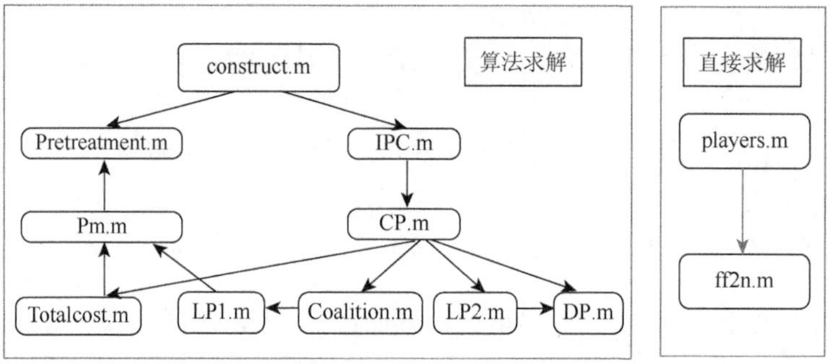

图 4.9　算法程序调用流程

图 4.9 中*.m 为 Matlab 文件名，为了表述简便，将使用去掉后缀.m 的函数名来代替对应的程序。使用本书算法求解的过程主要包括：先使用预处理函数 Pretreatment 对给定的工作处理时间 $t_i ,i\in\{1,2,\cdots,v\}$ 得到定价区间 $I_i ,i\in\{1,2,\cdots,v\}$，Pm 函数则可以根据给定的定价 P 得到对应的大联盟最优机器使用数量 $m^*(V)$。根据引理 4.6，利用 SPT 规则，给定定价 P 可以得到大联盟的总成本，Totalcost 函数可以实现这一点。这三个函数为后面的核心算法做了铺垫。主函数为 construct，该函数对于计算得到的每个定价区间重复调用交点计算算法来得到定价补贴图像。对于交点计算算法，给定一个可行定价区间 I_i，通过交点计算算法函数可以得到其中的所有定价断点以及对应的补贴值。其中对于任意给定的定价 P，通过 CP 函数可以得到补贴值 $\omega(P)$。CP 函数则调用 LP1 和 DP 函数分别得到定价 P 处的左右导数［式（4.19）］和分离问题的最优子联盟。Coalition 函数利用互补松弛定理得到最不满意的联盟集合并将其传递给 LP1 函数。LP2 函数用于在给定子联盟集合 s' 和定价 P 下得到成本分配向量［式（4.16）］，并将其传递给 DP 函数。

IPC、CP、DP 为我们提出的核心算法部分对应的函数。LP1、LP2、Coalition 则利用 Matlab 内置函数 linprog 对线性规划进行求解。Pretreatment、Pm、Totalcost 作为辅助函数来实现预处理功能，为其他函数提供所需参数值。主函数 construct 用于构建整个定价补贴函数图像。

直接求解的计算方法是根据 OCAP 问题建立线性规划模型并利用内置函数进

行求解，即利用内置函数 ff2n 来得到指数个联盟稳定性约束条件，players 函数通过调用 ff2n 得到 OCAP 问题对应的线性规划并求解。对于定价补贴函数图像，由于此方法并不能得到定价区间内的断点，因而需要在定价值每隔 0.5 处（间隔不必一定为 0.5，但为了图像的精确度，越小越好。但间隔越小计算次数越多，对于该问题，间隔 0.5 是一个不错的选择）计算得到对应的补贴值，画出两者之间的关系才可以得到定价补贴函数。很显然，由于 OCAP 问题中有指数量级的约束，并且要多次计算每隔 0.5 间距的定价所对应的补贴值，直接求解的复杂度会随着局中人数量的增加而显著提升。

2. 仿真结果比较

v 表示局中人的数量，即问题的规模。其中作业处理时间 t_i 的取值随机从区间 $[2,2v]$ 中选出取整并除以 2，得到最小间隔为 0.5 的随机数。表 4.8 中运行计算的时间保留整数，取运行时间上限为 3600 秒。十个实例为一组，取平均时间得到 T_1 和 T_2。T_1 表示使用本书提出的算法计算一个实例的平均时间。T_2 表示直接求解一个实例中 OCAP 问题的平均时间。仿真计算结果如表 4.10 所示。

表 4.10　仿真计算结果

规模	T_1/秒	T_2/秒	规模	T_1/秒	T_2/秒
4	1	1	14	93	455
6	3	2	16	153	3436
8	12	4	18	219	3600
10	25	10	20	368	3600
12	54	59	22	480	3600

结果表明直接求解 OCAP 问题，随着问题求解规模的扩大，计算时间显著增加，当规模为 16 时，一个算例的运行时间就接近 1 个小时。相比之下，使用本书提出的算法不仅能够构造出完全相同的函数图像，而且算例运行时间并没有随问题规模的扩大而迅速增加，这显示出了本书提出的算法的有效性和高效性。

4.3.6　小结

首先，本节将一种新的定价而非惩罚工具引入调度合作博弈中。大多数关于调度合作博弈的文献，都强调了合作在调度问题中的重要性，对于核心为空时提出了含有近似比的算法，但对稳定大联盟的研究并不多。本节使用定价和补贴共同作用于机器调度博弈，稳定了这类空核合作博弈的大联盟。特别是，本节提供了其他视角，以帮助第三方采取一种定价机制来促进合作，而不需要任何外部资助的补贴。

其次，本节建立模型来分析定价对相同并行机器调度合作博弈的影响，并通过对价格的刻画来解释其对局中人在不同联盟中的影响。同时，定价的增长会被用作促进合作的补贴，而不是通过惩罚征税引起局中人的不满，这一点是定价与惩罚的显著不同。为了解决这个问题，本节给出了相关定理，其能指导设计有效的算法。

最后，本节将相似的结论应用到加权作业的相同并行机器调度合作博弈上，并给出了相应的结论。利用定价这个新工具，说明了第三方如何选择具体的价格来稳定大联盟。为政府提供了管理上的指导，即如何制定合理的价格来促进合作，而无须支付额外费用。

4.4　设施选址问题

在现实生活中，我们经常要考虑新增设施的地理位置，如快递公司需要确定新增库存点的位置、政府需要确定新增公共服务设施的地址等。在确定设施选址时，不仅要考虑到服务顾客的便利性，还要顾及设施的开设成本和运营成本。设施选址问题就是这一类问题的统称。

在一般的设施选址问题中，我们需要在一些潜在的设施开设地址中选择最优的开设地址，在满足任意顾客都被服务到、任意设施所服务的顾客不能超过其容量限制等约束下，使得整体服务成本、设施开设成本和设施运营成本最小化。与之相对应，设施选址博弈则是将所有被服务的顾客看作博弈的参与者，试图寻找一种公平的分配方案来分摊前面的设施选址问题所最小化的总成本。下面，我们将通过两种设施选址博弈的介绍与求解来进一步了解设施选址问题的建模，并看到拉格朗日成本分解法和逆优化成本调整法在合作博弈上的具体应用。

4.4.1　无容量限制的设施选址博弈

在 UFL 博弈中，$G=(M,N,E)$ 定义了一个双向网络，其中 M 是可开设设施的潜在位置集合，N 是需要被服务的顾客点集合，E 是将设施地址与顾客点相连的边的集合。每一个潜在的位置 $i\in M$ 都有一个固定的开设成本 f_i，每一条边

$(i,j)\in E$ 都有一个服务成本 c_{ij}。在 UFL 博弈中，顾客分摊设施开设成本和整体服务成本，即这个博弈的参与者是顾客。UFL 博弈中需要使用的符号见表 4.11。

表 4.11　UFL 博弈符号解释

符号	符号的含义
M	潜在设施地址的集合，$M=\{1,2,\cdots,m\}$
N	顾客点（参与者）集合，$N=\{1,2,\cdots,n\}$
c_{ij}	从设施 i 服务顾客 j 的服务成本，$\forall i\in M, j\in N$
f_i	设施 i 的设施开设成本，$\forall i\in M$
s	参与者联盟，$s\subseteq N$
γ_j^s	示性向量 $\left[\gamma_1^s,\gamma_2^s,\cdots,\gamma_n^s\right]^{\mathrm{T}}$，如果参与者 j 在联盟 s，$\gamma_j^s=1$；否则，$\gamma_j^s=0$
v_i	决策变量，当设施 i 开设时，$v_i=1$；否则，$v_i=0$。$\forall i\in M$
u_{ij}	决策变量，当顾客 j 由设施 i 服务时，$u_{ij}=1$；否则，$u_{ij}=0$。$\forall i\in M, j\in N$

定义 4.2　对于 UFL 博弈（N,c_{UFL}），参与者是集合 N 中的顾客，而特征函数 $c_{\mathrm{UFL}}(s)$ 由 ILP 所确定：

$$c_{\mathrm{UFL}}(s)=\min_{v,u}\left\{\sum_{i\in M}f_iv_i+\sum_{i\in M}\sum_{j\in N}c_{ij}u_{ij}\right\} \tag{4.20}$$

$$\text{s.t.}\begin{cases}\sum_{i\in M}u_{ij}\geqslant\gamma_j^s, & \forall j\in N \quad (4.20\text{a})\\ u_{ij}-v_i\leqslant 0, & \forall i\in M,\ j\in N \quad (4.20\text{b})\\ v_i,u_{ij}\in[0,1], & \forall i\in M,\ j\in N \quad (4.20\text{c})\end{cases}$$

在 ILP 中，对于任意联盟 s，目标函数式（4.20）是最小化总的设施开设成本和服务成本；约束式（4.20b）要求联盟 s 中的每一个顾客必须被服务到，约束式（4.20c）确保只有开设的设施才能服务顾客。

ILP 式（4.20）～式（4.20c）是 UFL 问题的一般公式。根据定义 4.2，UFL 博弈（N,c_{UFL}）是一个 $V=N,c=c_{\mathrm{UFL}}$ 的 OR 博弈（V,c）。具体来说，$c(s)$中的决策变量 x 在 $c_{\mathrm{UFL}}(s)$ 中的表现是$[v;u]$。同时，通过将 c_{UFL} 写成矩阵形式，我们能够得到矩阵 C、A、A'、B、B'、D、D'的具体表达式。特别的是，D 和 D'现在是 0，因此博弈（N, c_{UFL}）是次可加的。我们在本节研究的 NLCFL（nonlinear single-source capacity constrained facility location，非线性单源有容量限制的设施选址）博弈也是如此。

下面我们将采用第 3 章介绍的拉格朗日成本分解法以及逆优化成本调整法来求解 UFL 博弈。其中，由于 LPB 算法求解 UFL 博弈的篇幅较少，且为了便于比较，我们将其放入了拉格朗日成本分解法这一部分一同介绍。

1. 拉格朗日成本分解法

UFL 博弈的特征函数的目标函数是线性的，可以看作是一种特殊的 IM 博弈，LPB 算法和 LRB 算法都能够用于求解其最优成本分摊。下面我们先来看 LPB 算法在 UFL 博弈上的应用。

在 $c_{\mathrm{UFL}}(s)$ 中，约束式（4.20a）和式（4.20b）已经是可分配的。通过添加可分配约束 $\{u_{ij} \geqslant 0 : i \in M, j \in N\}$ 来松弛二元约束式（4.20c），可以得到大联盟优化问题 $c_{\mathrm{UFL}}(N)$ 的 LP 松弛如下：

$$c_{\mathrm{LP\_UFL}}(N) = \min_{v,u} \left\{ \sum_{i \in M} f_i v_i + \sum_{i \in M} \sum_{j \in N} c_{ij} u_{ij} \right\} \tag{4.21}$$

$$\text{s.t.} \begin{cases} \sum_{i \in M} u_{ij} \geqslant \gamma_j^N, & \forall j \in N & (4.21\text{a}) \\ u_{ij} - v_i \leqslant 0, & \forall i \in M, j \in N & (4.21\text{b}) \\ u_{ij} \geqslant 0, & \forall i \in M, j \in N & (4.21\text{c}) \end{cases}$$

我们将式（4.21a）～式（4.21c）的约束进行连续标号，从 1 到 n，从 $n+1$ 到 $n+mn$，以及从 $n+mn+1$ 到 $n+2mn$。对于 $c_{\mathrm{LP\_UFL}}(N)$，我们考虑它的对偶问题。令 μ_k 是与 $c_{\mathrm{LP\_UFL}}(N)$ 第 k 个约束相对应的对偶变量，而 μ^* 是对偶线性规划的最优解。根据 3.1.4 节提到的基于行生成的算法，我们有下面的引理。

引理 4.7 对于 UFL 博弈，$\alpha_{\mathrm{LP\_UFL}}(j) = \mu_j^*, \forall j \in N$ 所给的 LPB 成本分摊 $\alpha_{\mathrm{LP\_UFL}}$ 是最优的，其分摊的总成本为 $c_{\mathrm{LP\_UFL}}(N)$。

引理 4.7 告诉我们，获得 UFL 博弈一个最优稳定成本分摊的简单方式是直接求解 $c_{\mathrm{LP\_UFL}}(N)$，并通过计算约束的影子价格来获得最优对偶变量。然而，求解对偶线性规划有助于找到备选的最优解，因为当对偶线性规划有多个最优解时，不是所有的最优解都与原问题的影子价格相对应。关于 LPB 成本分摊的质量，Kolen（1983）、Goemans 和 Skutella（2004）已经证明，对于 UFL 博弈，最优稳定成本分摊值与 $c_{\mathrm{UFL}}(N)$ 的线性规划下界一致。也就是说，对于 UFL 博弈，LPB 成本分摊就是其最优成本分摊。

虽然对于 UFL 博弈，LPB 算法已经能够得到最优成本分摊，但是第 3 章介绍的 LRB 算法此时并非毫无用处。下面，我们来看如何使用 LRB 算法来获得

UFL 博弈的最优成本分摊，以及通过算例来发现 LPB 成本分摊与 LRB 成本分摊的差异。

在 $c_{\mathrm{UFL}}(s)$ 中，我们加入一些新的约束：

$$\left\{u_{ij} \leqslant \gamma_j^s : \forall i \in M, j \in N\right\} \tag{4.22}$$

然后把约束 $\left\{\sum_{i\in M} u_{ij} \geqslant \gamma_j^s, \forall j \in N\right\}$ 乘以非负的拉格朗日乘子 σ 放到目标函数中，推导出如下的 UFL 拉格朗日特征函数：

$$c_{\mathrm{LR\_UFL}}(s;\sigma) = \min_{v,u}\left\{\sum_{i\in M} f_i v_i + \sum_{i\in M}\sum_{j\in N}(c_{ij}-\sigma_j)u_{ij} + \sum_{j\in N}\sigma_j\gamma_j^s\right\}$$

$$\text{s.t.}\begin{cases} u_{ij} \leqslant \gamma_j^s, & \forall i \in M, j \in N \\ u_{ij} - v_i \leqslant 0, & \forall i \in M, j \in N \\ v_i, u_{ij} \in \{0,1\}, & \forall i \in M, j \in N \end{cases}$$

增加约束式（4.22）是为了加强 $c_{\mathrm{UFL}}(s)$ 的拉格朗日松弛下界，这相应地可能会导致更好的 LRB 成本分摊。在计算 $c_{\mathrm{LR\_UFL}}(s;\sigma)$ 时，对于任意不在联盟 s 中的参与者 j'，禁止出现 $u_{ij'}=1$，即使系数 $c_{ij'}-\sigma_{j'}<0$。易知，增加式（4.22）可以简单等价于用 $\sum_{i\in M}\sum_{j\in s}(c_{ij}-\sigma_j)u_{ij}$ 替代 $c_{\mathrm{LR\_UFL}}(s;\sigma)$ 目标函数中的 $\sum_{i\in M}\sum_{j\in N}(c_{ij}-\sigma_j)u_{ij}$。

根据算法 3.1，我们将 $c_{\mathrm{LR\_UFL}}(s;\sigma)$ 分解为 $c_{\mathrm{LR1\_UFL}}(s;\sigma)$ 和 $c_{\mathrm{LR2\_UFL}}(s;\sigma)$，使得 $c_{\mathrm{LR\_UFL}}(s;\sigma) = c_{\mathrm{LR1\_UFL}}(s;\sigma) + c_{\mathrm{LR2\_UFL}}(s;\sigma)$。据此，我们定义 UFL 子博弈 1 $(N, c_{\mathrm{LR1\_UFL}}(\cdot;\sigma))$ 和 UFL 子博弈 2 $(N, c_{\mathrm{LR2\_UFL}}(\cdot;\sigma))$。

对于 UFL 子博弈 1，其特征函数为

$$c_{\mathrm{LR1\_UFL}}(s;\sigma) = \sum_{j\in N}\sigma_j\gamma_j^s \tag{4.23}$$

根据引理 3.1，$\alpha_{\mathrm{LR1\_UFL}}^{\sigma}(j) = \sigma_j, \forall j \in N$ 给出了博弈 $(N, c_{\mathrm{LR1\_UFL}}(\cdot;\sigma))$ 的一个核中分配 $\alpha_{\mathrm{LR1\_UFL}}^{\sigma}$。

对于 UFL 子博弈 2，其特征函数为

$$c_{\mathrm{LR2\_UFL}}(s;\sigma) = \min_{v,u}\sum_{i\in M} f_i v_i + \sum_{i\in M}\sum_{j\in N}(c_{ij}-\sigma_j)u_{ij}$$

$$\text{s.t.}\begin{cases} u_{ij} \leqslant \gamma_j^s, & \forall i \in M, j \in N \\ u_{ij} - v_i \leqslant 0, & \forall i \in M, j \in N \\ v_i, u_{ij} \in \{0,1\}, & \forall i \in M, j \in N \end{cases} \tag{4.24}$$

为了求解 $c_{\mathrm{LR2\_UFL}}(s;\sigma)$，我们按照设施对其进行分解，并推导出一个封闭形式的最优目标函数值，由 $c_{\text{LR2\_UFL}}(s;\sigma)=\sum_{i=1}^{M}\min\left\{0, f_i+\sum_{j\in s}\min\{0, c_{ij}-\sigma_j\}\right\}$ 给出。

引理 4.8　UFL 子博弈 2 $(N, c_{\text{LR2\_UFL}}(\cdot;\sigma))$ 具有次模性。

证明　设 a 和 b 是集合 N 中的两个参与者。为了证明次模性，我们需要证明，对于任意子联盟 $s\in V\setminus\{a,b\}$，有

$$c_{\text{LR2\_UFL}}(s\cup\{a\};\sigma)-c_{\text{LR2\_UFL}}(s;\sigma)\geqslant c_{\text{LR2\_UFL}}(s\cup\{a,b\};\sigma)-c_{\text{LR2\_UFL}}(s\cup\{b\};\sigma) \tag{4.25}$$

对于任意 $i\in M$，令 $\Delta_i(s;\sigma)=\min\left\{0, f_i+\sum_{j\in s}\min\{0,c_{ij}-\sigma_j\}\right\}$。为了证明式（4.25），必须证明：

$$\Delta_i(s;\sigma)+\Delta_i(s\cup\{a,b\};\sigma)\leqslant\Delta_i(s\cup\{a\};\sigma)+\Delta_i(s\cup\{b\};\sigma),\quad \forall s\in V\setminus\{a,b\} \tag{4.26}$$

对任意 $\hat{s}\in\{s,s\cup\{a\},s\cup\{b\},s\cup\{a,b\}\}$，令 $\rho(x)=\min\{0,x\}$，$x_{\hat{s}}=f_i+\sum_{j\in\hat{s}}\min\{0,c_{ij}-\sigma_j\}$。显然，$x_s+x_{s\cup\{a,b\}}=x_{s\cup\{a\}}+x_{s\cup\{b\}}$，$x_{s\cup\{a,b\}}\leqslant\min\{x_{s\cup\{a\}}, x_{s\cup\{b\}}\}\leqslant\max\{x_{s\cup\{a\}},x_{s\cup\{b\}}\}\leqslant x_s$。因此，因为 $\rho(x)$ 是凹函数，则 $\rho(x_s)+\rho(x_{s\cup\{a,b\}})\leqslant\rho(x_{s\cup\{a\}})+\rho(x_{s\cup\{b\}})$。由此，我们得到了式（4.26），引理 4.8 证毕。

因为 UFL 子博弈 2 有次模性，可以使用 3.1.3 节提到的贪婪算法来直接计算它的核中分配 $\alpha^{\sigma}_{\text{LR2\_UFL}}$。在最优拉格朗日乘子 σ^* 下，可以推导出最优 UFL 的 LRB 成本分摊，由 $\alpha^{\sigma^*}_{\text{LR\_UFL}}=\alpha^{\sigma^*}_{\text{LR1\_UFL}}+\alpha^{\sigma^*}_{\text{LR2\_UFL}}$ 给出。因为 UFL 子博弈 1 和子博弈 2 的核都非空，所以由定理 3.2 可知，最优 LRB 成本分摊值能达到拉格朗日松弛下界 $c_{\text{LR\_UFL}}(N;\sigma^*)$，其不小于 LP 松弛下界 $c_{\text{LP\_UFL}}(N)$。

定理 4.13 表明 UFL 的 LRB 成本分摊的最优性，并揭示了 LRB 成本分摊与 LPB 成本分摊之间的等价性。

定理 4.13　对于 UFL 博弈，LRB 成本分摊 $\alpha^{\sigma^*}_{\text{LR\_UFL}}=\alpha^{\sigma^*}_{\text{LR1\_UFL}}+\alpha^{\sigma^*}_{\text{LR2\_UFL}}$ 是最优的。而且，LRB 成本分摊集与 LPB 成本分摊集都包含所有最优的 UFL 成本分摊。

证明　对于 UFL 博弈，首先证明 LRB 成本分摊是最优的。最优 LRB 成本分摊值能够达到拉格朗日松弛下界 $c_{\text{LR\_UFL}}(N;\sigma^*)$，其不小于线性规划松弛下界

$c_{\text{LP\_UFL}}(N)$。线性规划松弛下界等于 UFL 博弈的最大可分摊成本。因此，LRB 成本分摊一定是 UFL 博弈最优成本分摊，且 $c_{\text{LR\_UFL}}(N;\sigma^*) = c_{\text{LP\_UFL}}(N)$。

接下来证明 LRB 成本分摊集与 LPB 成本分摊集都包含所有 UFL 博弈的最优成本分摊。显然，LPB 成本分摊集包含所有 UFL 博弈的最优成本分摊。这表明每一个 LRB 成本分摊一定属于 LPB 成本分摊集。因此，接下来需要证明每一个 LPB 成本分摊也属于 LRB 成本分摊集。

对于每一个 LPB 成本分摊 $\alpha_{\text{LP\_UFL}}(j) = \mu_j^*, \forall j \in N$，这里的 μ^* 和一些 δ^* 形成了 $c_{\text{LP\_UFL}}(N)$ 对偶问题的一个最优解：

$$\max_{\mu,\delta} \sum_{j \in N} \mu_j$$

$$\text{s.t.} \begin{cases} \sum\limits_{j \in N} \delta_{ij} = f_i, & \forall i \in M \\ \mu_j - \delta_{ij} \leqslant c_{ij}, & \forall i \in M, j \in N \\ \mu_j \geqslant 0, \delta_{ij} \geqslant 0, & \forall i \in M, j \in N \end{cases}$$

对于任意 $i \in M$，$j \in N$，易知 $f_i = \sum\limits_{j \in N} \delta_{ij}^*$ 和 $\delta_{ij}^* \geqslant \max\{0, \mu_j^* - c_{ij}\}$，这表明 $f_i \geqslant \sum\limits_{j \in N} \max\{0, \mu_j^* - c_{ij}\} = -\sum\limits_{j \in N} \min\{0, c_{ij} - \mu_j^*\}$。因此，对于任意 $i \in M$，有

$$\min\left\{0, f_i + \sum_{j \in N} \min\{0, c_{ij} - \mu_j^*\}\right\} = 0 \tag{4.27}$$

因为对于任意非负的 σ，有 $c_{\text{LR2\_UFL}}(N;\sigma) = \sum\limits_{i=1}^{m} \min\left\{0, f_i + \sum\limits_{j \in N} \min\{0, c_{ij} - \sigma_j\}\right\}$。根据式（4.27），有 $c_{\text{LR2\_UFL}}(N;\mu^*) = 0$。这与 $c_{\text{LR1\_UFL}}(N;\mu^*) = \sum\limits_{j \in N} \mu_j^*$ 一起表明 $c_{\text{LR\_UFL}}(N;\mu^*) = \sum\limits_{j \in N} \mu_j^* = c_{\text{LP\_UFL}}(N) = c_{\text{LR\_UFL}}(N;\sigma^*)$。因此，$\mu^*$ 是最优拉格朗日乘子。然后，$\alpha_{\text{LR\_UFL}}^{\mu^*}(j) = \mu_j^* + \alpha_{\text{LR2\_UFL}}^{\mu^*}(j), \forall j \in N$ 给出了最终的 LRB 成本分摊。注意，对于任意 $s \in S$，因为 $c_{\text{LR2\_UFL}}(s;\mu^*) \leqslant 0$，$c_{\text{LR2\_UFL}}(s;\mu^*) \geqslant c_{\text{LR2\_UFL}}(N;\mu^*) = 0$，故 $c_{\text{LR2\_UFL}}(s;\mu^*) = 0$，这也表明 $\alpha_{\text{LR2\_UFL}}^{\mu^*}(j) = 0, \forall j \in N$。因此，可得知 $\alpha_{\text{LR\_UFL}}^{\mu^*} = \mu^*$，表明每一个 LPB 成本分摊 μ^* 都属于 LRB 成本分摊集。定理 4.13 证毕。

对于 UFL 博弈，LPB 成本分摊包含所有的最优 UFL 成本分摊，显然每一个最优成本分摊都与一个 LPB 算法的解相对应。故 LPB 的解一定是 $c_{\mathrm{LP\_UFL}}(N)$ 对偶问题所有基最优解的凸组合。但是，仅使用一般的 LP 求解器来求解 $c_{\mathrm{LP\_UFL}}(N)$ 对偶问题很难获得所有基最优解。

此时，LRB 算法为 UFL 博弈提供了其他的最优成本分摊，且此时 LRB 算法得到的解可能与一般线性规划求解器产生的 LPB 算法的解不同。解释案例如下。

在图 4.10 展示的 UFL 博弈案例中，有 4 个设施和 4 个顾客（参与者）。每个设施有一个固定开设成本 10。连接线上的数字是从设施到顾客的服务成本。大联盟的最优决策是开设设施 3 和设施 4，其中较粗的连接是最优路径。因此，大联盟的成本是 10 + 10 + 3 + 3 + 2 + 1 = 29。

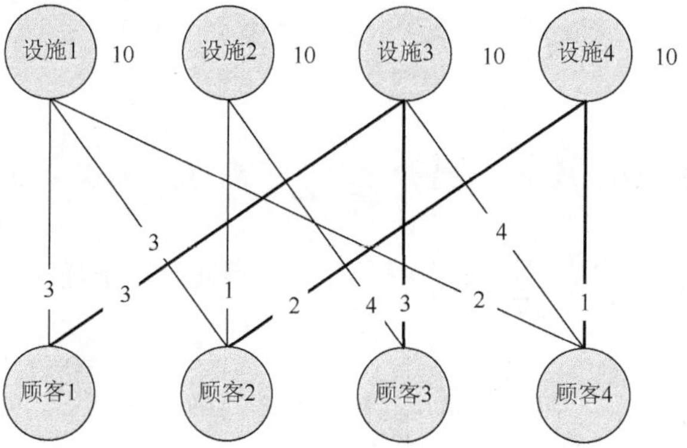

图 4.10　UFL 博弈案例

对于这个博弈，我们用 Matlab Release 2011a 中的两个线性规划求解器——单纯形法和内点法来分别计算 LPB 成本分摊。表 4.12 显示了在不同的方法下，分摊给每一个参与者的成本。

表 4.12　不同方法下的 UFL 最优稳定成本分摊

方法	参与者 1	参与者 2	参与者 3	参与者 4	总分摊成本
单纯形法 LPB	5.00	6.50	8.50	6.50	26.5
内点法 LPB	6.58	6.50	8.50	4.92	26.5
LRB	6.87	6.50	8.50	4.63	26.5

这个案例表明，LRB 算法能够得到不同于一般线性规划求解器产生的最优稳定成本分摊。LRB 的解在两个 LPB 解的凸组合之外。这表明了 LRB 算法在提供替代成本分摊的价值。

为了研究 LRB 算法在一般设定下的性能，我们测试了 20 个 UFL 基准案例①。所有案例都设置 $m = n = 100$。我们在 Windows 7 PC、Intel Core i7-2600、3.4GHz 和 16 GB RAM 的电脑上进行所有的计算实验。所有的算法都在 Matlab Release 2011a 中运行。在 20 个案例中，有 15 个案例的 LRB 解在两个 LPB 解的凸组合的范围之外。这再一次表明了 LRB 算法在寻找替代的最优稳定成本分摊方面的价值，即使 LPB 成本分摊已经被证明是最优的。

2. *逆优化成本调整法*

为稳定 UFL 博弈大联盟，先前文献使用补贴机制（Caprara and Letchford，2010；Liu et al.，2016）。接下来，将成本调整新工具应用到 UFL 博弈中，即通过调整设施开设成本 $f_i, i \in M$ 和服务成本 $r_{ij}, i \in M$, $j \in N$ 来稳定大联盟。

将 UFL 博弈转化为 CIOP 后，运用推论 3.1，建立命题 4.1，其表明 UFL 博弈定义的 CIOP 一定存在可行的大联盟稳定成本调整策略。

命题 4.1　给定任意 UFL 博弈 $(N, \pi_{\text{UFL}}(\cdot;(f,r)))$，整数规划 $\pi_{\text{UFL}}(\cdot;(f,r))$ 可行的任意预期合作方案 (x^0, z^0)，任意成本分摊的预期范围 $[l,u]$，此时 CIOP 一定存在一个可行解。

证明　式（3.27）～式（3.27d）定义的 ILP。UFL 博弈是一个满足 $\delta = 2^N \backslash \{\varnothing\}$ 的整数最小化博弈，因为对每个子联盟 $S \in \delta$，特征函数 $\pi_{\text{UFL}}(S:(f,r))$ 的值取决于成本向量 (f,r)，其能用如下整数线性规划表示：

$$\pi_{\text{UFL}}(S;(f,r)) = \min \sum_{i \in M} f_i z_i + \sum_{i \in M} \sum_{j \in N} r_{ij} x_{ij}$$

$$\text{s.t.} \sum_{i \in M} x_{ij} = y_j(S), \quad \forall j \in N$$

$$x_{ij} \leqslant z_i, \quad \forall i \in M, \quad \forall j \in N$$

$$x_{ij} \in \{0,1\}, \quad \forall i \in M, \quad \forall j \in N$$

$$z_i \in \{0,1\}, \quad \forall i \in M$$

其中，二元变量 x_{ij} 表示设施 i 是否服务参与者 j；每个二元变量 z_i 表示设施 i 是否开放；f_i 表示对 $i \in M$ 设施 i 的开放成本；用 r_{ij} 表示对 $i \in M$ 设施 i 与对 $j \in N$ 设施 j 的服务成本。

该整数线性规划包括一个约束 $\sum_{i \in M} x_{ij} = 1, \forall j \in N$，其表明两个有效不等式

① 具体参见 http://ns.math.nsc. ru/AP/benchmarks/CFLP/cflp_tabl-eng.html。

$\sum_{i\in M}x_{ij}\geqslant 1$，$-\sum_{i\in M}x_{ij}\geqslant -1$，$\forall j\in N$ 成立。因此，推论 3.1 的条件（2）满足，表示 UFL 博弈定义的 CIOP 一定存在一个可行解。

为求解 UFL 博弈定义的 CIOP，使用基于 LP2 重构中式（3.29）～式（3.29g）的求解算法。为得到 LP2 重构的矩阵 $\tilde{A}$ 和 $\tilde{B}$，需要明确描述式（3.42）中可分配不等式 $\tilde{A}x\geqslant\tilde{B}$ 组成的多面体 C_x。Caprara 和 Letchford（2010）指出 UFL 博弈中多面体 C_x 为

$$C_x=\left\{(x,z)\in\mathbb{R}^{mn+m}:\sum_{i\in M}x_{ij}=1,\forall j\in N,z_i\geqslant x_{ij},x_{ij}\geqslant 0,\forall i\in M,\forall j\in N\right\}$$

因此得到 $\tilde{A}$ 和 $\tilde{B}$。

用 $\overline{f}_i$ 和 $\overline{r}_{ij}$ 表示调整 f_i 和 r_{ij} 后的设施开设成本和服务成本，并用 s_i^+、s_i^-、$\hat{s}_{ij}^+$ 和 $\hat{s}_{ij}^-$ 分别表示对 f_i 和 r_{ij} 成本调整的正数和负数部分，$\forall i\in M,\forall j\in N$。用 ρ_j、$\overline{\rho}_{ij}$ 和 $\hat{\rho}_{ij}$ 分别表示 C_x 中约束 $\sum_{i\in M}x_{ij}=1$、$z_i\geqslant x_{ij}$ 和 $x_{ij}\geqslant 0$ 对应的对偶变量，$\forall i\in M,\forall j\in N$。对给定预期合作方案 (x^0,z^0) 和预期成本分摊范围 $[l,u]$，将 UFL 博弈的式（3.29）～式（3.29g）CIOP 的 LP2 重构建模表示为

$$\min\sum_{i\in M}\omega_i s_i^+ +\sum_{i\in M}\sum_{j\in N}\omega_{ij}\hat{s}_{ij}^+ +\sum_{i\in M}\omega_i s_i^- +\sum_{i\in M}\sum_{j\in N}\omega_{ij}\hat{s}_{ij}^- \tag{4.28}$$

$$\text{s.t.}\ \ \overline{f}_i-\left(s_i^+-s_i^-\right)=f_i,\quad \forall i\in M \tag{4.28a}$$

$$\overline{r}_{ij}-\left(\hat{s}_{ij}^+-\hat{s}_{ij}^-\right)=r_{ij},\quad \forall i\in M,\quad \forall j\in N \tag{4.28b}$$

$$\sum_{j\in N}\rho_j-v\geqslant 0 \tag{4.28c}$$

$$\rho_j-\overline{\rho}_{ij}+\hat{\rho}_{ij}-\overline{r}_{ij}=0,\ \ \forall i\in M,\quad \forall j\in N \tag{4.28d}$$

$$\sum_{j\in N}\overline{\rho}_{ij}-\overline{f}_i=0,\quad \forall i\in M \tag{4.28e}$$

$$\sum_{i\in M}z_i^0\overline{f}_i+\sum_{i\in M}\sum_{j\in N}x_{ij}^0\overline{r}_{ij}-v=0 \tag{4.28f}$$

$$v\geqslant l \tag{4.28g}$$

$$-v\geqslant -u \tag{4.28h}$$

$$v\in\mathbb{R},\quad s^+\in\mathbb{R}_+^m,\quad s^-\in\mathbb{R}_+^m,\quad \hat{s}^+\in\mathbb{R}_+^{m\times n},\quad \hat{s}^-\in\mathbb{R}_+^{m\times n},\quad \overline{f}\in\mathbb{R}^m,\quad \overline{r}\in\mathbb{R}^{m\times n},$$
$$\rho\in\mathbb{R}_+^m,\quad \overline{\rho}\in\mathbb{R}_+^{m\times n},\quad \hat{\rho}\in\mathbb{R}_+^{m\times n} \tag{4.28i}$$

因此，根据定理 3.12 可知 UFL 博弈的 CIOP 能够在多项式时间内通过求解其 LP2 的重构，即模型式（4.28）～式（4.28i）来求解，如下面的定理 4.14 所述。

定理 4.14　给定任意 UFL 博弈 $(N,\pi_{\text{UFL}}(\cdot;(f,c)))$、整数规划 $\pi_{\text{WM}}(N;(f,c))$ 可

行的任意预期合作方案(x^0,z^0)以及任意预期成本分摊范围$[l,u]$，它们所定义的 CIOP 能在多项式时间内求解。

证明　对 UFL 博弈定义的 CIOP，考虑式（4.28）～式（4.28i）定义的 LP2 重构，其存在多项式个变量和约束。因此基于定理 3.12，可知 LP2 重构（等价于 CIOP）能在多项式时间内求解。

除 UFL 博弈外，基于 LP2 重构的求解算法也能被用到一些其他博弈定义的 CIOP，如背包及覆盖博弈（Deng et al.，1999）、双边匹配博弈和无根旅行商博弈（Caprara and Letchford，2010），这些问题的可分配不等式都能显式识别。

3. *逆优化成本调整法数值实验*

对 UFL 博弈，考虑四组不同规模的 UFL 实例，包括$|M|=|N|=20$、$|M|-|N|-40$、$|M|=|N|=60$、$|M|=|N|=80$。每组产生 100 个例子，设施开设成本从$\{100,101,\cdots,200\}$中随机选取，服务成本从$\{1,2,\cdots,100\}$中随机选取。此外，为避免设施开设成本的调整，设定设施开设成本的调整惩罚为 10 000，服务成本调整惩罚为 1。

对 UFL 博弈$\pi_{\text{UFL}}(N;(f,r))$的 ILP，使用 Gurobi 8.1.0 求解其最优解(x^*,z^*)，用v^*表示最优目标值。设定预期合作方案为(x^*,z^*)，预期成本分摊范围$[l,u]$为$[v^*,v^*]$或$[0.95v^*,1.05v^*]$。

表 4.13 和表 4.14 分别展示$[l,u]$设定为$[v^*,v^*]$或$[0.95v^*,1.05v^*]$的 UFL 博弈算例计算结果。对同样规模例子的组，用前文所述的算法求解 CIOP 以得到最优成本调整，并将结果展示在列 *U*、列 DV、列 DN 和列 *F*，其中列 *U* 表示 100 个实例中非平静博弈的数量，列 DV 表示最小总偏离量占初始成本的百分比的平均值（avg.）、最大值（max.）、最小值（min.），列 DN 表示调整成本量占总成本量百分比的平均值、最大值、最小值，列 *F* 表示在每组的 100 个随机例子中，设施开设成本调整的例子数量。

表 4.13　UFL 博弈的计算结果，$(x^0,z^0)=(x^*,z^*),[l,u]=[v^*,*]$

$(\|M\|,\|N\|)$	U	DV/%			DN/%			F
		avg.	max.	min.	avg.	max.	min.	
(20,20)	75	0.226	0.949	0.018	1.267	4.048	0.238	0
(40,40)	99	0.168	0.366	0.016	1.138	2.134	0.122	0
(60,60)	100	0.133	0.299	0.010	0.965	2.213	0.082	0
(80,80)	100	0.129	0.209	0.032	0.977	1.543	0.293	0

表 4.14　UFL 博弈的计算结果，$(x^0,z^0)=(x^*,z^*)$, $[l,u]=[0.95v^*,1.05v^*]$

$(\lvert M\rvert,\lvert N\rvert)$	U	DV/%			DN/%			F
		avg.	max.	min.	avg.	max.	min.	
(20,20)	75	0.120	0.526	0.009	0.800	3.095	0.238	0
(40,40)	99	0.079	0.162	0.007	0.521	1.220	0.061	0
(60,60)	100	0.059	0.134	0.006	0.463	1.202	0.055	0
(80,80)	100	0.056	0.095	0.013	0.471	0.864	0.077	0

根据表 4.13 中列 U，可知 UFL 博弈的随机例子中的 75%～100%是非平衡的，虽然这个比例很高，但是从表 4.13 和表 4.14 中可以看出，仅需要轻微调整成本，就能使 UFL 博弈大联盟稳定。表 4.13 和表 4.14 中，仅需要轻微调整成本，就能高效稳定 UFL 博弈大联盟，而不需改变最优合作方案 (x^*,z^*) 或成本分摊值 v^*。当成本分摊值 v^* 不变时，表 4.13 中的列 DV 和列 DN 说明成本偏移量的百分比不超过 0.949%，成本调整量的百分比不超过 4.048%。当成本分摊允许有 5%的变化时，即在 $[0.95v^*,1.05v^*]$ 内，表 4.14 中列 DV 和列 DN 表明所需的成本调整量显著降低，成本偏移量的百分比不超过 0.526%，成本调整量的百分比不超过 3.095%。此外，我们还观察到一些 UFL 博弈的非平衡例子仅有一个成本需要调整。在全部的 UFL 博弈例子中，没有设施开设成本需要被调整。

4.4.2　NLCFL 博弈

在 NLCFL 博弈中，有与 UFL 博弈相似的双向网络 $G=(M,N,E)$。与 UFL 博弈相比，每一个潜在的设施地址 $i\in M$ 现在有了产能 Q_i，每一个顾客点 $j\in N$ 有一个需求 q_j。每一位顾客都仅能被一个设施所服务。除了设施开设成本，每一个设施 i 也有一个运营成本，且会随着该设施所服务的顾客的数量而增加。为了描述规模经济效应，我们使用二次函数 $\theta_i\left[h_i n_i - l_i(n_i)^2\right]$ 来衡量运营成本，其中，n_i 表示被设施 i 所服务的顾客数量，θ_i、h_i 和 l_i 表示保证成本对 $n_i\in[0,n]$ 是凹函数并单调递增的合适参数。

和 UFL 博弈不同的是，NLCFL 博弈中，参与者的集合不再只是 N 中的顾客，还包括 M 中的设施参与者（装箱博弈也有相似设置）。其中，只有顾客参与者需要分摊成本，设施参与者分摊的成本为 0。同时，NLCFL 博弈包含非线性的成本函数，使得 LPB 算法不再适用于 NLCFL 博弈的求解，只能够采用 LRB 算法来求解。

表 4.15 展示了定义 NLCFL 博弈的新符号。

表 4.15　定义 NLCFL 博弈的新符号

符号	含义
Q_i	设施 i 的产量，$\forall i \in M, Q_i \in \mathbb{Z}^+$
q_j	顾客 j 的需求，$\forall j \in N, q_j \in \mathbb{Z}^+$
s	参与者联盟，$s = s_f \cup s_c$
s_f	s 中的设施参与者子集，$s_f \subseteq M$
s_c	s 中的顾客参与者子集，$s_c \subseteq N$
γ^s	示性向量$\left[\gamma_1^{s_f},\gamma_2^{s_f},\cdots,\gamma_m^{s_f},\gamma_1^{s_c},\gamma_2^{s_c},\cdots,\gamma_n^{s_c}\right]^{\mathrm{T}}$，若 $i\in s_f$ 则 $\gamma_i^{s_f}=1$，否则 $\gamma_i^{s_f}=0$；若 $j\in s_c$ 则 $\gamma_j^{s_c}=1$，否则 $\gamma_j^{s_c}=0$。$\forall j \in N, s_f \subseteq M, s_c \subseteq N$

定义 4.3　NLCFL 博弈$(M\cup N, c_{\mathrm{NLCFL}})$用 $M\cup N$ 中的参与者和特征函数 $c_{\mathrm{NLCFL}}(s)$ 定义。其中，M 表示设施参与者集合，N 表示顾客参与者集合，$c_{\mathrm{NLCFL}}(s)$ 由 NLP（non-linear programming，非线性规划）决定：

$$c_{\mathrm{NLCFL}}(s_f \cup s_c) = \min_{v,u}\left\{\sum_{i\in M} f_i v_i + \sum_{i\in M}\sum_{j\in N} c_{ij}u_{ij} + \sum_{i\in M}\theta_i\left[\sum_{j\in N} h_i u_{ij} - l_i\left(\sum_{j\in N} u_{ij}\right)^2\right]\right\} \tag{4.29}$$

$$\text{s.t.}\begin{cases}\sum_{i\in M} u_{ij} \geqslant \gamma_j^{s_c}, & \forall j \in N \quad (4.29\text{a})\\ \sum_{j\in N} q_j u_{ij} - Q_i v_i \leqslant 0, & \forall i \in M \quad (4.29\text{b})\\ v_i \leqslant \gamma_i^{s_f}, & \forall i \in M \quad (4.29\text{c})\\ v_i, u_{ij} \in \{0,1\}, & \forall i \in M,\ j \in N \quad (4.29\text{d})\end{cases}$$

与 $c_{\mathrm{UFL}}(s)$ 相比，$c_{\mathrm{NLCFL}}(s_f \cup s_c)$ 有一些新的约束。约束式（4.29b）代表设施的产能限制；约束式（4.29c）确保只有当设施参与者在联盟中时，对应的设施才能服务顾客。

下面，我们来正式说明 LRB 算法在 NLCFL 博弈上的应用。

在 NLCFL 博弈的特征函数 $c_{\mathrm{NLCFL}}(s_f \cup s_c)$ 中，通过添加一些新的约束：

$$u_{ij} \leqslant \gamma_i^{s_f}, u_{ij} \leqslant \gamma_j^{s_c}, \quad \forall i \in M, j \in N \tag{4.30}$$

并将约束$\left\{\sum_{i\in M} u_{ij} \geqslant \gamma_j^{s_c} : \forall j \in N\right\}$乘以非负的拉格朗日乘子 σ_j 放入到目标函数中，我们推导出 NLCFL 拉格朗日特征函数：

$$c_{\mathrm{LR\_NLCFL}}(s;\sigma) = \min_{v,u} \sum_{i\in M} f_i v_i + \sum_{i\in M}\sum_{j\in N}(c_{ij} - \sigma_j + \theta_i h_i)u_{ij} - \sum_{i\in M}\theta_i l_i\left(\sum_{j\in N} u_{ij}\right)^2 + \sum_{j\in N}\sigma_j \gamma_j^{s_c}$$

$$\text{s.t.}\begin{cases} u_{ij} \leqslant \gamma_i^{s_f}, & \forall i \in M, j \in N \\ \sum_{j\in N} q_j u_{ij} - Q_i v_i \leqslant 0, & \forall i \in M \\ u_i \leqslant \gamma_i^{s_f}, & \forall i \in M \\ u_{ij} \leqslant \gamma_j^{s_c}, & \forall i \in M, j \in N \\ v_i, u_{ij} \in \{0,1\}, & \forall i \in M, j \in N \end{cases}$$

与 c_{UFL} 的约束式（4.22）相似，增加约束式（4.31）是为了增强拉格朗日松弛下界 $c_{\text{NLCFL}}(s_f \cup s_c)$。

根据 LRB 算法，我们将 $c_{\text{LR\_NLCFL}}(\cdot;\sigma)$ 分解为 $c_{\text{LR1\_NLCFL}}(\cdot;\sigma)$ 和 $c_{\text{LR2\_NLCFL}}(\cdot;\sigma)$，使得对于所有的 $s_f \in M, s_c \in N$，有 $c_{\text{LR\_NLCFL}}(s_f \cup s_c;\sigma) = c_{\text{LR1\_NLCFL}}(s_f \cup s_c;\sigma) + c_{\text{LR2\_NLCFL}}(s_f \cup s_c;\sigma)$。然后，我们分别定义 NLCFL 子博弈 1 $(M \cup N, c_{\text{LR1\_NLCFL}}(\cdot;\sigma))$ 和子博弈 2 $(M \cup N, c_{\text{LR2\_NLCFL}}(\cdot;\sigma))$。

对于 NLCFL 子博弈 1，特征函数为

$$c_{\text{LR1\_NLCFL}}(s_f \cup s_c;\sigma) = \sum_{j\in N} \sigma_j \gamma_j^{s_c} \tag{4.31}$$

根据引理 3.1 可以推导出博弈 $(M \cup N, c_{\text{LR1\_NLCFL}}(\cdot;\sigma))$ 的核中分配。每一个顾客参与者 $j \in N$ 被分摊的成本刚好等于其对应的拉格朗日对偶价格，而设施参与者因为不需要被服务，所以不分摊任何成本。$\alpha_{\text{LR1\_NLCFL}}^{\sigma}(j) = \sigma_j, j \in N$ 和 $\alpha_{\text{LR1\_NLCFL}}^{\sigma}(i) = 0, i \in M$ 给出了最优成本分摊。

对于 NLCFL 子博弈 2，特征函数为

$$c_{\text{LR2\_NLCFL}}(s_f \cup s_c;\sigma) = \min_{v,u}\left\{\sum_{i\in M} f_i v_i + \sum_{i\in M}\sum_{j\in N}(c_{ij} - \sigma_j + \theta_i h_i)u_{ij} - \sum_{i\in M}\theta_i l_i \left(\sum_{j\in N} u_{ij}\right)^2\right\}$$

$$\text{s.t.}\begin{cases} u_{ij} \leqslant \gamma_i^{s_f}, & \forall i \in M, j \in N \\ \sum_{j\in N} q_j u_{ij} - Q_i v_i \leqslant 0, & \forall i \in M \\ v_i \leqslant \gamma_i^{s_f}, & \forall i \in M \\ u_{ij} \leqslant \gamma_j^{s_c}, & \forall i \in M, j \in N \\ v_i, u_{ij} \in \{0,1\}, & \forall i \in M, j \in N \end{cases}$$

为了求解 $c_{\text{LR2\_NLCFL}}(s_f \cup s_c;\sigma)$，我们按照设施将其分解，即 $c_{\text{LR2\_NLCFL}}(s_f \cup s_c;$

$\sigma) = \sum_{i \in s_f} \psi^i(s_c;\sigma)$，对于任意 $i \in s_f$，有

$$\psi^i(s_c;\sigma) = \min_{v_i, u_{ij}} \left\{ f_i v_i + \sum_{j \in s_c} (c_{ij} - \sigma_j + \theta_i h_i) u_{ij} - \theta_i l_i \left(\sum_{j \in s_c} u_{ij} \right)^2 \right\} \tag{4.32}$$

$$\text{s.t.} \begin{cases} \sum_{j \in s_c} q_j u_{ij} - Q_i v_i \leqslant 0, & \forall i \in s_f \\ v_i, u_{ij} \in \{0,1\}, & \forall i \in s_f, j \in s_c \end{cases} \tag{4.32a}$$

可以看到，每一个问题 $\psi^i(s_c;\sigma)$ 都与背包问题的变体相对应。该背包问题的目标是最小化非线性的总成本函数。其中，Q_i 表示背包的容量，f_i 表示使用第 i 个背包的成本，s_c 表示物品的集合，且任意物品 $j \in s_c$ 都有其重量 q_j 和其价值 $-(c_{ij} - \sigma_j + \theta_i h_i)$。除了被装进背包的物品的总价值，还有一个额外的价值 $\theta_i l_i \left(\sum_{j \in s_c} u_{ij} \right)^2$，它是所装入物品数量的二次项。当所有物品的重量 q_j 都是整数时，可以用动态规划的方法在伪多项式的时间 $O(Q_i n^2)$ 内求解 $\psi^i(s_c;\sigma)$，其中，n 是 N 的成员数量，具体来说，我们将 $F_i^{s_c}(j,k,q)$ 定义为 $\sum_{j' \in s_c, j' \leqslant j} (c_{ij'} - \sigma_{j'} + \theta_i h_i) u_{ij'}$ 的最小值，且满足 $\sum_{j' \in s_c, j' \leqslant j} u_{ij'} = k$ 和 $\sum_{j' \in s_c, j' \leqslant j} q_{j'} u_{ij'} \leqslant q$。换句话说，$F_i^{s_c}(j,k,q)$ 代表，在仅从集合 $\{1,2,\cdots,j\}$ 装入 k 件物品，并满足 q 的容量限制时，被装入物品的最低成本。动态规划的状态转移方程如下：

$$F_i^{s_c}(j,k,q) = \begin{cases} F_i^{s_c}(j-1,k,q), & j \notin s_c \\ \min\left\{ F_i^{s_c}(j-1,k,q), F_i^{s_c}(j-1,k-1,q-q_j) + (c_{ij} - \sigma_j + \theta_i h_i) \right\}, & j \in s_c \end{cases}$$

初始化条件：对于任意的 $q \geqslant 0$，$F_i^{s_c}(0,0,q) = 0$。边际条件：对于任意 $q < 0$，$F_i^{s_c}(j,k,q) = +\infty$。然后，通过 $\psi^i(s_c;\sigma) = \min_{k \leqslant |s_c|} \left\{ 0, f_i + F_i^{s_c}(n,k,Q_i) - \theta_i l_i k^2 \right\}$ 得到 $\psi^i(s_c;\sigma)$，且有 $c_{\text{LR2\_NLCFL}}(s_f \cup s_c;\sigma) = \sum_{i \in s_f} \psi^i(s_c;\sigma)$。

现在根据算法 3.2，求解定价子问题后，就可以计算 NLCFL 子博弈 2 的最优稳定成本分摊 $\alpha^{\sigma}_{\text{LR2\_NLCFL}}$。此时，定价子问题需要寻找最小缩减成本对应的联盟 $s = s_f \cup s_c$，而每一个联盟 $s = s_f \cup s_c$ 的缩减成本由下式给出：

$$\psi^i(s_c;\sigma) = \min_{v,u} \left\{ \sum_{i \in s_f} f_i v_i + \sum_{i \in s_f} \sum_{j \in s_c} (c_{ij} - \sigma_j + \theta_i h_i) u_{ij} - \sum_{i \in s_f} \theta_i l_i \left(\sum_{j \in s_c} u_{ij} \right)^2 - \sum_{k \in M \cup N} \gamma_k^s \pi_k^* \right\} \tag{4.33}$$

$$\text{s.t.}\begin{cases}\sum_{j\in s_c} q_j u_{ij} - Q_i v_i \leqslant 0, & \forall i \in s_f \\ v_i, u_{ij} \in \{0,1\}, & \forall i \in s_f, j \in s_c\end{cases} \tag{4.33a}$$

其中，π^* 表示 NLCFL 子博弈 2 对应主问题的对偶问题的最优解。

对于任意给定的联盟 $s = s_f \cup s_c$，可以直接得到式（4.33）的最优目标函数值，因为其等于 $\sum_{i\in s_f} \psi^i(s_c;\sigma) - \sum_{k\in M\cup N} \gamma_k^s \pi_k^*$。这里的 $\psi^i(s_c;\sigma)$ 可以通过动态规划的方式来计算。然而，由于有指数数量的子联盟，通过枚举的方式来寻找拥有最小缩减成本的列 s 在计算上是非常困难的。因此，我们试图通过考虑以下两种情况，先识别出一个拥有负缩减成本的列 $\bar{s}$。

第一种情况：至少存在一个 k 使得 $\pi_k^* > 0$。在这种情况下，通过考虑使 $\pi_k^* > 0$ 的那些 k，可以定义一个联盟 $\bar{s}$。$\bar{s}$ 的缩减成本是负值，因为如果将所有的 u 和 v 都设为 0，$\bar{s}$ 对应的缩减成本最大为 $-\sum_{k\in M\cup N} \max\{0, \pi_k^*\}$。

第二种情况：对于所有的 $k \in M \cup N$，都有 $\pi_k^* \leqslant 0$。这种情况更加复杂。为了有效找到有着负缩减成本的联盟 $\bar{s} = \bar{s}_f \cup \bar{s}_c$，需要考虑以下 ILP。其中的 0-1 变量 v_i 和 γ_j 分别表示 $\bar{s}$ 是否包含设施参与者 i 和顾客参与者 j，$f_i' = f_i - \pi_i^*$，$c_{ij}' = c_{ij} - \sigma_j + \theta_i h_i, l_i' = \theta_i l_i, \pi_j' = -\pi_j^*$。

$$\min_{v;u;\gamma} R(v,u,\gamma) = \min_{v,u}\left\{\sum_{i\in M} f_i' v_i + \sum_{i\in M}\sum_{j\in N} c_{ij}' u_{ij} - \sum_{i\in M} l_i' \left(\sum_{j\in N} u_{ij}\right)^2 + \sum_{j\in N} \gamma_j \pi_j'\right\} \tag{4.34}$$

$$\text{s.t.}\begin{cases}\sum_{j\in N} q_j u_{ij} - Q_i v_i \leqslant 0, & \forall i \in M \\ u_{ij} \leqslant \gamma_j, & \forall i \in M, j \in N \\ v_i, u_{ij}, \gamma_j \in \{0,1\}, & \forall i \in M, j \in N\end{cases} \tag{4.34a}$$

因此，易知，上述 ILP 的负目标函数值对应的可行解与拥有负缩减成本的联盟 $\bar{s} = \bar{s}_f \cup \bar{s}_c$ 一一对应。此外，通过利用引理 4.9，可以高效获得这样的联盟 $\bar{s}$。

引理 4.9　对于式（4.34），在不改变最优目标函数值的情况下，可以通过下列步骤，不断将一些变量固定为 0。

（1）对于任意 $(i,j) \in M \times N$，如果 $c_{ij}' - l_i'\left[n_i^2 - (n_i - 1)^2\right] > 0$，那么 $u_{ij} = 0$。

这里 n_i 是集合 $\{c_{ij}' < \infty : \forall j \in N\}$ 中元素的数量，之后，设置 $c_{ij}' = \infty$。

（2）对于任意 $j \in N$，如果 $\pi_j' + \sum_{i \in M} \min\left\{c_{ij}' - l_i'\left[n_i^2 - (n_i - 1)^2\right], 0\right\} \geqslant 0$，那么设置 $\gamma_j = 0, u_{ij} = 0, \forall i \in M$。

（3）对于任意 $i \in M$，求解与式（4.32）相似的非线性背包问题，其中，Q_i 表示背包的容量，N 表示物品的集合，且任意物品 $j \in N$ 都有其重量 q_j 和其价值 c_{ij}'。令 ω^i 是这个背包问题的最优目标函数值。如果 $\omega^i + f_i' \geqslant 0$，那么对于所有的 $j \in N$，设置 $v_i = 0, u_{ij} = 0$。

证明　首先，如果在 ILP 式（4.34）的可行解中存在一组 (i, j)，使得 $u_{ij} = 1$ 且 $c_{ij}' - l_i'\left[n_i^2 - (n_i - 1)^2\right] > 0$，那么直接设 $u_{ij} = 0$，然后可以推导出另一个可行解。该可行解的目标函数值至少减少 $c_{ij}' - l_i'\left[n_i^2 - (n_i - 1)^2\right]$。

其次，如果在 ILP 式（4.34）的可行解中存在一个顾客 j 使得 $\gamma_j = 1$ 且 $\pi_j' + \sum_{i \in M} \min\left\{c_{ij}' - l_i'\left[n_i^2 - (n_i - 1)^2\right], 0\right\} \geqslant 0$，那么设置 $\gamma_j = 0, u_{ij} = 0, \forall i \in M$ 会得到另一个可行解。该可行解的目标函数值至少减少 $\pi_j' + \sum_{i \in M} \min\left\{c_{ij}' - l_i'\left[n_i^2 - (n_i - 1)^2\right], 0\right\}$。

最后，如果在 ILP 式（4.34）的可行解中存在一个设施 i 使得 $v_i = 1$ 且 $\omega^i + f_i' \geqslant 0$，那么通过设置 $v_i = 0, u_{ij} = 0, \forall j \in N$ 得到的解也是可行的，且其目标函数值至少下降 $\omega^i + f_i'$。

总的来说，上述的更改并不会使得 $\min_{v;u;\gamma} R(v, u, \gamma)$ 的值增加。虽然在理论上并不能确保是多项式时间的复杂度，但是引理 4.9 的步骤确实大大降低了求解式（4.34）的问题规模。

在分别推导出 NLCFL 子博弈 1 和子博弈 2 的最优稳定成本分摊 $\alpha_{\mathrm{LR1\_NLCFL}}^{\sigma}$ 和 $\alpha_{\mathrm{LR2\_NLCFL}}^{\sigma}$ 后，根据定理 3.2，我们计算了 NLCFL 博弈的一个稳定成本分摊 $\alpha_{\mathrm{LR\_NLCFL}}^{\sigma} = \alpha_{\mathrm{LR1\_NLCFL}}^{\sigma} + \alpha_{\mathrm{LR2\_NLCFL}}^{\sigma}$。此外，根据定理 3.2，如果 σ^* 是最优拉格朗日乘子，$\left(M \cup N, c_{\mathrm{LR\_NLCFL}}(\cdot; \sigma^*)\right)$ 的核非空，则相应的 LRB 成本分摊值 $\sum_{k \in M \cup N} \alpha_{\mathrm{LR\_NLCFL}}^{\sigma^*}(k)$ 等于拉格朗日松弛下界 $c_{\mathrm{LR\_NLCFL}}(M \cup N; \sigma^*)$。

因为 NLCFL 博弈的特征函数中含有非线性项，此时 LPB 算法已经不再适用，只能使用 LRB 算法来求解其近似最优的成本分摊。为了凸显出 LRB 算法在这种情况下的适用性和所求解的质量，我们构造了如下数值实验。

我们使用 20 个单源设施选址问题的基准案例①。每一个案例都有双向网络 $G=(M,N,E)$，其中 $m=n=100$，且对于所有的 $i\in M$，$f_i=100$。在每个案例中，有 3 个总产能水平 10、20 和 30。此外，我们用 $h_1=h_2=\cdots=h_m=n^2$、$l_1=l_2=\cdots=l_m=1$ 和 $\theta_1=\theta_2=\cdots=\theta_m=\theta$ 来衡量运营成本。其中 θ 表示运营成本的相对权重。当用次梯度法求解拉格朗日对偶问题时，我们将最大迭代次数设置为 2500。

为了显示 LRB 成本分摊的有效性，需要比较分摊的总成本与大联盟成本 $c_{\text{NLCFL}}(M\cup N)$。然而，大联盟成本 $c_{\text{NLCFL}}(M\cup N)$ 只有在 $\theta=0$（即不含有运营成本）的案例的基准数据集中提供。因此，为了进行一般的比较，需要进行一定的妥协。我们用启发式的最优值来代替 $c_{\text{NLCFL}}(M\cup N)$，用启发式的解来代替 $c_{\text{NLCFL}}(M\cup N)$ 最优解。其中，这个启发式的解也被称作所发现的最好的解（best found centralized solution，BFCS）。它被定义为下面两个可行解中较好的那一个。一个可行解是 $\theta=0$ 对应的 NLCFL 问题最初的基准案例的最优解，由 Bachrach 等（2009）给出。另一个可行解由 $c_{\text{LR2\_NLCFL}}(M\cup N;\sigma)$ 的最优解得出。注意，由于某些顾客可能未被服务到，这个最优解对于大联盟问题 $c_{\text{NLCFL}}(M\cup N)$ 来说可能是不可行的。若是如此，为了从给定不可行解中推导出可行解，我们可以进行如下步骤。对于每一个未被服务的顾客，选择一个有着充足剩余产能和最低服务成本的设施去服务这个顾客。如果没有这样的设施，开设一个新的带有最低服务成本的可行设施去服务这个顾客。

表 4.16 展现了 LRB 成本分摊算法在 20 个案例上的性能和计算效率。在这 20 个案例中，分别令其设施产量为 10、20、30。

表 4.16　LRB 成本分摊算法在 NLCFL 博弈中的表现

设施产量	θ	LRCA/BFCS/%			LRCA/LRB/%			总时间/秒		
		avg.	max.	min.	avg.	max.	min.	avg.	max.	min.
$Q=10$	0	98.79	99.12	98.33	100.00	100.00	100.00			
	0.01	99.64	99.70	99.70	100.00	100.00	100.00	5 683	6 838	4 987
	0.10	99.87	99.89	99.89	100.00	100.00	100.00	5 690	6 834	4 980
	0.50	99.90	99.92	99.92	100.00	100.00	100.00	5 742	6 814	5 036

① 具体参见 http://ns.math.nsc.ru/AP/benchmarks/CFLP/cflp_tabl-eng.html。

续表

设施产量	θ	LRCA/BFCS/%			LRCA/LRB/%			总时间/秒		
		avg.	max.	min.	avg.	max.	min.	avg.	max.	min.
$Q=10$	1.00	99.91	99.95	99.95	100.00	100.00	100.00	5 822	6 983	4 764
$Q=20$	0	98.32	99.30	99.30	100.00	100.00	99.95			
	0.01	99.61	99.76	99.76	100.00	100.00	100.00	9 925	10 478	9 485
	0.10	99.83	99.85	99.85	100.00	100.00	100.00	9 835	10 458	9 322
	0.50	99.85	99.88	99.88	100.00	100.00	99.99	9 973	10 487	9 315
	1.00	99.89	99.92	99.92	100.00	100.00	100.00	9 973	11 154	9 812
$Q=30$	0	95.25	96.95	93.93	100.00	100.00	100.00			
	0.01	99.02	99.15	98.82	100.00	100.00	99.99	11 686	12 831	10 410
	0.10	99.72	99.77	99.63	99.99	100.00	99.95	11 755	12 816	10 421
	0.50	99.81	99.87	99.78	100.00	100.00	100.00	11 485	13 064	10 277
	1.00	99.88	99.92	99.86	100.00	100.00	100.00	12 621	14 371	11 955

在表 4.16 中，LRCA 表示在不同的σ下所找到的最好的 LRB 成本分摊值$\sum_{k\in M\cup N}\alpha^{\sigma}_{\mathrm{LR_NLCFL}}(k)$；LRB 表示使用次梯度法获得的最优的拉格朗日松弛下界$c_{\mathrm{LR_NLCFL}}(M\cup N;\sigma^*)$。对于每一水平的产能，我们在不同的$\theta$下列出了计算的结果。根据列 LRCA/BFCS，可以看到，对于所有被测试的案例，LRB 成本分摊算法都能够产生稳定的成本分摊，而且它所分摊的成本至少能够达到 BFCS 的 93.93%。随着θ的增加，设施的运营成本获得更大的权重，LRB 成本分摊能够分摊超过 99%的 BFCS。这些发现表明了 LRB 成本分摊值具有较高质量。此外，虽然一般情况下 NLCFL 子博弈 2 不具有次模性，但是列 LRCA/LRB 表明，几乎所有的 NLCFL 子博弈 2 的核都是非空的。这说明，即使定理 3.2 的条件（2）不成立，LRB 成本分摊仍然有很大的可能达到拉格朗日松弛下界。关于时间效率，可以看到总时间趋向于随着Q和θ的增加而增加。在所有案例中，最长的计算时间大概为 4 小时。

对于$\theta=0$的案例，此时 NLCFL 博弈的特征函数中没有非线性项，我们通过表 4.17 的成本分摊值与基准案例给出的大联盟成本之间的比值，对比了 LPB 和 LRB 成本分摊。这里是基于相同的 ILP 公式计算的 LPB 和 LRB 成本分摊，其中特征函数$c_{\mathrm{NLCFL}}(s_f\cup s_c)$都增加了约束式（4.30）。

表 4.17　NLCFL 博弈中 LPCA 和 LRB 的成本分摊

产量	平均数					LRCA-LPCA	
	LPCA	LRB	LRCA	LRB′	LRCA′	最大值	最小值
10	97.15	98.79	98.79	98.79	98.79	2.38	1.00
20	97.20	98.32	98.31	98.29	98.25	1.51	0.88
30	94.70	95.25	95.25	95.21	95.21	0.75	0.38
40	94.11	94.25	94.25	94.25	94.25	0.28	0.07
50	93.87	93.88	93.88	93.88	93.88	0.04	−0.02

为了研究约束式（4.30）带来的影响，我们在新的拉格朗日松弛下界LRB′和新的LRB 成本分摊值LRCA′下，比较了 LRB 与 LRCA。这里的LRB′和LRCA′通过移除约束式（4.30）后的特征函数$c_{\mathrm{LR_NLCFL}}(s;\sigma)$得到。此外，因为 LPB 成本分摊值和 LP 松弛下界相同，所以都表示在表 4.17 的 LPCA 列。观察表 4.17 有以下发现。

首先，如平均数栏前两列所示，平均而言，拉格朗日松弛下界比 LP 松弛下界更加紧致。这表明了 LRB 成本分摊相较于 LPB 成本分摊具有潜在优势。此外，如 LRCA-LPCA 栏所示，平均而言，LRB 成本分摊确实优于 LPB 成本分摊，特别是当产能较小时。

其次，如列 LRB、列 LRCA、列 LRB′、列 LRCA′所示，向$c_{\mathrm{NLCFL}}(s_f \cup s_c)$中添加约束式（4.30）确实能够改善拉格朗日松弛下界和 LRB 成本分摊值。此外，通过比较列 LPCA 和 LRCA′，可以发现即使不添加额外的约束，平均而言，最终LRB 成本分摊仍然要比 LPB 成本分摊好。这进一步表明了 LRB 算法的竞争力。

下面我们来研究 LRB 算法在 NLCFL 博弈上的收敛性。这对于 UFL 博弈来说并不是问题。在 UFL 博弈中，只要次梯度法对于拉格朗日对偶问题能够收敛到σ^*，定理 3.2 就能够保证与σ^*对应的稳定成本分摊的最优性，因为 UFL 子博弈 2 的核非空。然而，NLCFL 子博弈 2 的核可能是空的，说明在拉格朗日松弛下界和能够被分摊的总成本之间可能存在差额。虽然大概能够预想到更紧致的拉格朗日松弛下界会产生更好的成本分摊这一通常的趋势，但是并不能够保证当拉格朗日松弛下界提高时，成本分摊值会严格递增。

为了检验当拉格朗日松弛下界提高时，成本分摊是否会严格递增，在$\theta = 0$的案例中，我们应用算法 3.1 来求解 NLCFL 博弈，并比较使用不同的拉格朗日乘子集Λ得到的 LRB 成本分摊。表 4.18 分别展示了当Λ从一个基准集合Λ_2变化到另一个集合Λ_1时，LRB 成本分摊的质量提升、下降和不变的案例数量。每一个σ^i表示在算法 3.1 的步骤 1 中的次梯度法i次迭代中找到的最优拉格朗日乘子。结果表明，尽管在后续的迭代中变差的概率非常小，但是随着拉格朗日松弛下界的提高，成本分摊仍可能会变得更差。例如，在 100 个案例中，当 Λ 是 $\{\sigma^{2500}\}$ 而不是 $\{\sigma^{500},\sigma^{800},\sigma^{1000},\sigma^{1500},\sigma^{2000}\}$ 时，有 7 个案例的 LRB 成本分摊的质量是下降的。这一发现证实了算法 3.1 中使用多个拉格朗日乘子的必要性。

表 4.18　不同拉格朗日乘子集 Λ 对应的 LRB 分摊的比值

Λ 集合		提升	下降	不变
Λ_1	Λ_2（基准集合）			
$\{\sigma^{800}\}$	$\{\sigma^{500}\}$	95	4	1
$\{\sigma^{1000}\}$	$\{\sigma^{500},\sigma^{800}\}$	51	4	43
$\{\sigma^{1500}\}$	$\{\sigma^{500},\sigma^{800},\sigma^{1000}\}$	24	6	70
$\{\sigma^{2000}\}$	$\{\sigma^{500},\sigma^{800},\sigma^{1000},\sigma^{1500}\}$	1	6	93
$\{\sigma^{2500}\}$	$\{\sigma^{500},\sigma^{800},\sigma^{1000},\sigma^{1500},\sigma^{2000}\}$	0	7	93

总的来说，根据计算实验，我们得出结论：在求解 NLCFL 博弈对应的 OCAP 时，LRB 算法是有效且高效的。

参考文献

Agarwal R，Ergun Ö. 2010. Network design and allocation mechanisms for carrier alliances in liner shipping[J]. Operations Research，58（6）：1726-1742.

Ahmed S，Guan Y P. 2005. The inverse optimal value problem[J]. Mathematical Programming，102：91-110.

Ahuja R K，Magnanti T L，Orlin J B. 1993. Network Flows：Theory，Algorithm，and Applications[M]. Upper Saddle Rive：Prentice-Hall.

Ahuja R K，Orlin J B. 2001. Inverse optimization[J]. Operations Research，49（5）：771-783.

Ambec S，Ehlers L. 2008. Sharing a river among satiable agents[J]. Games and Economic Behavior，64（1）：35-50.

Ambec S，Sprumont Y. 2002. Sharing a river[J]. Journal of Economic Theory，107（2）：453-462.

Andonov R，Poirriez V，Rajopadhye S. 2000. Unbounded knapsack problem：dynamic programming revisited[J]. European Journal of Operational Research，123（2）：394-407.

Aswani A，Shen Z J M，Siddiq A. 2018. Inverse optimization with noisy data[J]. Operations Research，66（3）：870-892.

Aumann R J，Shapley L S. 1974. Values of Non-Atomic Games[M]. Princeton：Princeton University Press.

Bachrach Y，Elkind E，Meir R，et al. 2009. The cost of stability in coalitional games[C]//Mavronicolas M，PapadopoulouV C. Algorithmic Game Theory. Berlin：Springer：122-134.

Beil D R，Wein L M. 2003. An inverse-optimization-based auction mechanism to support a multiattribute RFQ process[J]. Management Science，49（11）：1529-1545.

Bellman R. 1952. On the theory of dynamic programming[J]. Proceedings of the National Academy of Sciences of the United States of America，38（8）：716-719.

Bertsimas D，Gupta V，Paschalidis I C. 2012. Inverse optimization：a new perspective on the black-litterman model[J]. Operations Research，60（6）：1389-1403.

Bertsimas D，Tsitsiklis J N. 1997. Introduction to Linear Optimization[M]. Belmont：Athena Scientific.

Birge J R，Hortaçsu A，Pavlin J M. 2017. Inverse optimization for the recovery of market structure from market outcomes：an application to the MISO electricity market[J]. Operations Research，65（4）：837-855.

Braess D. 1968. Über ein paradoxon aus der verkehrsplanung[J]. Unternehmensforschung，12：258-268.

Bulut A，Ralphs T K. 2021. On the complexity of inverse mixed integer linear optimization[J]. SIAM Journal on Optimization，31（4）：3014-3043.

Caprara A，Letchford A N. 2010. New techniques for cost sharing in combinatorial optimization games[J]. Mathematical Programming，124：93-118.

Chan T C Y，Lee T，Terekhov D. 2019. Inverse optimization：closed-form solutions，geometry，and goodness of fit[J]. Management Science，65（3）：1115-1135.

Chander P，Tulkens H. 1997. The core of an economy with multilateral environmental externalities[J]. International Journal of Game Theory，26：379-401.

Demange G. 2004. On group stability in hierarchies and networks[J]. Journal of Political Economy，112（4）：754-778.

Deng X T，Ibaraki T，Nagamochi H. 1999. Algorithmic aspects of the core of combinatorial optimization games[J]. Mathematics of Operations Research，24（3）：751-766.

Deng X T，Papadimitriou C H. 1994. On the complexity of cooperative solution concepts[J]. Mathematics of Operations Research，19（2）：257-266.

Edmonds J. 2003. Submodular functions，matroids，and certain polyhedra[C]//Jünger M，Reinelt G，Rinaldi G. Combinatorial Optimization：Eureka，You Shrink!. Berlin：Springer：11-26.

Faigle U，Kern W. 1993. On some approximately balanced combinatorial cooperative games[J]. Zeitschrift Für Operations Research，38：141-152.

Garey M R，Johnson D S. 1979. Computers and Intractability：A Guide to the Theory of NP-completeness[M]. New York ：W.H. Freeman and Company.

Goemans M X，Skutella M. 2004. Cooperative facility location games[J]. Journal of Algorithms，50（2）：194-214.

Gómez-Rúa M. 2013. Sharing a polluted river through environmental taxes[J]. SERIEs，4：137-153.

Gorissen B L，den Hertog D，Hoffmann A L. 2013. Mixed integer programming improves comprehensibility and plan quality in inverse optimization of prostate HDR brachytherapy[J]. Physics in Medicine and Biology，58（4）：1041-1057.

Grötschel M，Lovász L，Schrijver A. 2012. Geometric Algorithms and Combinatorial Optimization[M]. New York：Springer-Verlag.

Held M，Wolfe P，Crowder H P. 1974. Validation of subgradient optimization[J]. Mathematical Programming，6：62-88.

Heuberger C. 2004. Inverse combinatorial optimization：a survey on problems，methods，and results[J]. Journal of Combinatorial Optimization，8：329-361.

Just R E，Netanyahu S. 1998. Conflict and Cooperation on Trans-Boundary Water Resources[M]. New York：Springer Science + Business Media，LLC.

Kimms A，Kozeletskyi I. 2016. Core-based cost allocation in the cooperative traveling salesman problem[J]. European Journal of Operational Research，248（3）：910-916.

Kolen A. 1983. Solving covering problems and the uncapacitated plant location problem on trees[J]. European Journal of Operational Research，12（3）：266-278.

Lasserre J B. 2013. Inverse polynomial optimization[J]. Mathematics of Operations Research，38（3）：418-436.

Liu L D，Qi X T. 2014. Network disruption recovery for multiple pairs of shortest paths[R]. 2014 11th International Conference on Service Systems and Service Management(ICSSSM).

Liu L D，Qi X T，Xu Z. 2016. Computing near-optimal stable cost allocations for cooperative games by Lagrangian relaxation[J]. INFORMS Journal on Computing，28（4）：687-702.

Liu Z X. 2009. Complexity of core allocation for the bin packing game[J]. Operations Research Letters，37（4）：225-229.

Lv Y B，Chen Z，Wan Z P. 2010. A penalty function method based on bilevel programming for solving inverse optimal value problems[J]. Applied Mathematics Letters，23（2）：170-175.

Maschler M，Peleg B，Shapley L S. 1979. Geometric properties of the kernel，nucleolus，and related solution concepts[J]. Mathematics of Operations Research，4（4）：303-338.

Esfahani P M，Kuhn D. 2018. Data-driven distributionally robust optimization using the Wasserstein metric：performance guarantees and tractable reformulations[J]. Mathematical Programming，171：115-166.

Esfahani P M，Shafieezadeh-Abadeh S，Hanasusanto G A，et al. 2018. Data-driven inverse optimization with imperfect information[J]. Mathematical Programming，167（1）：191-234.

Myerson R B. 1977. Graphs and cooperation in games[J]. Mathematics of Operations Research，2（3）：225-229.

Ni D B，Wang Y T. 2007. Sharing a polluted river[J]. Games and Economic Behavior，60（1）：176-186.

Pinedo M，Zacharias C，Zhu N. 2015. Scheduling in the service industries：an overview[J]. Journal of Systems Science and Systems Engineering，24：1-48.

Polydorides N，Wang M D，Bertsekas D P. 2012. A quasi Monte Carlo method for large-scale inverse problems[C]//Plaskota L，Woźniakowski H. Monte Carlo and Quasi-Monte Carlo Methods 2010. Berlin：Springer：623-637.

Roughgarden T. 2005. Selfish Routing and the Price of Anarchy[M]. Cambridge：MIT Press.

Schaefer A J. 2009. Inverse integer programming[J]. Optimization Letters，3：483-489.

Schneider E，Edgeworth F Y. 1935. Mathematical psychics：an essay on the application of mathematics to the moral sciences[J]. Economica，2（6）：235.

Schulz A S，Uhan N A. 2010. Sharing supermodular costs[J]. Operations Research，58：1051-1056.

Schulz A S，Uhan N A. 2013. Approximating the least core value and least core of cooperative games with supermodular costs[J]. Discrete Optimization，10（2）：163-180.

Shapley L S. 1953. A value for n-person games[C]//Kuhn H W，Tucker A W. Contributions to the Theory of Games（AM-28），Volume II. Princeton：Princeton University Press：307-317.

Shapley L S. 1971. Cores of convex games[J]. International Journal of Game Theory，1：11-26.

Shapley L S，Shubik M. 1954. A method for evaluating the distribution of power in a committee system[J]. American Political Science Review，48（3）：787-792.

Shapley L S，Shubik M. 1966. Quasi-cores in a monetary economy with nonconvex preferences[J]. Econometrica，34（4）：805-827.

Sokkalingam P T，Ahuja R K，Orlin J B. 1999. Solving inverse spanning tree problems through network flow techniques[J]. Operations Research，47（2）：291-298.

Sprumont Y. 1990. Population monotonic allocation schemes for cooperative games with transferable utility[J]. Games and Economic Behavior，2（4）：378-394.

Tamir A. 1989. On the core of a traveling salesman cost allocation game[J]. Operations Research Letters，8（1）：31-34.

van den Brink R，He S，Huang J P. 2018. Polluted river problems and games with a permission structure[J]. Games and Economic Behavior，108：182-205.

Wang L Z. 2009. Cutting plane algorithms for the inverse mixed integer linear programming problem[J]. Operations Research Letters，37（2）：114-116.

Xu S J，Nourinejad M，Lai X B，et al. 2018. Network learning via multiagent inverse transportation problems[J]. Transportation Science，52（6）：1347-1364.

Zhang J Z，Liu Z H. 1996. Calculating some inverse linear programming problems[J]. Journal of Computational and Applied Mathematics，72（2）：261-273.

Zhang J Z，Liu Z H. 1999. A further study on inverse linear programming problems[J]. Journal of Computational and Applied Mathematics，106（2）：345-359.

Zhang J Z，Liu Z H，Ma Z F. 2000. Some reverse location problems[J]. European Journal of Operational Research，124（1）：77-88.

Ziegler G M. 2012. Lectures on Polytopes[M]. New York：Springer-Verlag.